大学物理实验

(第 2 版)

主 编 李义宝

副主编 刘果红 黄 凯 盛守奇

中国科学技术大学出版社

内 容 简 介

本书是依照教育部高等学校物理基础课程教学指导分委员会制定的《理工科类大学物理实验课程教学基本要求》,在总结普通高等院校多年来工科物理实验教学改革实践经验的基础上,为适应新的教育教学改革和发展而编写的。

本书的编写体系注重基础性和提高性实验,全书共分 4 章、49 个实验项目。由绪论、实验误差与数据处理基础知识、基础性实验、综合及提高性实验、设计性实验等部分组成,每部分相对独立、循序渐进,可供不同专业学生选用。

图书在版编目(CIP)数据

大学物理实验/李义宝主编. —2 版. —合肥:中国科学技术大学出版社,2018.2
(2024.12 重印)
ISBN 978-7-312-04293-5

Ⅰ. 大… Ⅱ. 李… Ⅲ. 物理学—实验—高等学校—教材 Ⅳ. O4-33

中国版本图书馆 CIP 数据核字(2017)第 184364 号

出版	中国科学技术大学出版社
	安徽省合肥市金寨路 96 号,230026
	http://press.ustc.edu.cn
	https://zgkxjsdxcbs.tmall.com
印刷	安徽省瑞隆印务有限公司
发行	中国科学技术大学出版社
经销	全国新华书店
开本	710 mm×1000 mm　1/16
印张	18
字数	342 千
版次	2009 年 12 月第 1 版　2018 年 2 月第 2 版
印次	2024 年 12 月第 11 次印刷
定价	36.00 元

第 2 版前言

本书依照教育部高等学校物理基础课程教学指导分委员会制定的《理工科类大学物理实验课程教学基本要求》，在总结近几年来工科物理实验教学改革实践经验的基础上，对 2009 年 12 月出版的《大学物理实验》进行了修订、修改。修订版保持了原版的基本结构，对部分内容做了调整，并增加了一些实验项目。

全书共 4 章、49 个实验项目。第 1 章介绍基本的物理实验知识，包括测量及其误差、测量的不确定度、实验数据处理、测量结果表达以及科学实验报告撰写等内容。第 2 章为基础性实验，共设置 24 个基本的物理实验，包括常用物理实验仪器的使用、常见物理量的测量以及基本的测量方法等内容。第 3 章为综合及提高性实验，共设置 14 个综合性实验。第 4 章为设计性实验，共设置 11 个设计性实验。每部分相对独立，循序渐进，自成体系，可供不同专业学生选用。

本书由李义宝任主编，刘果红、黄凯、盛守奇任副主编，安徽建筑大学数理实验中心杨志云、伍和云、唐震、卢永、周玉坤、陈弋兰、梁黎黎、赵群、王影参与了编写。余江应教授对全书进行了审阅并给予了很大的帮助。

物理实验教学改革是一项集体工作，凝聚着我们全体实验教师和技术人员的智慧和劳动成果。同时在本书的编写过程中，我们参阅了兄弟院校的有关教材，从中借鉴了不少宝贵的教学实践经验，在此表示衷心的感谢。

由于编者水平有限，加上时间仓促，书中难免存在不足和错误之处，敬请批评指正。

编　者

2017 年 6 月

前　言

大学物理实验是大学生从事科学实验和研究工作的入门向导，是一系列后续专业实验课程的重要基础。它侧重培养学生的科学实验能力和实验技能以及良好的科学实验规范。本书是根据《高等学校工科本科物理实验课程教学基本要求》的精神，结合近年来工科物理实验教学改革和实验室建设的成果编写而成的。全书由绪论、实验误差与数据处理基础知识、基础性实验、综合及提高性实验、设计性实验及附录组成。共 46 个实验项目，其中基础性实验 24 个，综合及提高性实验 14 个，设计性实验 8 个。内容涉及力学、热学、电磁学、光学、近代物理等。在实验选题上更加注重基础性、应用性和拓展性，以求达到培养具有创新精神和实践能力的应用型人才的教学目标。本书具有普适性，可作为普通工科院校的大学物理实验教材，适合不同层次的教学需要，也可作为实验教师和技术人员的参考书。

本书由李义宝主编，参编人员有刘果红、黄凯、盛守奇、唐震、杨志云、卢永、周玉坤。李义宝完成了全书的统稿和主审工作。实验教材离不开实验室的建设和发展，经过几十年的教学实践，实验内容经过多次调整、更新和扩充，我们才达到了目前的规模和水平。本书凝聚了教师和实验技术人员的智慧和劳动，是物理教学实验中心近年来教学改革成果的体现，也是一项集体创作成果。

本书在编写过程中，得到了安徽建筑工业学院数理系领导的关心和全体实验中心同志的积极支持，同时我们参阅了兄弟院校的相关教材，借鉴了一些宝贵的教学经验，在此一并表示感谢！同时对中国科学技术大学出版社对本教材提出的很多宝贵意见表示感谢！

由于时间仓促，编者水平有限，教材中难免存在错误和不妥之处，敬请广大读者和专家批评指正，谢谢！

编　者
2009 年 7 月

目　　录

第 2 版前言 ……………………………………………………………（Ⅰ）

前言 ……………………………………………………………………（Ⅲ）

绪论 …………………………………………………………………（1）
　第 1 节　大学物理实验课程的地位和作用 …………………………（1）
　第 2 节　大学物理实验课程的特点 …………………………………（2）

第 1 章　实验误差与数据处理基础知识 …………………………（5）
　第 1 节　测量误差及不确定度的基本概念 …………………………（5）
　第 2 节　实验数据处理方法 …………………………………………（23）
　第 3 节　物理实验的基本方法 ………………………………………（30）
　第 4 节　实验报告范例 ………………………………………………（33）

第 2 章　基础性实验 ………………………………………………（38）
　实验 1　固体和液体密度的测量 ……………………………………（38）
　实验 2　电位差计的原理与使用 ……………………………………（43）
　实验 3　薄透镜焦距的测定 …………………………………………（47）
　实验 4　单摆实验 ……………………………………………………（54）
　实验 5　用玻尔共振仪研究受迫振动 ………………………………（58）
　实验 6　杨氏模量的测定 ……………………………………………（64）
　实验 7　恒力矩法测量刚体的转动惯量 ……………………………（75）
　实验 8　多普勒效应综合实验 ………………………………………（80）
　实验 9　液体表面张力系数的测定 …………………………………（88）
　实验 10　固体导热系数的测定 ………………………………………（91）
　实验 11　热电偶的定标 ………………………………………………（95）
　实验 12　气体比热容比的测量 ………………………………………（99）
　实验 13　电阻元件的伏安特性 ………………………………………（102）

实验 14　示波器的原理与使用 …………………………………… (106)
实验 15　直流电桥测电阻 ………………………………………… (113)
实验 16　亥姆霍兹线圈磁场的分布 ……………………………… (121)
实验 17　RLC 电路特性的研究 …………………………………… (128)
实验 18　声速测量 ………………………………………………… (140)
实验 19　用非线性电路研究混沌现象 …………………………… (147)
实验 20　静电场描绘 ……………………………………………… (153)
实验 21　分光计的调整与三棱镜折射率的测量 ………………… (157)
实验 22　迈克尔逊干涉仪实验 …………………………………… (166)
实验 23　光的干涉 ………………………………………………… (171)
实验 24　光电效应测定普朗克常数 ……………………………… (178)

第 3 章　综合及提高性实验 …………………………………………… (184)

实验 25　空气热机 ………………………………………………… (184)
实验 26　液体黏滞系数的测定 …………………………………… (190)
实验 27　热敏电阻的温度特性研究 ……………………………… (195)
实验 28　铁磁材料的磁滞回线及基本磁化曲线 ………………… (199)
实验 29　金属线膨胀系数的测量 ………………………………… (204)
实验 30　超声光栅测声速 ………………………………………… (208)
实验 31　光弹性实验 ……………………………………………… (213)
实验 32　太阳能电池基本特性的研究 …………………………… (218)
实验 33　弗兰克-赫兹实验 ………………………………………… (222)
实验 34　密立根油滴实验 ………………………………………… (227)
实验 35　光速测量 ………………………………………………… (233)
实验 36　氢原子光谱 ……………………………………………… (240)
实验 37　核磁共振(NMR)实验 …………………………………… (244)
实验 38　扫描隧道显微镜 ………………………………………… (252)

第 4 章　设计性实验 …………………………………………………… (256)

第 1 节　设计性实验的性质与任务 ……………………………… (256)
第 2 节　设计性实验项目 ………………………………………… (257)
实验 39　动量守恒定律的研究 …………………………………… (257)

实验 40　简谐振动的研究 …………………………………………………… (259)
实验 41　开放式多用电表的改装 ………………………………………… (261)
实验 42　用混合法测定金属的比热容 …………………………………… (263)
实验 43　利用等厚干涉测透明液体的折射率 …………………………… (264)
实验 44　测透明固体的折射率 …………………………………………… (265)
实验 45　铜丝电阻温度系数的测定 ……………………………………… (266)
实验 46　原子光谱的研究 ………………………………………………… (267)
实验 47　测量电流表内阻和电动势 ……………………………………… (268)
实验 48　测量中值电阻的阻值 …………………………………………… (269)
实验 49　测量汞灯两黄光波长和分光计望远镜的物镜焦距 …………… (270)

附录 ………………………………………………………………………… (272)

参考文献 …………………………………………………………………… (275)

绪　　论

实验是科学理论的源泉,是工程技术诞生的摇篮。学好物理实验对于高校理工科学生是十分重要的。

第1节　大学物理实验课程的地位和作用

在物理学史上,16世纪意大利物理学家伽利略首先摒弃了形而上学的空洞思辨,代之以敏于观察、勤于实验的实践,并把物理实验作为物理学系统理论的基础、依据和发展物理学必不可少的手段,从而使物理学走上了真正的科学道路。在物理学发展史上,这方面的例子不胜枚举。如在对光的本性认识中,对牛顿倡导的微粒说和惠更斯主张的波动说进行了一个多世纪的争论,孰是孰非,莫衷一是。最后托马斯·杨在1800年发表了双缝干涉实验,结果才使波动说得到了确认。然而,到了19世纪末20世纪初,光电效应实验又揭示了光的粒子性,从而使人们认识到光具有波粒二象性。又如19世纪初,多数物理学家对光和电磁波的传播不需要媒质的观点不能接受,因此假设宇宙空间存在着一种称为"以太"的媒质,它具有许多异常而又不合理的特性。正是在这种情况下,迈克尔逊和莫雷合作,用干涉仪进行了有名的"以太风"实验,实验的"零结果"否定了"以太"的存在。

物理实验也是推动科学技术发展的有力工具。20世纪现代科学技术的发展,如现代核技术是建立在铀、钋和镭等元素天然放射性的发现基础上的,α粒子散射实验、重核裂变和核的链式反应的实现等都是建立在物理实验基础之上的,从而才有后来的原子弹、氢弹的爆炸,核电站的建立。激光技术,如激光通信、激光熔炼、激光切割、激光钻孔、激光全息术、激光外科手术和激光武器等都是从物理实验室中走出来的。而在信息技术方面则是在量子力学和固体能带理论的建立与验证的基础上,1974年在物理实验室中研制出晶体管,并发展成现在的大规模集成电路、超大规模集成电路,集成度以每10年1000倍的速度增长。

随着物理学的发展,人类积累了丰富的实验思想和实验方法,创造出了各种精密巧妙的仪器设备;同时,用于实验的数学方法以及计算机科学在实验中的应用等,使物理测量技术得到不断发展。这实际上已赋予物理实验以极其丰富的、不同于物理学本身的特有内容,使之逐步形成一门单独开设的具有重要教育价值和教育功能的实验课程。它不仅可以加深对理论的理解,更重要的是能使学生获得基本的实验知识、技能和科学创新的能力,为今后从事科学研究和工程实践打下扎实的基础。

"大学物理实验"是一门独立的必修基础实验课程,是学生进入大学后接受系统实验方法和实验技能训练的开端。本课程的目的和任务如下:

(1) 通过对实验现象的观察、分析和对物理量的测量,学习物理实验知识,加深对物理学原理的理解,提高对科学实验重要性的认识。

(2) 培养与提高学生的科学实验能力。其中包括:① 能够通过阅读实验教材或资料,做好实验前的准备;② 能够借助教材或仪器说明书,正确使用常用仪器;③ 能够运用物理学理论,对实验现象进行初步的分析和判断;④ 能够正确记录和处理实验数据,绘制实验曲线,说明实验结果,撰写合格的实验报告;⑤ 能够完成简单的具有设计性内容的实验。

(3) 培养与提高学生的科学实验素养,要求学生具有理论联系实际和实事求是的科学作风,严肃认真的工作态度,主动研究的探索精神,遵守纪律、团结协作和爱护公共财物的优良品德。

第2节 大学物理实验课程的特点

大学物理实验课程的教学主要由以下三个环节构成。

1. 实验前的预习

实验前的预习是一次"思想实验"的练习,学生在课前要认真阅读实验内容和有关资料,理解实验原理、方法和目的,然后在脑子中"操作"这一实验,拟出实验步骤,思考可能出现的问题和得出怎样的结论,最后写出预习报告。报告内容包括如下几个方面:

(1) 实验名称。

(2) 实验目的。

(3) 实验原理摘要。包括主要原理公式及简要说明,画出必要的原理图、电路图或光路图。

(4) 主要仪器设备(型号、规格等)。

(5) 实验内容及注意事项。重点写出"做什么,怎么做",哪些量是直接测量的,各用什么仪器和方法测量,哪些量是间接测量的,结果的不确定度如何估算,等等。

(6) 数据记录表格。

未完成预习和预习报告者,教师有权停止其进行实验或将成绩降档。

2. 实验中的操作

（1）遵守实验室规则。
（2）了解实验仪器的使用方法和注意事项。
（3）正式测量之前可做试验性探索操作。
（4）仔细观察和认真分析实验现象。
（5）如实记录实验数据和现象。

在实验操作中要逐步学会分析实验，排除实验中出现的各种故障，而不能过分地依赖教师；对所得结果要做出粗略的判断，与理论预期相一致后，再交教师签字认可。

离开实验室前，要整理好所用的仪器，做好清洁工作，数据记录须经教师审阅签名。

3. 实验后的报告

实验报告是实验工作的总结，要求文字通顺、字体端正、图表规范、数据完备和结论明确。一份好的实验报告还应给同行以清晰的思路、见解和新的启迪。学生要养成在实验操作后尽早写出实验报告的习惯，即对原始数据进行处理和分析，得出实验结果并进行不确定度评估和讨论。

实验报告通常分为预习报告、实验记录、数据处理与计算三大部分。

预习报告

预习报告为正式报告的前期内容，要求在实验前写好，内容包括：

（1）实验名称。
（2）实验目的。
（3）实验原理摘要。在理解的基础上，用简短的文字扼要地阐述实验原理，切忌照抄，力求图文并茂。图是指原理图、电路图或光路图；写出实验所用的主要公式，说明各物理量的意义和单位以及公式的适用条件等。
（4）主要仪器设备（型号、规格等）。
（5）实验内容及注意事项，重点写出"做什么，怎么做"。
（6）记录数据的表格。

实验记录

实验记录是进行实验的一项基本功，学生要在实验课上完成，要养成良好的习惯。内容包括：

（1）仪器。记录实验所用主要仪器的编号和规格。记录仪器编号是一个好的工作习惯，便于以后必要时对实验进行复查。
（2）实验内容和实验现象记录。
（3）数据。数据记录应做到整洁清晰，有条理，尽量采用列表法。表格栏内要注明物理单位。要实事求是地记录客观现象和实验数据,不能只记结果而略去原始数据,更不可为拼凑数据而对实验记录做随心所欲的修改。

数据处理与计算

数据处理及计算在实验后进行。

内容包括：

(1) 作图、计算结果和不确定度估算。

(2) 结果。按标准形式写出实验结果(测量值、不确定度和物理单位),必要时应注明实验条件。

(3) 作业题。完成教师指定的思考题。

(4) 对实验中出现的问题进行说明和讨论,也包括实验心得或建议等。

第 1 章 实验误差与数据处理基础知识

本章主要介绍实验误差的特点及克服方法、不确定度概念及估算方法、有效数字概念等,并着重介绍图表法、逐差法、游标卡尺原理及使用方法、部分作业题的思路等。

第 1 节 测量误差及不确定度的基本概念

物理实验离不开物理量的测量。由于测量仪器、测量方法、测量条件、测量人员等因素的限制,对一物理量的测量不可能是无限精确的,即测量中的误差是不可避免的。没有测量误差知识,就不可能获得正确的测量值;不会计算测量结果的不确定度就不能正确表达和评价测量结果;不会处理数据或处理数据方法不当,就得不到正确的实验结果。由此可知,测量误差、不确定度和数据处理等基本知识在整个实验过程中占有非常重要的地位。本节从实验教学的角度出发,主要介绍误差和不确定度的基本概念、测量结果和不确定度的计算、实验数据的处理和实验结果的表示等方面的基本知识。这些知识不仅在每一个实验中都要用到,而且也是学生以后从事科学实验必须要具备的基本素养。然而,这部分内容涉及面较广,深入的讨论需要较多的数学知识和丰富的实践经验,因此不能指望通过一两次的学习就能完全掌握。我们要求实验者首先对上述提到的问题有一个初步的了解,在以后的学习中,要结合各个具体的实验再仔细阅读有关内容,通过实际运用,逐步加以掌握。

误差分析、不确定度计算以及数据处理贯穿在实验的整个过程,它表现在实验前的设计与论证、实验过程中的控制与监视、实验结束后的数据处理和结果分析。通过本单元的学习和今后各实验的运用,要求:

(1) 建立误差和不确定度的概念,能正确估算不确定度,懂得如何正确、完整地表达实验结果。

(2) 掌握有效数字的概念及运算规则,了解有效数字与不确定度的关系。

(3) 了解系统误差对测量结果的影响,学会发现某些系统误差、减少系统误差及影响的方法。

(4) 掌握列表法、作图法、逐差法和线性回归法等常用的数据处理方法。

1.1.1 测量与误差的基本概念

1. 测量和单位

所谓测量,就是把待测的物理量与一个被选作标准的同类物理量进行比较,确定它是标准量的多少倍。这个标准量称为该物理量的单位,这个倍数称为待测量的数值。可见,一个物理量必须由数值和单位组成,两者缺一不可。

选作比较用的标准量必须是国际公认的、唯一的和稳定不变的。各种测量仪器,如米尺、秒表、天平等,都有符合一定标准的单位和与单位成倍数的标度。

本教材采用通用的国际单位制(SI),在附录中列出了国际单位制的基本单位、辅助单位和部分导出单位,以供查阅。

2. 测量分类

根据获得测量结果的方法不同,测量可以分为直接测量和间接测量。

由仪器或量具直接与待测量进行比较读数,称为直接测量。如用米尺测量物体的长度,用电流表测量电流强度等,所得到的相应物理量称为直接测量量。

在大多数情况下,需要借助一些函数关系由直接测量量计算出所要求的物理量,这样的测量称为间接测量,相应的物理量称为间接测量量。如钢球的体积 V 可由直接测得的直径 D,用公式

$$V = \pi D^3/6$$

计算得到,则 D 为直接测量量,V 为间接测量量。在误差分析和估算中,要注意直接测量量与间接测量量的区别。另外,这种测量的分类是相对的,随着测量技术的提高,一些间接测量量也可以通过直接测量得到。如密度的测量,如果通过测量物体的体积和质量求得密度,则密度便是间接测量量;如用密度计测量物体的密度,那么,密度就是直接测量量。

重复的多次测量可分为等精度测量和不等精度测量两类。如对某一待测物进行多次重复测量,而且每次测量的条件都相同(同一测量者、同一套仪器、同一种实验方法、同一实验环境等),那么就没有理由可以判定某一次测量比另一次测量更准确,对每次测量的精度只能认为是具有相同精度级别的。我们把这样的重复测量称为等精度测量。在诸多测量条件中,只要有一个条件发生了变化,这时所进行的重复测量,就难以保证各次测量精度一样,我们称这样的测量为不等精度测量。一般在进行重复测量时,要尽量保持为等精度测量。

3. 测量误差

物理量在客观上存在确定的数值,称为真值。然而,实际测量时,由于实验条件、实验方法和仪器精度等的限制或者不够完善,以及实验人员操作水平的

限制，测量值与客观上存在的真值之间有一定的差异。为描述测量中这种客观存在的差异性，我们引进测量误差的概念。

误差就是测量值与真值之差。即

$$误差 = 测量值 - 真值$$

被测量量的真值是一个理想概念，一般来说真值是不知道的（否则就不必进行测量了）。为了对测量结果的误差进行估算，我们用约定真值来代替真值求误差。所谓约定真值就是被认为是非常接近真值的值，它们之间的差别可以忽略不计。一般情况下，常把多次测量结果的算术平均值、标称值、校准值、理论值、公认值、相对真值等均可作为约定真值来使用。上面定义的误差称为绝对误差。设被测量的真值为 X，则测量值 x 的绝对误差为

$$\delta = x - X \tag{1-1-1}$$

绝对误差可以表示某一测量结果的优劣，但在比较不同测量结果时则不适用，需要用相对误差表示。例如，用同一仪器测量长 10 m 相差 1 mm 与测量长 100 m 相差 1 mm，其绝对误差相同。显然，只有绝对误差难以评价这两个测量结果的可靠程度，因此必须引入相对误差的概念。相对误差是绝对误差与真值之比，真值不能确定时，则用约定真值。在近似情况下，相对误差也往往表示为绝对误差与测量值之比；相对误差常用百分数表示，即

$$E = \frac{|\delta|}{X} \times 100\% \approx \frac{|\delta|}{x} \times 100\% \tag{1-1-2}$$

因此，在测量过程中，我们要建立起误差始终伴随测量过程的实验思想。

4. 测量值与有效数字

测量总是有误差的，它的值不能无止境地写下去。例如，用米尺测量一物体长度，如图 1-1-1 所示，其长度 $L = 24.3$ mm，最后一位"3"是估读出来的，是可疑数字，也即在该位上出现了测量误差（小数点后第一位上）。如果用精度更高的游标卡尺测量同一长度，结果为 $L = 24.30$ mm，此时小数点后第二位上的"0"是估读位即误差所在位。在数学上，24.3 = 24.30，但对测量值来说，24.3 mm $\neq$ 24.30 mm，因为它们有着不同的误差，测量的准确度不同。为此，引入有效数字的概念，即规定测量数值中可靠数字与估读的一位可疑数字，统称为有效数字。因此，在记录实验数据时要切记读数的有效数字。

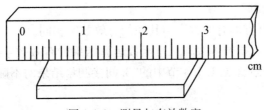

图 1-1-1 测量与有效数字

测量值＝读数值(有效数字)＋单位
有效数字＝可靠数字＋可疑数字(估读)

有效数字位数的多少,直接反映实验测量的准确度。有效数字位数越多,测量准确度越高。如上例的长度测量结果 24.30 mm 比 24.3 mm 的测量准确度一般要高一个数量级(因为误差出现在最后一位的可疑位上,前者最大误差 $\delta=0.09$,后者最大误差 $\delta=0.9$,显然,它们的相对误差要相差一个数量级)。因此,实验结果有效位数既不能多写一位,也不能少写一位。

十进制单位换算只涉及小数点位置改变,而不允许改变有效位数。例如 1.3 m 为两位有效数字,在换算成 km 或 mm 时应写为

$$1.3 \text{ m} = 1.3 \times 10^{-3} \text{ km} = 1.3 \times 10^{3} \text{ mm}$$

而 1.3 m＝1 300 mm 的写法是错的。

5. 有效数字的运算

在数据运算中,首先应保证测量的准确度,在此前提下,尽可能节省运算时间,免得浪费精力。运算时应使结果具有足够的有效数字,不要少算,也不要多算。少算会带来附加误差,降低结果精度;多算没有必要,算的位数很多,但绝不可能减少误差。有效数字运算取舍的原则是:运算结果保留一位可疑数字。

(1) 加、减运算。

【例 1】

```
         20.1
    +)    4.178
        24.278     →24.3
```

结论:诸量相加(相减)时,其和(差)值在小数点后所应保留的位数与诸数中小数点后位数最少的一个相同。

(2) 乘、除运算。

【例 2】

```
          4.178
     ×)  10.1
        42.1978    →42.2(三位)
```

结论:诸量相乘(除)后其积(商)所保留的有效数字,只需与诸因子中有效数字最少的一个相同。

(3) 乘方和开方的有效数字与其底的有效数字相同。

(4) 对数函数、指数函数和三角函数运算结果的有效数字必须按照不确定度传递公式来决定(详见 1.1.4 节中的"3.间接测量结果的不确定度估算")。

6. 有效数字尾数修约规则

在计算数据时,在有效数字位数确定以后,应将多余的数字舍去,其舍去规则为:

(1) 若拟舍弃数字的最左一位数字小于 5,则舍去,即保留的各位数字不变。

(2) 若拟舍弃数字的最左一位数字大于 5,或者是 5 而其后跟有并非为 0 的数字,则进 1,即保留的末位数数字加 1。

(3) 若拟舍弃数字的最左一位数字是 5,而右面无数字或皆为 0,当所保留的末位数字为奇数时则进 1,为偶数则舍去,即"单进双不进"。

上述规则也称数字修约的偶数规则,即"四舍六入,逢五配双"规则。如

$$4.32749 \to 4.327 \quad 4.32750 \to 4.328$$
$$4.32651 \to 4.327 \quad 4.32850 \to 4.328$$

这样处理可使"舍"和"入"的机会均等,避免在处理较多数据时因入多舍少而带来系统误差。

1.1.2 误差分类及其处理方法

按误差产生的原因和性质的不同,可分为系统误差、随机误差和粗大误差。

1. 系统误差

误差值的大小和正负符号总保持不变,或按一定的规律变化,或有规律地重复,这种误差称为系统误差。

系统误差有多种来源,从基础物理实验教学角度出发,主要有以下几个方面。

(1) 仪器的示值误差。例如一电压表的示值不准,用它测量某一电压 U 时,得 $U=8.00$ V;用一只高一级的电表 A 校准此读数,得 $U_A=8.100$ V(U_A 即为 U 的相对真值),则系统误差为

$$\delta_U = U - U_A = -0.10 \text{ V}$$

对于有示值误差的仪器,一般应对示值进行修正。修正值 $C_x = -\delta_x$(设待测量为 x),上式中

$$C_U = -\delta_U = 0.10 \text{ V}$$

所以

实际值=示值+修正值=8.00 V+0.10 V=8.10 V

(2) 仪器的零值误差。例如电表的指针不指在零位,即产生零值误差。所以在使用电表前,应先检查指针是否指零,指针若未指零,则必须旋动零位调节器使指针指零。又如,在使用千分尺测量长度之前,也要先检查零位,并记下零

读数(即零值误差),以便对测量值进行修正。

(3) 仪器机构误差和测量附件误差。前者由诸如等臂天平的两个臂事实上不全相等,或者如惠斯顿电桥两个比例臂示值实际上不相等等原因所致,这类误差可用交换测量法来消除;后者如电学线路中开关、导线等附加电阻所引入的误差,这类误差可用替代法来巧妙地避免这些因素的影响。

(4) 理论和方法误差。由于实验理论和实验方法不完善,所引用的理论与实验条件不符等产生的误差。如在空气中称量质量而没有考虑空气浮力的影响;测量长度时没有考虑热胀冷缩使尺长改变;用伏安法测未知电阻,由于电表内阻的影响,测量值比实际值总是偏大或总是偏小。

(5) 系统误差也包括按一定规律(指非统计规律)变化的误差。例如在一直流电路中,可分别精确地测出两串联电阻电压 U_1、U_2,并由 U_1/U_2 求得此两电阻之比。但由于干电池在工作时,其电动势随时间均匀地略有下降,依次测定 U_1、U_2 时的电路电流有些不同,因而产生有规律性的误差。要消除这一误差,可采用相同时间间隔依次测定 U_1、U_2 和 U'_1(即再测一次的值),将 U_1 的平均值与 U_2 相比即可。再如"分光计的使用和调整"实验中,角度的测量存在周期性的误差,此误差可通过对称设置双读数游标来解决。

从上述的介绍可知,我们不能依靠在相同条件下多次重复测量来发现系统误差的存在,也不能借此来消除它的影响。原则上,系统误差均应予以修正,但系统误差的发现和估计是个实验技能问题,常取决于实验者的经验和判断能力。在基础物理实验教学中,处理系统误差的通常做法是:首先对实验依据的原理、方法、测量步骤和所用仪器等可能引起误差的因素进行一一分析,查出系统误差源;其次通过改进实验方法和实验装置,校准仪器等方法对系统误差加以补偿、抵消;最后在数据处理中对测量结果进行理论上的修正,以消除或尽可能减小系统误差对实验结果的影响。在本课程中,我们把处理系统误差的思想和方法结合到每个实验中进行讨论。比如,在长度测量实验中对零值误差进行修正;在牛顿环实验中,用逐差法消除了中心难以确定和因附加光程差而引起的系统误差等。希望学生重视对系统误差的学习,并在实践中不断总结提高。

2. 随机误差(偶然误差)

图 1-1-2 是随机误差分布图。随机误差(习惯上又常称为偶然误差),是指在同一被测量量的多次测量过程中,测量误差的绝对值与符号以不可预知(随机)的方式变化并具有抵偿性的测量误差分量。

随机误差是实验中各种因素的微小变动性引起的。例如:实验周围环境或操作条件的微小波动,测量对象的自身涨落,测量仪器指示数值的变动性,观测者在判断和估计读数上的变动性……这些因素的共同影响就使测量值围绕着测量的平均值发生有涨落的变化,这一变化量就是各次测量的随机误差。可见随机误差的来源是非常复杂而且是难以确定的。因而我们不能像处理系统误差那样去查出产生随机误差的原因,然后通过一定的方法予以修正或消除。正像处理大量分子做无规则运动时,难以确定每个分子的具体运动规律,但大量的分子运动却表现出统计规律一样。我们发现,就某一测量值

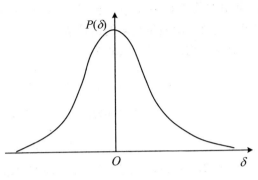

图 1-1-2　随机误差分布图

的随机误差来说是没有规律的,其大小和方向都是不可能预知的。但对某一量进行足够多次的测量,则会发现其随机误差服从一定的统计规律分布。

(1) 单峰性。测量值与真值相差愈小,这种测量值(或误差)出现的概率(可能性)愈大;与真值相差愈大的误差,则出现的概率愈小。

(2) 有界性。绝对值很大的误差出现的概率趋近于零。也就是说,总可以找到这样一个误差限,某次测量的误差超过此限值的概率小到可以忽略不计的地步。

(3) 对称性。绝对值相等和符号相反的正、负误差出现的概率相等。

(4) 抵偿性。随机误差的算术平均值随测量次数的增加而减小。

根据随机误差分布的这些特点,可从数学上推导随机误差出现概率的分布函数。这个函数首先由德国数学家和理论物理学家高斯于 1795 年导出,因而称为高斯误差分布函数,也称正态分布函数,这一分布规律在数理统计中已有充分的研究,读者可参阅相关书籍。

对测量中的随机误差如何处理呢？我们可以利用正态分布理论的一些结论来进行处理。

现设对某一物理量在测量条件相同的情况下,进行 n 次无明显系统误差的独立测量,测得 n 个测量值为 $x_1, x_2, x_3, \cdots, x_n$,我们往往称此为一个测量列。在测量不可避免地存在随机误差的情况下,处理这一测量列时必须要回答下列两个问题：

① 由于每次测量值各有差异,那么,怎样的测量值是最接近于真值的最佳值？

② 测量值的差异性即测量值的分散程度直接体现随机误差的大小,测量值越分散,测量的随机误差就越大,那么怎样对测量的随机误差做出估算才能表示出测量的精密度？

在数理统计中,对此已有充分的研究。下面我们只引用它们的结论。

结论 1：当系统误差已被消除时,测量值的算术平均值最接近被测量的真

值,测量次数越多,接近程度越好(当 $n\to\infty$ 时,平均值趋近于真值),因此我们用算术平均值表示测量结果的最佳值。

算术平均值的计算公式为

$$\bar{x} = \frac{1}{n}(x_1 + x_2 + x_3 + \cdots + x_n) = \frac{1}{n}\sum_{i=1}^{n} x_i \qquad (1\text{-}1\text{-}3)$$

以后为了简洁,我们常略去求和号上的求和范围,例如将上式简写为

$$\bar{x} = \frac{1}{n}\sum x_i$$

结论 2:一测量列的随机误差用标准偏差来估算。标准偏差的计算公式为

$$S_x = \sqrt{\frac{\sum (x_i - \bar{x})^2}{n-1}} = \sqrt{\frac{\sum (\Delta x_i)^2}{n-1}} \qquad (1\text{-}1\text{-}4)$$

其中,$\Delta x_i = x_i - \bar{x}(i=1,2,3,\cdots,n)$ 称为每一次测量值 x_i 与平均值 $\bar{x}$ 之差,我们称之为偏差。显然,这些偏差有正有负,有大有小,不能全面体现一列测量值的离散性。因此,常用"均方根"法对它们进行统计,于是得到上述称为标准偏差的统计公式。它可以表示这一列测量值的精密度,反映出测量值的离散性。标准偏差小就表示测量值很密集,即测量的精密度高;标准偏差大就表示测量值很分散,即测量精密度低。现在很多计算器上都有这种统计计算功能,可以直接用计算器求得 $S_x, \bar{x}$ 等数值。

值得指出的是,在多次测量时,正、负随机误差常可以大致抵消,因而用多次测量的算术平均值表示测量结果可以减小随机误差的影响。但多次重复测量不能消除或减小测量中的系统误差。

3. 粗大误差

明显超出规定条件下预期值的误差称为粗大误差。这是在实验过程中,由于某种差错使得测量值明显偏离正常测量结果的误差。例如读错数、记错数,或者环境条件突然变化而引起测量值的错误等。在实验数据处理中,应按一定的规则来剔除粗大误差。

1.1.3 测量不确定度的基本概念

由于测量误差的不可避免,真值也无法确定;而真值不知道,也就无法确定误差的大小。因此,实验数据的处理只能求出实验的最佳估计值及其不确定度,通常把测量结果表示为

测量值=最佳估计值±不确定度(单位)

何为不确定度?不确定度是指由于测量误差的存在而对被测量值不能肯定的程度,或者说它是表征被测量的真值在某个量值范围的一个客观的评定,是一个描述尚未确定的误差的特征量。由此可见,不确定度与误差有区别,误

差是一个理想的概念,一般不能精确知道。但不确定度反映误差存在分布的范围,可由误差理论求得。

不确定度一般包含多个分量,按其数值的评定方法可归并为以下两类:

A 类不确定度:多次重复测量时用统计方法计算的那些分量 Δ_A。比如估算随机误差的标准偏差 S_x 就属于 A 类分量。

B 类不确定度:用其他非统计方法估出的那些分量,它们只能基于经验或其他信息做出评定。如系统误差的估算等,一般用近似的等价标准差 Δ_B 表征:

$$\Delta_B = \Delta_{仪} / C \tag{1-1-5}$$

其中,$\Delta_{仪}$ 为仪器误差,C 为修正因子。

在基础物理实验教学中,为简便计,直接取 $\Delta_A = S_x$,即把一测量列的标准偏差的值当作多次测量中用统计方法计算的不确定度分量 Δ_A。标准偏差 S_x 和不确定度中的 A 类分量 Δ_A 是两个不同的概念,在基础物理实验中当 $5 < n \leqslant 10$ 时,把 S_x 值当作 Δ_A 是一种最方便的简化处理方法,因为当 Δ_B 可忽略不计时,有

$$\Delta = \Delta_A = S_x$$

这时可以证明被测量量的真值落在 $(\bar{x}-\Delta, \bar{x}+\Delta)$ 范围内的可能性(概率)已大于或接近 95%,即被测量的真值在 $(\bar{x}-\Delta, \bar{x}+\Delta)$ 的范围之外的可能性(概率)很小(小于 5%)。因此,如非特别注明,下面均取

$$\Delta_A = S_x = \sqrt{\frac{\sum(x_i - \bar{x})^2}{n-1}} \tag{1-1-6}$$

那么,在物理实验中 B 类分量 Δ_B 的修正因子如何确定呢?这是一个困难的问题,这需要实验者的经验、知识、判断能力以及对实验过程中所有有价值信息的把握和分析,然后合理地估算出 B 类分量 Δ_B。但对于一般的教学实验,我们也做一个简化了的约定,即取 $C=1$。即把仪器误差简单化地直接当作用非统计方法估算的分量 Δ_B。

总不确定度:当各量相互独立时,用"方和根"法将上述两类不确定度分量合成即得总不确定度 Δ,简称不确定度,

$$\Delta = \sqrt{\Delta_{仪}^2 + S_x^2} \tag{1-1-7}$$

相对不确定度

$$E_x = \frac{\Delta}{\bar{x}} \times 100\% \tag{1-1-8}$$

其意义与相对误差类似。

测量结果不确定度的表示为

$$\begin{cases} x = \bar{x} \pm \Delta (单位) \\ E_x = \dfrac{\Delta}{\bar{x}} \times 100\% \end{cases} \tag{1-1-9}$$

不确定度愈小,实验测量的质量愈好;不确定度愈大,实验测量的质量愈差。

由于不确定度的评定要合理赋予被测量值的不确定区间,而不同的置信概率所表示的不确定度区间是不同的,因此,还应表明是多大概率含义的不确定度。在基础物理实验教学中,我们暂不讨论不确定度的概率含义,而将测量结果不确定度表示简化地理解为测量量的真值在$(\bar{x}-\Delta, \bar{x}+\Delta)$区间之外的可能性(概率)很小,或者说,被测量量的真值位于$(\bar{x}-\Delta, \bar{x}+\Delta)$区间之内的可能性很大。物理量都有单位,不能不写出。因此,一个完整的测量结果应包含三个要素:测量结果的最佳估计值、不确定度和单位。

应该指出,随机误差和系统误差并不简单地对应于A类和B类不确定度分量。如对于未能进行多次重复测量的情况,其随机误差就不能利用统计方法处理,而要利用被测量量可能变化的信息进行判断,这就属于B类不确定度分量。要进一步了解两类不确定度分量的评定和合成不确定度的计算问题,读者可参阅其他书籍。

1.1.4 测量结果的处理

1. 单次直接测量结果不确定度的估算(表示)

在实际测量中,如果所用仪器精度不高,测量条件比较稳定,多次测量同一物理量结果相近,就不需要进行多次测量。例如,用准确度等级为2.5级的万用表去测量某一电流,经多次重复测量,几乎都得到相同的结果。这是由于万用表的精度较低,一些偶然的未控因素引起的误差很小,万用表不能反映出这种微小的变化,因而,在这种情况下,我们只需要进行单次测量。

如何确定单次测量结果的不确定度呢?显然,我们不能求出单次测量量的A类不确定度分量Δ_A了。尽管Δ_A依然存在,但在单次测量的情况下,往往是$\Delta_仪$要比Δ_A大得多。按照微小误差原则,即只要$\Delta_A < \Delta_B/3$(或$S_x < \Delta_仪/3$),在计算Δ时就可以忽略Δ_A对总不确定度的影响。所以,对单次测量,Δ可简单地用仪器误差$\Delta_仪$来表示,即:

$$单次测量结果 = 测量值 \pm \Delta_仪 (单位)$$

测量值应估读到仪器最小刻度的1/10(或1/5、1/2)。

测量是用仪器或量具进行的,有的仪器比较粗糙或灵敏度较低,有的仪器比较精确或灵敏度较高,但任何仪器,由于技术上的局限性,总存在误差。仪器误差就是指在正确使用仪器的条件下,测量所得结果和被测量的真值之间可能产生的最大误差。

仪器误差通常是由制造工厂和计量机构使用更精确的仪器、量具,通过检定比较后给出的。在仪器和量具的使用手册或仪器面板上,一般都能查到仪器允许的基本误差。因此,在使用仪器或量具之前熟悉其允许的基本误差是非常重要的。

仪器误差是指在正确使用仪器的条件下,仪器的示值与被测量的实际值之间可能产生的最大误差。仪器误差可以从有关的标准或仪器说明书中查找。游标卡尺、千分尺等一般分度仪表常用"示值误差"来表示仪器误差。而电工仪表常用"基本误差的允许极限"来表示仪器误差。以下是常用仪器、仪表误差,可供实验者查阅。

(1) 钢卷尺。符合国标 GB 10633—89 规定的钢卷尺,自零点端起到任意刻度线的示值误差应符合下列规定:

$$\text{I 级}: \Delta = (0.1 + 0.1L) \text{ mm}$$

$$\text{II 级}: \Delta = (0.3 + 0.2L) \text{ mm}$$

式中,Δ 为示值误差,L 为以 m 为单位的长度,当长度数值不是整数时,取最接近测量值的较大整数。

(2) 游标卡尺。符合国标 GB 1214—85 规定的游标卡尺,示值误差如表 1-1-1 所示。

表 1-1-1 游标卡尺示值误差

测量范围(mm)	示值误差(mm)
0～150	±0.02
150～200	±0.03
200～300	±0.04
300～500	±0.05
500～1 000	±0.07

(3) 螺旋测微器。符合国标 GB 1216—85 规定的螺旋测微器,示值误差如表 1-1-2 所示。

表 1-1-2 螺旋测微器示值误差

测量范围(mm)	示值误差(mm)
0～50	±0.004
50～100	±0.005
100～150	±0.006
150～200	±0.007
200～250	±0.008
250～300	±0.009
300～400	±0.011

(4) 天平的仪器误差。实验室使用的 TG-628 型属于 II 级天平。天平的仪器误差来源于不等臂偏差、示值变动性误差、标尺分度误差、游码质量误差和砝码质量误差。根据《国家计量检定规程》(JJG 98—90)规定，II 级天平的仪器误差与载荷 m 质量有关。设 e 为标度尺分度值，则天平的仪器误差可按表 1-1-3 考虑。

表 1-1-3 II 级天平最大允差表

载荷 m	最大允差
$0 \leqslant m \leqslant 5 \times 10^3 e$	e
$5 \times 10^3 e < m \leqslant 2 \times 10^4 e$	$2e$
$2 \times 10^4 e < m \leqslant 1 \times 10^5 e$	$3e$

(5) 电流表、电压表。

① 符合 GB 776—76 规定的电流(压)表，其基本误差允许极限的计算公式为
$$\Delta = a\% \times X_m$$
式中，a 为准确度等级，X_m 为量程。

② 符合 GB 7676—87 规定的电流(压)表，其基本误差允许极限的计算公式为
$$\Delta = C\% \times X_N$$
式中，C 为等级指数，X_N 为基准值，此值可能是测量范围的上限、量程或者其他明确规定的量值。

电流表和电压表按下列等级指数表示的准确度等级进行分级，如表 1-1-4 所示。

表 1-1-4 等级指数

标准	等级指数(%)
GB 776—76	0.1，0.2，0.5，1，1.5，2.5，5
GB 7676—87	0.05，0.1，0.2，0.3，0.5，1，1.5，2，2.5，3，5

(6) 直流电桥。符合 JB 1391—74 规定的直流电桥，其基本误差允许极限的计算可分为以下两种：

① 步进盘电桥和 $a \leqslant 0.1$ 级具有滑线盘的计算公式为
$$\Delta = k(a\%R + b\Delta_R)$$
式中，k 为比例系数（电桥比例臂比值），R 为比较臂示值，a 为准确度等级，Δ_R 为比较臂最小步进值或滑线盘分度值，b 为系数，如表 1-1-5 所示。

表 1-1-5 a 与 b 的关系表

$a \leqslant 0.02$	$a \leqslant 0.05$	$a \leqslant 0.1$(有滑线盘)
$b = 0.3$	$b = 0.2$	$b = 1$

② $a \geqslant 0.2$ 级具有滑线盘电桥的计算公式为
$$\Delta = a\% R_{\max}$$
式中,$R_{\max}$ 为滑线盘电桥的满刻度值。

例如,QJ23 型直流电桥:
$$\Delta = k(0.2\% R + 0.2)(\Omega)$$

QJ42 型直流双臂电桥:
$$\Delta = 0.2\% R_{\max}(\Omega)$$
式中,$R_{\max}$ 为相应倍率下电桥读数的满度值。

③ 符合 GB 3931—83 规定的直流电桥,其基本误差允许极限的计算公式为
$$\Delta = \frac{C}{100}\left(\frac{R_N}{10} + R\right)$$
式中,C 为用百分数表示的等级指数,R_N 为基准值(该量程内最大的整数幂),R 为标度盘示值。

(7) 直流电位差计。

① 符合 JB 1391—74 规定的直流电位差计,其基本误差允许极限的计算公式为
$$\Delta = (a\% U_x + b\Delta_U)$$
式中,U_x 为测量盘示值,a 为准确度等级,Δ_U 为最小测量盘步进值或滑线盘最小分度值,b 为系数(对实验室型电位差计,如 UJ25,$b=0.5$;对于携带式电位差计,如 UJ36 型,$b=1$)。

② 符合 GB 3927—83 规定的电位差计,其基本误差极限计算公式为
$$\Delta = \frac{C}{100}\left(\frac{U_N}{10} + U\right)$$
式中,C 为用百分数表示的等级指数,U_N 为基准值(该量程内最大的整数幂),U 为标度盘示值。

(8) 直流电阻箱。

① 符合部颁标准电(D)36—61 规定的电阻箱,其基本误差允许极限的计算公式如表 1-1-6 所示。

表 1-1-6　(D)36—61 电阻箱允许误差

准确度等级	基本误差允许极限(Ω)
0.02	$\Delta = \pm(0.02R + 0.1m)\%$
0.05	$\Delta = \pm(0.05R + 0.1m)\%$
0.1	$\Delta = \pm(0.1R + 0.2m)\%$
0.2	$\Delta = \pm(0.2R + 0.5m)\%$
0.5	$\Delta = \pm(0.5R + 0.1m)\%$

注:m 为示值不为零的十进盘个数,R 为电阻箱的示值。

② 符合 JB 1393—74 规定的电阻箱,其基本误差允许极限的计算公式为
$$\Delta = (a\%R + b)(\Omega)$$
式中,R 为电阻箱接入电阻值(Ω),a 为准确度等级,b 为系数[当 $a \leqslant 0.05$ 级时,$b = 0.002(\Omega)$;当 $a \geqslant 0.1$ 时,$b = 0.005(\Omega)$]。

③ 符合 GB 3949—83 规定的电阻箱,其基本误差允许极限的计算公式为
$$\Delta = \sum C_i\%R_i$$
式中,C_i 为第 i 挡用百分数表示的等级指数,R_i 为第 i 挡的示值。

例如,实验室常用的量程在 100 mm 以内的一级千分尺。其副尺上的最小分度值为 0.01 mm(精度),而它的仪器误差(常称为示值误差)为 0.004 mm。测量范围在 300 mm 以内的游标卡尺,其分度值便是仪器的示值误差,因为确定游标卡尺上哪条线与主尺上某一刻度对齐,最多只可能有正、负一条线之差。例如主、副尺最小分度值之差为 1/50 mm 的游标卡尺,其精度和示值误差均为 0.02 mm。有的测量器具并不直接给出仪器误差,而是以"准确度等级"来估计的。级值越小,则准确度越高(详见电学实验)。

一般的测量仪器上都有指示不同量值的刻线标记(刻度)。相邻两刻线所代表的量值之差称为分度值。其最小分度标志着仪器的分辨能力。在仪器设计时,分度和表盘的设计总是与仪器的准确度相适应的。一般来说仪器的准确度越高,刻度越细越密,但也有仪器的最小分度超过其准确度。如一般水银温度计最小分度值为 0.1 ℃,但其示值误差为 0.2 ℃。如果实验者手头缺乏有关仪器的技术资料,仪器没有标明仪器准确度,这时用仪器的最小分度值估算仪器误差是最简单可行的办法。

许多计量仪器、量具的误差产生原因及具体误差分量的计算分析,大多超出了本课程的要求范围。为初学者方便,我们仅从以下三方面来考虑仪器误差 $\Delta_{仪}$。

(1) 仪器说明书上给出的仪器误差值,如游标卡尺、螺旋测微计的示值误差等。

(2) 仪器(电表)的精度等级按量程决定(详见电学实验有关内容)。

(3) 在一定测量范围内,取仪器最小分度值或最小分度值的 1/2。

如果能得到这三者,一般在三者之中取最大值。

2. 多次测量结果的不确定度估算(表示)

由于测量中存在随机误差,为了能获得测量最佳值,并对结果做出正确评价,就需要对待测量进行多次重复测量。虽然测量次数增加能减少随机误差对测量结果的影响,但在基础物理实验中,考虑到测量仪器的准确度和测量方法、环境等因素的影响,对同一量做多次直接测量时,一般把测量次数定在 5~10 次

较为妥当。

多次重复测量结果的最佳估计值和不确定度的计算公式即为(1-1-3)~(1-1-11)式。

【例 1】 用一般毫米尺测量某一物体长度 l,得到 5 次的重复测量值分别为 3.42 cm、3.43 cm、3.44 cm、3.44 cm、3.43 cm,试求其测量值。

解:

$$\bar{l} = \frac{1}{5}\sum_{1}^{5} l_i = 3.432\,(\text{cm}) \quad (\text{中间过程可多保留 } 1 \sim 2 \text{ 位})$$

$$S_l = \sqrt{\frac{1}{5-1}\sum_{1}^{5}(l_i - \bar{l})^2} = 0.008\,66\,(\text{cm})$$

$\Delta_{\text{仪}} = 0.02$ cm （读数估计到最小分度值的 1/5）

$\Delta = \sqrt{\Delta_{\text{仪}}^2 + S_x^2} \approx 0.03\,(\text{cm})$ （不确定度取 1 位有效数字）

结果（由不确定度决定测量结果最佳值的有效数字）:

$l = 3.43 \pm 0.03\,(\text{cm})$ （尾数取齐,写成 $3.432 \pm 0.03\,(\text{cm})$ 或 $3.43 \pm 0.030\,(\text{cm})$ 都是错的）

$E_x = 0.75\%$

3. 间接测量结果的不确定度估算

(1) 间接测量量不确定度传递公式。

间接测量值是通过一定函数式由直接测量值计算得到的。显然,把各直接测量结果的最佳值代入函数式就可得到间接测量结果的最佳值。这样一来,直接测量结果的不确定度就必然影响到间接测量结果,这种影响大小也可以由相应的函数式计算出来,这就是不确定度的传递。

首先,讨论间接测量量的函数式(或称测量式)为单元函数(即由一个直接测量量计算得到间接测量量)的情况

$$N = F(x)$$

式中,N 是间接测量量,x 为直接测量量。若 $x = \bar{x} \pm \Delta_x$,即 x 的不确定度为 Δ_x,它必然影响间接测量结果,使 N 值也有相应的不确定度 Δ_N。由于不确定度都是微小量(相对于测量值),相当于数学中的增量,因此间接测量量的不确定度传递的计算公式可借用数学中的微分公式。

根据微分公式

$$\mathrm{d}N = \frac{\mathrm{d}F(x)}{\mathrm{d}x}\mathrm{d}x$$

可得到间接测量量 N 的不确定度 Δ_N 为

$$\Delta_N = \frac{\mathrm{d}F(x)}{\mathrm{d}x}\Delta_x$$

其中，$\dfrac{\mathrm{d}F(x)}{\mathrm{d}x}$ 是传递系数，反映了 Δ_x 对 Δ_N 的影响程度。

例如，球体体积的间接测量式

$$V = \frac{1}{6}\pi D^3$$

若

$$D = \bar{D} \pm \Delta_D$$

则

$$\Delta_V = \frac{1}{2}\pi D^2 \Delta_D$$

但是，大多数间接测量量所用的测量式是多元函数式，即由多个直接测量量计算得到一个间接测量结果。所以更一般的情况是

$$N = f(x, y, z, \cdots) \tag{1-1-10}$$

式中，$x, y, z, \cdots$ 是相互独立的直接测量量，它们的不确定度 $\Delta_x, \Delta_y, \Delta_z, \cdots$ 是如何影响间接测量量 N 的不确定度 Δ_N 的呢？仿照多元函数求全微分的方法，单考虑 x 的不确定度 Δ_x 对 Δ_N 的影响时，有

$$(\Delta_N)_x = \frac{\partial F(x, y, z, \cdots)}{\partial x}\Delta_x = \frac{\partial F}{\partial x}\Delta_x$$

单考虑 y 的不确定度 Δ_y 对 Δ_N 影响时，有

$$(\Delta_N)_y = \frac{\partial F(x, y, z, \cdots)}{\partial y}\Delta_y = \frac{\partial F}{\partial y}\Delta_y$$

同理可得

$$(\Delta_N)_z = \frac{\partial F(x, y, z, \cdots)}{\partial z}\Delta_z = \frac{\partial F}{\partial z}\Delta_z$$

把它们合成时，不能像求全微分那样进行简单的相加。因为不确定度不是简单地等同于数学上的"增量"。在合成时要考虑到不确定度的统计性质，所以采用方和根合成，于是得到间接测量结果合成不确定度的传递公式：

数学微分公式 $\quad \mathrm{d}N = \dfrac{\partial F}{\partial x}\mathrm{d}x + \dfrac{\partial F}{\partial y}\mathrm{d}y + \cdots$

不确定度传递公式

$$\Delta_N = \sqrt{\left(\frac{\partial F}{\partial x}\right)^2 \Delta_x^2 + \left(\frac{\partial F}{\partial y}\right)^2 \Delta_y^2 + \left(\frac{\partial F}{\partial z}\right)^2 \Delta_z^2 + \cdots} \tag{1-1-11}$$

如果测量式是积商形式的函数，在计算合成不确定度时，往往两边先取自然对数，然后合成要方便得多，且得到相对不确定度传递公式

$$\frac{\Delta_N}{N} = \sqrt{\left(\frac{\partial \ln F}{\partial x}\right)^2 \cdot (\Delta_x)^2 + \left(\frac{\partial \ln F}{\partial y}\right)^2 \cdot (\Delta_y)^2 + \left(\frac{\partial \ln F}{\partial z}\right)^2 \cdot \Delta_z^2 + \cdots} \tag{1-1-12}$$

利用相对不确定度传递公式先求出

$$E = \frac{\Delta_N}{N}$$

再求
$$\Delta_N = E\overline{N}$$

例如,求铜棒电阻率
$$\rho = \frac{\pi d^2}{4L} R$$

有
$$\overline{\rho} = \frac{\pi \overline{d}^2}{4\overline{L}} \overline{R} \quad (\text{注意应将各量的平均值代入})$$

求出
$$E = \frac{\Delta_\rho}{\rho} = \sqrt{\left(\frac{\Delta_L}{\overline{L}}\right)^2 + \left(\frac{\Delta_R}{\overline{R}}\right)^2 + 4\left(\frac{\Delta_d}{\overline{d}}\right)^2} = \sqrt{E_L^2 + E_R^2 + 4E_d^2}$$

再计算
$$\Delta_\rho = E\overline{\rho}$$

最后将结果表示为标准形式。

(2) 间接测量结果的表示。
$$N = \overline{N} \pm \Delta_N$$
$$E_r = \frac{\Delta_N}{\overline{N}} \times 100\%$$

其中
$$\overline{N} = f(\overline{x}, \overline{y}, \cdots)$$

请自行推导常用函数的不确定度传递公式。

【例2】 用单摆测定重力加速度的公式为
$$g = \frac{4\pi^2 l}{T^2}$$

今测得 $T = (2.000 \pm 0.002)$ s, $l = (100.0 \pm 0.1)$ cm,试计算重力加速度 g 及不确定度与相对不确定度 E_g。

解: $E_T = 0.1\%$, $E_l = 0.1\%$

$$E_g = \sqrt{E_L^2 + 4E_T^2} = \sqrt{5} \times 0.001 = 0.002\,236$$

$$\overline{g} = \frac{4\pi^2 l}{T^2} = 987.2 \,(\text{cm/s}^2)$$

$$\Delta_g = E_g \times \overline{g} = 2 \,(\text{cm/s}^2)$$

结果表示
$$\begin{cases} g = (987 \pm 2) \text{ cm/s}^2 \\ E_g = 0.2\% \end{cases}$$

1.1.5 有效数字与不确定度的关系

前面讨论了有效数字的运算规则,对数函数、指数函数和三角函数运算结果的有效数字必须按照不确定度传递公式来决定。实际上,所有运算结果的有效数字位数均应由不确定度来决定,就是简单的四则混合运算也应遵循这一原则。如例 1,应先求出 $\Delta_l=0.03$ cm(可疑位保留 1 位),然后再确定 l 的有效数字位数(小数后第二位可疑,因此,结果保留 3 位有效数字);同样,如例 2,先确定 $\Delta_g=2$ cm/s² (可疑位保留 1 位),因此,结果保留 4 位有效数字(尾数对齐)。

【例 3】 设某无量纲物理量为 $x=480.3$,求 $y=\lg x$。

解: 因题目没有给出 x 的不确定度 Δ_x 值。一般可设 $\Delta_x=0.2$ 或 $\Delta_x=0.1$ (因小数点后第一位是可疑位),然后求出

$$\Delta_y = \frac{\Delta_x}{x} = 0.0004$$

即 y 可疑位在小数点后第四位上,故

$$y = \lg 480.3 = 2.6815$$

1.1.6 实验结果的评估

1. 不确定度表示结果

$$x = \bar{x} \pm \Delta_x$$

其物理意义是测量值 x 落在 $(\bar{x}-\Delta, \bar{x}+\Delta)$ 区间内的概率很大(近 95%)。

2. 精密度

测量误差分布密集或疏散的程度,即各次测量值重复性优劣的程度。一般表示随机误差的大小。

3. 准确度

测量结果所达到的准确程度,即测量结果最佳值与真值之间相符合的程度。一般表示系统误差的大小。

4. 精确度

随机误差和系统误差综合的结果。

测量结果的精密度、准确度和精确度的意义如图 1-1-3 所示。

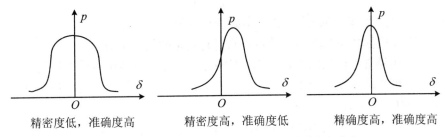

图 1-1-3 测量结果的精密度、准确度和精确度的意义

第 2 节 实验数据处理方法

研究物理量间的变化关系,可以从实验中测出一系列相互对应的数据点,这些数据都存在不确定度。通过这些数据点得到最可靠的实验结果或物理规律,主要靠正确的数据处理方法。物理实验中常用的数据处理方法有列表法、作图法、逐差法、最小二乘法的线性拟合等。

1.2.1 列表法

在记录和处理数据时,要将数据列成表格,用表格表示数据显得清楚明了,有关物理量之间的关系以及数据和处理数据过程中存在的问题都能在表格中显示出来。其列表的基本要求如下:

(1) 各栏目均应标注名称和单位。

(2) 列入表中的主要应是原始数据,计算过程中的一些中间结果和最后结果也可列入表中,但应写出计算公式,从表格中要尽量使人看到数据处理的方法和思路,而不能把列表变成简单的数据堆积。

(3) 栏目的顺序应充分注意数据的联系和计算的程序,力求条理性和简明化。

(4) 添加必要的附加说明,如测量仪器的规格、测量条件、表格名称等。

在基础实验中,一般列出记录和数据处理的表格,以供参考。

1.2.2 作图法

实验的目的常常是研究两个物理量之间的数量关系。这种关系有时是用公式表示的,有时是用作图的方法表示的。用图线表示实验结果可以形象、直观、简便地表达出物理量间的变化关系。其作用如下:

(1) 研究物理量之间的变化规律,找出对应的函数关系或经验公式。能形象、直观地表示出相应的变化情况。

(2) 求出实验的某些结果,如直线方程

$$y = mx + b$$

可根据曲线斜率求出 m 值,从曲线截距获取 b 值。

（3）用内插法可从曲线上读取没有进行测量的某些量值。

（4）用外推法可从曲线延伸部分估算出原测量数据范围以外的量值。

（5）可帮助发现实验中个别测量的粗大误差,同时,作图连线对数据点可起到平均的作用,从而减少随机误差。

（6）把某些复杂的函数关系,通过一定的变换用直线图表示出来。

【例 4】 由 $pV=C$,可将 p-V 图线（曲线）改为 p-$1/V$ 图线（直线）,直线斜率为 C,如图 1-2-1 所示。

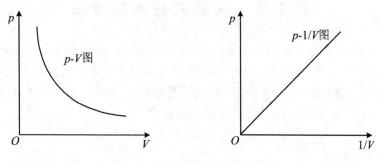

图 1-2-1 将曲线图改为直线图

要特别注意的是,实验作图不是示意图,而是用图来表达实验中得到物理量间的关系,同时还要求反映出测量的准确程度,因而必须按一定原则作图。

1. 作图原则

（1）选用合适的坐标纸。根据作图参量的性质,选用毫米直角坐标纸、双对数坐标纸、单对数坐标纸或其他坐标纸等。坐标纸的大小应根据测得数据的大小、有效数字多少及结果的需要来定。基础物理实验常采用毫米直角坐标纸。

（2）坐标轴的比例与标度。

① 一般以横轴代表自变量,纵轴代表因变量,在轴的末端标以代表正方向的箭头。

② 轴的末端近旁标明所代表的物理量及其单位。

③ 适当选取横轴和纵轴的比例和坐标起点,使曲线大体上充满整个图纸。

④ 图上实验点的坐标读数的有效数字位数不能少于实验数据的有效数字位数。

⑤ 标度划分应得当,通常用 1、2、5 间隔,而不选用 3、7、9 间隔来标度。

⑥ 横轴和纵轴的标度可以不同,交点可以不为零。

⑦ 若数据特别大或特别小,可用乘积因子表示。

（3）曲线的标点与连线。

① 数据点应该用大小适当的明显标志×、⊙、△,同一张图上的几条曲线应采用不同的标志。注意不可用"·"号,因为连线时会把点盖住,因而不能清楚地看出点与线的偏离情况及分析实验中的问题。

② 连线要光滑,不一定要通过所有的数据点。因为每个实验点的误差情况不一定相同,因此不应强求曲线通过每一个实验点而连成折线(仪表的校正曲线不在此列)。应按实验点的总趋势连成光滑的曲线或直线,要做到图线两侧的实验点与图线的距离最为接近且分布大体均匀。图线正好穿过实验点时,可以在此点处断开。

(4) 写明图线特征和名称。利用图上空白位置注明实验条件和从图线上得出的某些参数,如截距、斜率、极大值、极小值、拐点和渐近线等。有时需要通过计算求出一些特征量,图上还须标出被选计算点的坐标及计算结果,最后写上图的名称。

2. 图解法求拟合直线的斜率和截距

设拟合直线为

$$y = mx + b \tag{1-2-1}$$

(1) 求斜率

$$m = \frac{y_2 - y_1}{x_2 - x_1} \tag{1-2-2}$$

可在所作直线上选取两点 $p_1(x_1, y_1)$ 和 $p_2(x_2, y_2)$ 代入式(1-2-1)求得。p_1 与 p_2 两点一般不取原来测量的数据点,并且要尽可能相距得远些,在图上标出它们的坐标。为便于计算,x_1、x_2 两数值可选取整数,斜率的有效数字要按有效数字规则计算。

(2) 求截距。如果横坐标的起点为零,则直线的截距可直接从图线中读出;否则,可用

$$b = \frac{x_2 y_1 - x_1 y_2}{x_2 - x_1} \tag{1-2-3}$$

计算截距。

3. 校正图线

此外,还有一种校正图线。作校正图线除连线方法与上述作图要求不同外,其余均相同。校正图线的相邻数据点间用直线连接,全图成为不光滑的折线。之所以连成折线是因为在两个校正点之间的变化关系是未知的,可用线性插入法予以近似。例如,在"电表改装与校准"实验中,用准确度等级高一级的电表校准改装的电表所作的校准图,这种图线要附在被校正的仪表上作为示值的修正。

由于作图时图纸的不均匀性、连线的近似性、线的粗细等因素,不可避免地会带入误差,所以从图上计算测量结果的不确定度意义不大。一般在正确分度情况下,只用有效数字表示计算结果。要确定测量结果不确定度则需应用解析方法。但是,在报道实验结果时,一幅精良的图线胜过千言描述,所以作图法在实验教学中有其特殊的地位。

【例 5】 用惠斯顿电桥测定铜丝在不同温度下的电阻值。数据如表 1-2-1 所示。试求铜丝的电阻与温度的关系。

表 1-2-1 不同温度下铜丝的电阻值

温度 t(℃)	24.0	26.5	31.1	35.0	40.3	45.0	49.7	54.9
电阻 R(Ω)	2.897	2.919	2.969	3.003	3.059	3.107	3.155	3.207

解:以温度 t 为横坐标,电阻 R 为纵坐标。横坐标选取 2 mm 代表 2 ℃,纵坐标代表 0.010 Ω。绘制铜丝电阻与温度的关系曲线,结果如图 1-2-2 所示。

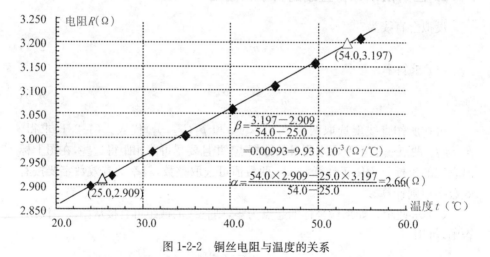

图 1-2-2 铜丝电阻与温度的关系

由图中数据点分布可知,铜丝电阻与温度之间为线性关系,满足下面线性方程,即

$$R = \alpha + \beta t$$

在图线上取两点(如图 1-2-2 所示),计算截距和斜率得

$$\beta = \frac{3.197 - 2.909}{54.0 - 25.0} = 9.93 \times 10^{-3}(\Omega/℃)$$

$$\alpha = \frac{54.0 \times 2.909 - 25.0 \times 3.197}{54.0 - 25.0} = 2.66(\Omega)$$

所以,铜丝电阻与温度的关系为

$$R = 2.66 + 9.93 \times 10^{-3} t(\Omega)$$

如果两物理量成正比，在实验中常作多次测量，用图解法求比例系数，这样做的结果可比单次测量准确得多。

1.2.3 逐差法

当两个被测物理变量之间存在多项函数关系，且自变量为等间距变化时，常常用逐差法处理测量数据。逐差法就是把实验得到的偶数组数据分成前后两组，将对应项分别相减。这样做可以充分利用数据，具有对实验数据取平均和减少随机误差的效果。另外，还可以对实验数据进行逐次相减，这样可验证被测量之间的函数关系，及时发现数据差错或数据规律。例如，用拉伸法测定弹簧劲度系数，已知在弹性限度范围内，伸长量 x 与拉力 F 之间满足

$$F = kx$$

关系。等间距地改变拉力（负荷），将测得的一组数据列于表 1-2-2 中。

表 1-2-2　数据表

砝码质量 m_i(g)	弹簧伸长位置 l_i(cm)	逐次相减 $\Delta l_1 = l_{i+1} - l_i$(cm)	等间隔对应项相减 $\Delta l_5 = l_{i+5} - l_i$(cm)
1×100.0	10.00	0.81	4.00
2×100.0	10.81	0.79	
3×100.0	11.59	0.83	4.01
4×100.0	12.42	0.79	
5×100.0	13.21	0.79	4.02
6×100.0	14.00	0.82	
7×100.0	14.82	0.79	3.99
8×100.0	15.61	0.80	
9×100.0	16.42	0.78	3.98
10×100.0	17.19		

由逐次相减的数据可判出 Δl_i 基本相等，验证了 x 与 F 之间的线性关系。实际上，这"逐差验证"工作，在实验过程中可随时进行，以判别测量是否正确。

而求弹簧劲度系数 k（直线的斜率），则利用等间隔对应项逐差的结果，即将表中数据分成高组（$l_{10}, l_9, l_8, l_7, l_6$）和低组（$l_5, l_4, l_3, l_2, l_1$），然后对应项相减求平均值，得

$$\Delta \bar{l}_5 = \frac{1}{5}[(l_{10}-l_5)+(l_9-l_4)+(l_8-l_3)+(l_7-l_2)+(l_6-l_1)]$$

$$= \frac{1}{5}(4.00+4.01+4.02+3.99+3.98) = 4.00 \text{(cm)}$$

于是

$$\bar{k} = \frac{\Delta \bar{l}_5}{5mg} = \frac{4.00 \times 10^{-2}}{5 \times 100.0 \times 10^{-3} \times 9.80} = 8.16 \times 10^{-3} (\text{m/N})$$

对本例进一步分析可知,由分组逐差求出 $\Delta \bar{l}_5$,然后算出弹簧劲度系数 k,相当于利用了所有数据点连了 5 条直线,分别求出每条直线的斜率后再取平均值,所以用逐差法求得的结果比作图法要准确些。

用逐差法得到的结果,还可以估算出它的随机误差。本例由分组逐差得到的 5 个 Δl_5,可视为 5 次独立的重复测量量,求出其标准偏差。从而进一步求出弹簧劲度系数 k 的不确定度。

1.2.4 实验数据的直线拟合(线性回归)

作图法虽然在数据处理中是一个很便利的方法,但它不是建立在严格统计理论基础上的数据处理方法,在作图纸上人工拟合直线(或曲线)时有一定的主观随意性,往往会引入附加误差,尤其在根据图线确定常数时,这种误差有时会很明显。为了克服这一缺点,在数据统计中研究了直线拟合问题(或称一元线性回归问题),常用的是一种以最小二乘法为基础的实验数据处理方法。

最小二乘法原理:若能找到一条最佳的拟合直线,那么这条拟合直线上各相应点的值与测量值之差的平方和在所有拟合直线中应是最小的。设在某一实验中,可控物理量取 $x_1, x_2, x_3, \cdots, x_n$ 值时,对应物理量依次取 $y_1, y_2, y_3, \cdots, y_n$ 值。

我们讨论最简单的情况,即每个测量值都是等精度的,而且假定测量值 x_i 的误差很小,主要误差都出现在 y_i 的测量上。显然,如果从 (x_i, y_i) 中任取两个数据点,就可以得到一条直线,只不过这条直线的误差有可能很大。直线拟合的任务就是用数学分析的方法从这些观测量中求出一个误差最小的最佳经验公式

$$y = mx + b \tag{1-2-4}$$

按这一经验公式作出的图线虽然不一定通过每个实验点,但是它会以最接近这些实验点的方式平滑地穿过它们。

显然,对应于每一个 x_i 值,观测值 y_i 和最佳经验公式的 y 值之间存在一偏差 δy_i(如图 1-2-3 所示),我们称之为观测值 y_i 的偏差,即

$$\delta y_i = y_i - y = y_i - (b + mx_i) \quad (i = 1, 2, 3, \cdots, n) \tag{1-2-5}$$

根据最小二乘法的原理,当 y_i 偏差的平方和为最小时,由极值原理可求出常数 b 和 m。由此可得最佳拟合直线。

设 s 表示 δy_i 的平方和,它应满足

$$s = \sum (\delta y_i)^2 = \sum [y_i - (b + mx_i)]^2 = \min \tag{1-2-6}$$

上式中 x_i 和 y_i 是测量值,均是已知量,而 b 和 m 是待求值。因此,s 实际上是 b 和 m 的函数。令 s 对 b 和 m 的偏导数为零,即可解出满足上式的 b 和 m

的值(要验证这一点,还需证明二阶导数大于零,这里从略)。

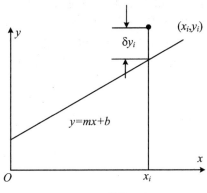

图 1-2-3 线性回归

$$\frac{\partial s}{\partial b} = -2\sum(y_i - b - mx_i) = 0$$

$$\frac{\partial s}{\partial m} = -2\sum(y_i - b - mx_i)x_i = 0$$

解上述联立方程得

$$b = \frac{\sum x_i y_i \sum x_i - \sum y_i \sum x_i^2}{\left(\sum x_i\right)^2 - n\sum x_i^2} \tag{1-2-7}$$

$$m = \frac{\sum x_i \sum y_i - n\sum x_i y_i}{\left(\sum x_i\right)^2 - n\sum x_i^2} \tag{1-2-8}$$

将 b 和 m 值代入直线方程,即得最佳经验公式(1-2-4)。

用最小二乘法求得的常数 b 和 m 是"最佳"的,但并不是没有误差,它们的误差估计比较复杂。本教程不做要求。一般来说,如果一列测量值的 δy_i 大,那么,由这列数据求得的 b 和 m 值的误差也大,由此定出的经验公式可靠程度就低;如果一列测量值的 δy_i 小,那么,由这列数据求得的 b 和 m 值的误差也小,由此定出的经验公式可靠程度就高。

用回归法处理数据最困难的问题在于函数形式的选取。函数形式的选取主要靠理论分析,在理论还不清楚的场合,只能靠实验数据的变化趋势来推测。这样对同一组实验数据,不同的人员可能会选取不同的函数形式,得出不同的结果。为判明所得结果是否合理,在待定常数确定以后,还需要计算相关系数 r。对一元线性回归,r 的定义为

$$r = \frac{\sum \Delta x_i \sum \Delta y_i}{\sqrt{\sum(\Delta x_i)^2} \cdot \sqrt{\sum(\Delta y_i)^2}} \tag{1-2-9}$$

其中

$$\Delta x_i = x_i - \bar{x}, \quad \Delta y_i = y_i - \bar{y}$$

可以证明 r 值总是在 0 和 1 之间，r 值越接近于 1，说明实验数据点密集地分布在所求得的直线近旁，用线性函数进行回归是合适的，如图 1-2-4 所示。相反，如果 r 值远小于 1 而接近零，说明实验数据对求得的直线很分散，如图 1-2-5 所示，即线性回归不妥，必须用其他函数重新试探。

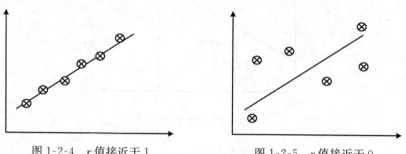

图 1-2-4　r 值接近于 1　　　　　图 1-2-5　r 值接近于 0

方程的线性回归，用手工计算是很麻烦的。但是，不少袖珍型函数计算器上均有线性回归计算键，计算起来非常方便，因而，线性回归的应用日益普及。

第 3 节　物理实验的基本方法

1.3.1　物理实验中的基本测量方法

1. 比较法

比较法是物理实验中最普遍、最基本的测量方法。它是将待测物理量与选作标准单位的物理量进行比较而得到的测量值。比较法的几种形式如下：

(1) 将待测量和标准量具直接比较，例如用米尺测量长度。

(2) 将待测量与标准量值相关的仪器比较，如用电表测电流或电压，用温度计测温度等。

(3) 通过比较系统，使待测量和标准量具实现比较，如用电位差计测电压（见"温度传感器特性研究"实验，$E_x = \dfrac{R_x}{R_N} E_N$），用电桥测电阻（$R_x = \dfrac{R_1}{R_2} R_N$），用物理天平称量物体的重（质）量等都是通过一定的比较系统，用标准量去"补偿"待测量，以"示零"为判据，实现待测量与标准量的比较（故又名"补偿法"）。比较测量、比较研究是科学实验和科学思维的基本方法，具有广泛的应用性和渗透性。

2. 放大法

将物理量按照一定规律加以放大后进行测量的方法称为放大法。这种方法对微小物体或对物理量的微小变化量的测量十分有效。放大法的几种形式如下：

(1) 累计放大法。如用秒表测三线摆的周期，通常不是测一个周期，而是测量累计摆动 50 个或 100 个周期的时间。

(2) 机械放大法。如游标卡尺，利用游标原理将读数放大测量，螺旋测微计、读数显微镜和迈克尔逊干涉仪的读数装置等，利用螺距放大原理来提高测量精度。

(3) 光学放大法。如光杠杆放大法（见"金属丝杨氏弹性模量的测量"实验），光电检流计的光指针放大法，读数显微镜将被测物体放大后再进行测量等。

(4) 电子学放大法。对微弱电信号经放大器放大后进行观测。如电桥平衡指示仪、晶体管毫伏表等仪器均利用电子学放大原理进行测量。

3. 转换测量法

转换测量法是根据物理量之间的各种效应、物理原理和定量函数关系，利用变换的思想进行测量的方法。它是物理实验中最富有启发性和开创性的一种方法，主要有：

(1) 参量换测法。利用各种参量的变换及其变化规律，以测量某一物理量的方法。例如，三线摆法测转动惯量，利用

$$J = \frac{mgRr}{4\pi^2 H}T^2$$

将对 J 的测量转换为对质量、长度和周期的测量；又如测磁感应强度 B，利用电磁感应原理或霍尔效应，将对 B 的测量转换为对电压 U 的测量。

(2) 能量换测法。利用能量相互转换的规律，把某些不易测得的物理量转换为易于测量的物理量。考虑到电学参量的易测性，通常使待测物的物理量通过各种传感器或敏感器件转换成电学量进行测量。例如，热电转换（温差热电偶、半导体热敏元件等）、压电转换（压电陶瓷等）、光电转换（光电管、光电池等）等。

4. 模拟法

模拟法是以相似性原理为基础，不直接研究自然现象或过程本身，而是用与这些现象或过程相似的模型来进行研究的一种方法。模拟法可分物理模拟和数学模拟。

(1) 物理模拟是保持同一物理本质的模拟。例如，用"风洞"中的飞机模型模拟实际飞机在大气中的飞行。

(2) 数学模拟是指把不同本质的物理现象或过程，用同一个数学方程来描述。例如，用稳恒电流场模拟静电场，就是基于这两种场的分布有相同的数学形式。

用计算机进行实验的辅助设计和模拟实验，是一种全新的模拟方法，随着计算机的不断发展和广泛应用，这将使物理实验的面貌发生很大的变化。

上述 4 种基本测量方法，在物理实验中和工程测量中都已得到广泛的应用。实际上，在物理实验中，各种方法往往是相互联系和综合使用的。

以上只介绍了物理实验中常用的几种方法，此外，还有诸如"替代法""换测法""共轭法""示踪法""符合法"等。学生在进行实验时，应认真思考，仔细分析，不断总结，逐步积累丰富的实验方法，并在科学实验中给予灵活运用。

1.3.2 物理实验中的基本调整与操作技术

实验中的调整和操作技术十分重要，正确的调整和操作不仅可将系统误差减小到最低限度，而且对提高实验结果的准确度有直接影响。

1. 零位调整

使用任何测量器具都必须调整零位，否则将引入人为的系统误差。零位调整的方法如下：

(1) 利用仪器的零位校准器进行调整，例如天平、电表等。

(2) 无零位校准器，则利用初读数对测量值进行修正，例如游标卡尺和千分尺等。

2. 水平铅直调整

有些实验由于受地球引力的作用，实验仪器要求达到水平或铅直状态才能正常工作，例如天平和气垫导轨的水平调节，调三线摆的水平和铅直等。水平和铅直调节过程要仔细观察，切忌盲目调节。

3. 消除视差

在进行实验观测时，由于观测方法不当或测量器具调节不正确，在读数时会产生视差。所谓视差是指待测物与量具（如标尺）不位于同一平面而引入的读数误差。消除视差的方法如下：

(1) 米尺和电表读数时，应正面垂直观测。

(2) 用带有叉丝的测微目镜、读数显微镜和望远镜测量时，应仔细调节目镜和物镜的距离，使像与叉丝共面。

4. 先粗调后细调的原则

在实验时,先用目测法尽量将仪器调到所要求的状态,然后再按要求精细调节,以提高调节效率。例如,"金属丝杨氏弹性模量的测定"实验中望远镜的调整、分光计的调整、气垫导轨调平等。

5. 等高共轴调整

在光学实验测量之前,要求将各器件调整到等高共轴状态,即要求各光学元器件主光轴等高且共线。等高共轴调节可分如下两步进行。

(1) 粗调。用目测法将各光学元件的中心以及光源中心调成共轴等高,使各元件所在平面基本上相互平行且铅直。

(2) 细调。利用光学系统本身或借助其他光学仪器,依据光学基本规律来调整。如依据透镜成像规律、由自准直法和二次成像法调整等高共轴等。

6. 逐次逼近法

调节与测量应遵守逐次逼近的原则,特别是对于示零仪器(如天平、电桥、电位差计等),采用正反向逐次逼近的方法,能迅速找到平衡点,分光计中所用的"各半调节法"也属于逐次逼近法。

7. 先定性后定量原则

在实验测量前,先定性地观察实验变化过程,了解变化规律,再定量测定,可快速获得较正确的结果。

8. 电学实验的操作规程

注意安全用电,合理布局、正确接线、仔细检查确认线路无误后再合上电源进行实验测量,实验完毕,拉开电源,归整仪器。

9. 光学实验操作规程

要注意对光学仪器的保护,机械部分操作要轻、稳,注意保护眼睛。

第 4 节 实验报告范例

实验报告是写给同行看的,所以必须反映自己的工作收获和结果,反映自己的能力和水平。报告要有自己的特色,要有条理性,并注意运用科学术语,一定要有实验的结论和对实验结果的讨论、分析或评估(成败之初步原因)。这里给出一个范例,仅供初学者参考。

1.4.1 范例:长度测量

【实验目的】

(1) 掌握游标卡尺、螺旋测微装置的原理和使用方法。
(2) 了解读数显微镜测长度的原理,并学会使用。
(3) 巩固误差、不确定度和有效数字的知识,学习数据记录、处理及测量结果表示的方法。

【实验仪器】

游标卡尺,螺旋测微计,读数显微镜,待测物体等。

【实验原理】

1. 游标卡尺

游标卡尺是由米尺(主尺)和附加在米尺上一段能滑动的副尺构成。它可将米尺估计的那位数较准确地读出来,其特点是游标上 N 个分格的长度与主尺上 $(N-1)$ 个分格的长度相等,利用主尺上最小分度值 a 与游标上最小分度值 b 之差来提高测量精度。

因为
$$Nb=(N-1)a$$

所以
$$a-b=\frac{1}{N}a$$

a 往往为 1 mm,N 越大,则 $a-b$ 越小,游标精度越高。$a-b$ 称为游标最小读数或精度。例如,50 分度($N=50$)的游标卡尺,其精度为 $1/50=0.02$ mm。这也是游标尺的示值误差。读数时,根据游标"0"线所对主尺的位置,可在主尺上读出毫米位的准确数,毫米以下的尾数由游标读出。

2. 螺旋测微计

螺旋测微计(又名千分尺)主要由一根精密的测微螺杆、螺母套管和微分筒构成,利用螺旋推进原理而设计的。螺母套管的螺距一般为 0.5 mm(即为主尺的分度值),当微分筒(副尺)相对于螺母套管转一周时,测微螺杆就向前或向后退 0.5 mm。若在微分筒的圆周上均分 50 格,则微分筒(副尺)每旋一格,测微螺杆进、退 $0.5/50=0.01$ mm,主尺上读数变化 0.01 mm,可见千分尺的最小分度值为 0.01 mm,再下一位还可以再做估计,因而能读到千分之一位,其示值误差为 0.004 mm。

读数时,先在螺母套管的标尺上读出 0.5 mm 以上的读数;再由微分筒圆周上与螺母套管横线对齐的位置读出不足 0.5 mm 的整刻度数值和毫米千分位的估计数字。三者之和即为被测物的长度。

3. 读数显微镜

读数显微镜是将显微镜和螺旋测微计组合起来,作为测量长度的精密仪器。显微镜由目镜和物镜组成,目镜筒中装有十字叉丝,供对准被测物用。把显微镜装置与测微螺杆上的螺母套管相连,旋转测微鼓轮(相当于千分尺的微分筒),即转动测微螺杆,就可以带动显微镜左右移动。常用的读数显微镜测微螺杆螺距为 1 mm,测微鼓轮圆周上刻有 100 分格,则最小分度值 0.01 mm,读数方法与千分尺相同,其示值误差为 0.015 mm。

【实验内容】

1. 用游标卡尺测量圆环的体积

(1) 校准游标卡尺的零点,记下零读数。

(2) 用外量爪测外径 D_1,高 H;用内量爪测内径 D_2,重复测量 5 次。测量时注意保护量爪。

(3) 求体积和不确定度。

2. 用千分尺测量小球的体积

(1) 校准零点,记下零读数。

(2) 重复测量直径 5 次,测量时注意保护测砧与测杆。

(3) 求体积和不确定度。

3. 用读数显微镜测量毛细管的直径

(1) 调整显微镜,对准待测物,消除视差。

(2) 测量时,测微鼓轮始终在同一方向旋转时读数,以避免回程差,重复测量 5 次。

【数据与结果】

1. 用游标卡尺测圆环体积

用游标卡尺测得的数据如表 1-4-1 所示。

表 1-4-1 游标卡尺测得的数据

仪器:游标卡尺;示值误差:$\Delta_{仪}=0.02$ mm,零点误差 $D_0=0.00$ mm

次数	外径 D_1 (mm)	内径 D_2 (mm)	高 H (mm)
1	48.04	34.96	21.88
2	48.06	35.02	21.90
3	47.98	34.98	21.96
4	47.96	34.94	21.94
5	48.00	35.04	21.86

因为
$$\overline{D}_1 = 48.008 \,(\text{mm})$$
$$S_{D_1} = \sqrt{\frac{\sum(D_{1_i} - \overline{D}_1)^2}{5-1}} = 0.041 \,(\text{mm})$$
$$\Delta_{D_1} = \sqrt{S_{D_1}^2 + \Delta_{仪}^2} = 0.046 \approx 0.05 \,(\text{mm})$$

所以
$$D = 48.01 \pm 0.05 \,(\text{mm})$$

同理可得
$$D_2 = 34.96 \pm 0.05 \,(\text{mm})$$
$$H = 21.91 \pm 0.05 \,(\text{mm})$$
$$\overline{V} = \frac{\pi}{4}(\overline{D}_1^2 - \overline{D}_2^2)\overline{H} = 18\,575.179 \,(\text{mm}^3)$$
$$\Delta_V = \sqrt{\left(\frac{\pi}{2}\overline{H}\overline{D}_1\Delta_{D_1}\right)^2 + \left(\frac{\pi}{2}\overline{H}\overline{D}_2\Delta_{D_2}\right)^2 + \left[\frac{\pi}{4}(\overline{D}_1^2 - \overline{D}_2^2)\Delta_H\right]^2}$$
$$= 88.494 \,(\text{mm}^3) \approx 0.009 \times 10^4 \,(\text{mm}^3)$$
$$V = (1.858 \pm 0.009) \times 10^4 \,(\text{mm}^3)$$

用千分尺测小球直径（略）。

2. 用读数显微镜测毛细管直径

用读数显微镜测得的数据如表 1-4-2 所示。

表 1-4-2　读数显微镜测得的数据

仪器：读数显微镜，示值误差：$\Delta_{仪}=0.015$ mm

项目＼次数	1	2	3	4	5
D_2 (mm)	27.373	27.237	27.389	27.270	27.384
D_1 (mm)	27.270	27.377	27.284	27.388	27.288
$D=|D_2-D_1|$ (mm)	0.103	0.104	0.105	0.108	0.104

因为
$$\overline{D} = 0.1048 \,(\text{mm})$$
$$S_D = 0.0017 \,(\text{mm})$$
$$\Delta_D = \sqrt{S_D^2 + \Delta_{仪}^2} \approx 0.015 \,(\text{mm}) \quad (因为 \Delta_{仪} \approx 10 S_D)$$

所以
$$D = 0.105 \pm 0.015 \,(\text{mm})$$

【讨论与分析】

(1) 测定圆环体积时，分别测了外径 D_1，内径 D_2 和高 H，利用公式

$$V = \frac{1}{4}\pi H(D_1^2 - D_2^2)$$

求得体积。这一公式虽然简单，但求不确定度时却较繁琐。若作如下变换

$$V = \frac{1}{4}\pi H(D_1 + D_2)(D_1 - D_2)$$

$$= \pi H \frac{D_1 + D_2}{2} \cdot \frac{D_1 - D_2}{2} = \pi H Q P$$

其中，P，Q 如图 1-4-1 所示。

这时有

$$\frac{\Delta_V}{V} = \sqrt{\left(\frac{\Delta_H}{H}\right)^2 + \left(\frac{\Delta_Q}{Q}\right)^2 + \left(\frac{\Delta_P}{P}\right)^2}$$

这样，求 Δ_V 就简单多了。

本方法的缺点是用游标卡尺不易测准 Q 值，可以采用多次测量来减小测量的随机误差分量。

(2) 圆环、钢球直径的多次测量结果表明偶然误差比较大，可能是被测物

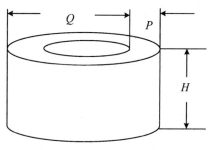

图 1-4-1　圆环体积的测量

件形状不理想所致，比如球不圆等。在这种情况下，只有从不同方位多次测量取平均值才能得到接近真值的体积测量值。

(3) 用统计方法求得偶然误差分量 S_D，它同仪器的误差是相互独立的，在求总不确定度时，用方和根合成。如果其中一个远比另一个小时（如 $S_D < \frac{1}{3}\Delta_{仪}$），根据微小误差原理，小误差的影响可以忽略不计，在求总不确定度时可以简化计算。

(4) 用读数显微镜测量毛细管直径 D，测量结果的相对不确定度

$$E_r = \frac{\Delta_D}{D} \times 100\% = 14\%$$

检查测量过程无误，这说明精度为 $0.01\,\mathrm{mm}$，示值误差为 $0.015\,\mathrm{mm}$ 的读数显微镜测量如此微小的长度，显然不太合适。建议用更加精密的仪器或其他方法来测量。

第2章 基础性实验

实验1 固体和液体密度的测量

密度是物质的基本特性之一,它与物质的纯度有关。因此工业上常通过测量密度来做原料成分的分析和纯度的鉴定。本实验采用直接测量法和间接测量法(阿基米德原理)测量固体的密度,通过本实验学会长度测量仪器和质量测量仪器的使用。

【实验目的】

1. 掌握游标卡尺、螺旋测微计、物理天平的正确使用方法。
2. 学会用直接法和间接法测量物体的密度。

【实验仪器】

游标卡尺,螺旋测微计,物理天平,待测物体,线绳,烧杯,比重瓶,温度计等。

【实验原理】

1. 直接法

若一个物体的质量为 m,体积为 V,则其密度为

$$\rho = \frac{m}{V} \tag{2-1-1}$$

可见,通过测定 m 和 V 可求出 ρ,m 可用物理天平称量,当物体是物质分布均匀、外形规则的固体时,可用游标卡尺、螺旋测微计等仪器测出其几何尺寸,进而求出其体积。

2. 间接法

对于不规则的物体,无法直接测量其几何尺寸,因此必须利用其他方法测出物体的体积,计算其密度。下面分别介绍两种利用阿基米德原理的液体静力称衡法和比重瓶法。

(1) 用液体静力称衡法测量固体的密度。

① 能沉于水中的固体密度的测定。所谓液体静力称衡法,即先用天平称被测物体在空气中的质量 m_1,然后将物体浸入水中,称出其在水中的质量 m_2,如

图 2-1-1 所示,则物体在水中受到的浮力为
$$F = (m_1 - m_2)g \tag{2-1-2}$$
根据阿基米德原理,浸没在液体中的物体所受浮力的大小等于物体所排开液体的重量。

因此
$$F = \rho_0 V g \tag{2-1-3}$$
其中,ρ_0 为液体的密度(本实验中采用的液体为水),V 为排开液体的体积亦即物体的体积。

联立式(2-1-2)和式(2-1-3)可以得
$$V = \frac{m_1 - m_2}{\rho_0} \tag{2-1-4}$$

由此得
$$\rho = \frac{m_1}{m_1 - m_2} \rho_0 \tag{2-1-5}$$

② 浮于液体中固体的密度测定。待测物体的密度比液体小时,可采用加"助沉物"的办法,如图 2-1-2 所示,"助沉物"在液体中而待测物在空气中,称量时砝码质量为 m_1。待测物体和"助沉物"都浸入液体中,称量时如图 2-1-3 所示,相应的砝码质量为 m_2,因此物体所受浮力为 $(m_1 - m_2)g$。若物体在空气中称量时的砝码质量为 m,物体密度为

$$\rho = \frac{m}{m_1 - m_2} \rho_0 \tag{2-1-6}$$

图 2-1-1   图 2-1-2   图 2-1-3

(2) 比重瓶法。

① 液体密度的测量。对液体密度的测定可用液体静力"称量法",也可用"比重瓶法"。在一定温度的条件下,比重瓶的容积是一定的。如将液体注入比重瓶中,将毛玻璃塞由上而下自由塞上,多余的液体将从毛玻璃塞的中心毛细管中溢出,瓶中液体的体积将保持一定。

比重瓶的体积可通过注入蒸馏水,由天平称其质量算出,称量得空比重瓶的质量为 m_1,充满蒸馏水时的质量为 m_2,则比重瓶的体积为

$$V = (m_2 - m_1)/\rho \tag{2-1-7}$$

如果再将待测密度为 ρ' 的液体(如酒精)注入比重瓶,再称量得出被测液体和比重瓶的质量为 m_3,则

$$\rho' = (m_3 - m_1)/V$$

将式(2-1-7)代入此公式得

$$\rho' = \frac{m_3 - m_1}{m_2 - m_1}\rho_0 \qquad (2\text{-}1\text{-}8)$$

② 粒状固体密度的测定。比重瓶法也可以测量不溶于水的小颗粒状的固体的密度。实验时,比重瓶内盛满蒸馏水,用天平称出瓶和水的质量 m_1,称出粒状固体的质量为 m_2,称出在装满水的瓶内投入粒状固体后的总质量为 m_3,则被测粒状固体将排出比重瓶内水的质量是

$$m = m_1 + m_2 - m_3$$

而排出水的体积就是质量为 m_2 的粒状固体的体积,所以待测粒状固体的密度为

$$\rho = \frac{m_2}{m_1 + m_2 - m_3}\rho_0 \qquad (2\text{-}1\text{-}9)$$

【实验内容及步骤】

1. 测量小球密度。
2. 用液体静力称衡法测物体的密度。
(1) 测量金属块的密度。
① 用细线拴住金属块,置于天平的左面挂钩上测出其在空气中的质量 m_1。
② 将金属块浸没在水中,称其质量 m_2。
③ 记录实验室内水的温度,由表中查出水在该温度下的密度。
(2) 测量石蜡块的密度。
① 测量石蜡块在空气中的质量 m。
② 用细线在石蜡块的下面悬挂一个"助沉物",测量石蜡块在空气中而"助沉物"在液体中的质量 m_1。
③ 将石蜡块和"助沉物"一起浸入水中,测量质量 m_2。
(3) 采用比重瓶法测量物体的密度(测量方案自行设定)。
① 测量液体的密度。
② 测量粒状固体物质的密度。

【数据表格及处理】

1. 直接法

测量小球密度(表格自拟)。
(1) 记下螺旋测微计的精度及零位置读数。
(2) 在不同位置测量 5 次小球的直径。
(3) 用物理天平测量小球质量,计算密度和不确定度。
2. 间接法
(1) 用液体静力称衡法测量金属块和石蜡块的密度(将结果用标准式

表示)。

表 2-1-1 测量金属块和石蜡块的有关数据表格

金属块的密度		石蜡块的密度		
m_1	m_2	m	m_1	m_2

天平感量　　　　kg　　　　天平最大称量　　　　kg
环境温度　　　　℃　　　　水的密度 $\rho_0 =$ 　　　　kg/m³
$m_1 \pm 0.05 =$ 　　　　　　　$m_2 \pm 0.05 =$

金属块的密度测定

$$\rho = \frac{m_1}{m_1 - m_2}\rho_0 = \qquad (\text{kg/m}^3)$$

相对合成不确定度

$$E_\rho = \sqrt{\left(\frac{1}{m_1} + \frac{1}{m_1 - m_2}\right)^2 \sigma_{m_1}^2 + \left(\frac{1}{m_1 - m_2}\right)^2 \sigma_{m_2}^2} =$$

总量的合成不确定度

$$\sigma_\rho = \rho \cdot E_\rho = \qquad (\text{kg/m}^3)$$

测量结果的标准式

$$\rho \pm \sigma_\rho = \qquad (\text{kg/m}^3)$$

(2) 采用比重瓶法测量酒精和粒状固体物质的密度,表格自拟。

【思考题】

1. 使用物理天平时应注意哪几点？怎样消除天平两臂不等而造成的系统误差？
2. 分析造成本实验误差的主要原因有哪些？

附录:物理天平

1. 物理天平的构造及主要性能指标

如图 2-1-4 所示,在横梁上装有三角刀口 A、F_1、F_2,中间刀口 A 置于支柱顶端的玛瑙刀口垫上,作为横梁的支点。两边刀口各有秤盘 P_1、P_2,横梁可以上升或下降,当横梁下降时,制动架就会把它托住,以免刀口磨损。横梁两端各有一平衡螺母 B_1、B_2,用于空载调节平衡。横梁上装有游动砝码 D,用于 1 g 以下的称量。

物理天平的规格由最大称量值和感量(或灵敏度)来表示。最大称量值是天平允许称量的最大质量。感量就是天平的指针从标牌上零点平衡位置转过

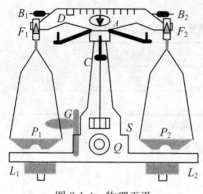

图 2-1-4 物理天平

一格,天平两盘上的质量差、灵敏度是感量的倒数,感量越小灵敏度就越高。

2. 物理天平的操作步骤

(1) 水平调节。使用天平时,首先调节天平底座下两个螺钉 L_1、L_2,使水准仪中的气泡位于圆圈线的中央位置。

(2) 零点调节。天平空载时,将游动砝码拨到左端点,与 0 刻度线对齐。两端秤盘悬挂在刀口上顺时针方向旋转制动旋钮 Q,启动天平,观察天平是否平衡。当指针在刻度尺 S 上来回摆动,左右摆幅近似相等时,便可认为天平达到了平衡。如果不平衡,反时针方向旋转制动旋钮 Q,使天平制动,调节横梁两端的平衡螺母 B_1、B_2,再用前面的方法判断天平是否处于平衡状态,直至达到空载平衡为止。

3. 物理天平操作规则及注意事项

(1) 称量。把待测物体放在左盘中,右砝码盘中放置砝码,轻轻右旋制动旋钮使天平启动,观察天平向哪边倾斜,立即反向旋转制动旋钮,使天平制动,酌情增减砝码,再启动,观察天平倾斜情况。如此反复调整,直到天平能够左右对称摆动。然后调节游动砝码,使天平达到平衡,此时游动砝码的质量就是待测物体的质量。称量时选择砝码应由大到小,逐个试用,直到最后利用游动砝码使天平平衡。

(2) 天平的负载量不得超过其最大称量值,以免损坏刀口或横梁。

(3) 为了避免刀口受冲击而损坏,在取放物体、取放砝码、调节平衡螺母以及不使用天平时,都必须使天平制动。只有在判断天平是否平衡时才将天平启动。天平启动或制动时,旋转制动旋钮时动作要轻。

(4) 砝码不能用手直接拿取,只能用镊子间接挟取。从秤盘上取下后应立即放入砝码盒中。

(5) 天平的各部分以及砝码都要防锈、防腐蚀,高温物体以及有腐蚀性的化学药品不得直接放在盘内称量。

(6) 称量完毕后,将制动旋钮向左旋转,放下横梁,保护刀口。

实验 2 电位差计的原理与使用

电位差计是利用补偿法测量未知电压的测量仪器,通过将未知电压与电位差计上的已知电压相比较来进行测量的。它不像电压表那样需要从待测电路中分流,因而不干扰待测电路,测量结果的准确度极高,通常可用作标准电池、标准电阻和高灵敏度的检流计。它的准确度可以达到 0.01% 或更高,是精密测量中应用最广泛的电学仪器。它不但可以精确测定电压、电动势、电流和电阻,还可以用来校准电表和直流电桥等直读式仪表,在非电参量(如温度、压力、位移和速度等)的电测法中也占有重要地位。

【实验目的】

1. 理解电压补偿原理。
2. 掌握补偿原理测未知电动势的方法。

【实验仪器】

电位差计,标准电源,稳压电源,检流计,待测电动势。

【实验原理】

1. 补偿原理

如图 2-2-1 所示,用已知可调的电信号 E_0 去抵消未知被测电信号 E_x。当完全抵消时(检流计 G 指零),可知信号 E_0 的大小就是被测信号 E_x 的大小,此方法为补偿法,其中可知信号为补偿信号。

2. 电位差计的工作原理

图 2-2-2 是电位差计的原理简图。电位差计是一种测量直流低电位差的仪器。该原理图的电路共有 3 个回路组成:① 工作回路;② 校准回路;③ 测量回路。

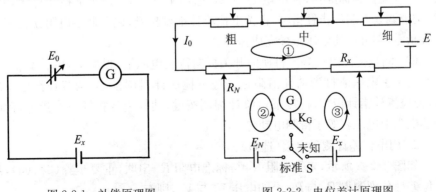

图 2-2-1 补偿原理图　　　　图 2-2-2 电位差计原理图

(1) 校准。得到一个已知的"标准"工作电流 $I_0 = 10$ mA。将开关 S 合向"标准"处，E_N 为标准电动势 1.018 6 V，取 $R_N = 101.86\ \Omega$，调节"粗""中""细"三个电阻大小使检流计 G 指零，显然

$$I_0 = \frac{E_N}{R_N} = 10\ \text{mA} \tag{2-2-1}$$

(2) 测量。将开关 S 合向"未知"处，E_x 是未知待测电动势。保持 $I_0 = 10$ mA，调节 R_x 使检流计 G 指零，则有

$$E_x = I_0 R_x \tag{2-2-2}$$

$I_0 R_x$ 是测量回路中一段电阻上的分压，称为"补偿电压"。

被测电压 E_x 与补偿电压极性相反、大小相等，因而相互补偿（平衡）。这种测量未知电压的方法叫"补偿法"。

补偿法具有以下优点：

① 电位差计是一个电阻分压装置，它将被测电压 V_X 和标准电动势直接加以并列比较。V_X 的值仅取决于电阻比及标准电动势，因而能够达到较高的测量准确度。

② 在上述"校准"和"测量"两个步骤中，检流计两次均指零，表明测量时既不从标准回路内的标准电动势源（通常用标准电池）中也不从测量回路中吸取电流。因此，不改变被测回路的原有状态及电压等参量，同时可避免测量回路导线电阻、标准电阻的内阻及被测回路等效内阻等对测量准确度的影响，这是补偿法测量准确度较高的另一个原因。

【实验内容与步骤】

1. 用电位差计测量未知电源的电动势

(1) 连接线路。用导线将电源、标准电源、检流计以及待测电动势连接到电位差计面板的输入、输出接线柱上（注意电源、检流计的正负极不要接反）。

(2) 校准电位差计。将稳压电源的电压输出调到适当范围。接通电源，并将选择开关打到标准挡，标准电动势 E_N 选择 1.018 6 V。按下检流计粗调按键，调节调零电阻使指针指零，再按下检流计细调按键，调节调零电阻使检流计指针指零，则分压器电压定标完成。

(3) 测量待测电动势。将换向开关扳向待测电源端，根据 E_x 的估算值，将补偿电阻上电压值打到估计值附近。按下检流计粗调按键，调节补偿电阻阻值，使检流计指针指零，再按下检流计细调按键，使检流计指针再次指零，此时补偿电阻上电压就等于待测电动势。

2. 用电位差计测量电阻（选做）

如图 2-2-3 所示，未知电阻 R_x 与标准电阻 R_s 串联，重复步骤(2)、(3)，用电位差计分别测得 R_s 与 R_x 上的电压 V_s 与 V_x，则有

$$R_x = \frac{V_x}{V_s}R_s \qquad (2\text{-}2\text{-}3)$$

3. 用电位差计校准电流表(选做)

如图 2-2-4 所示,将待校准的电流表与一标准电阻串联,当电流表读数为 I 时,用电位差计测出 R_s 上的电压 V_s,则流经 R_s 上的电流为

$$I_s = V_s/R_s$$

由于电位差计对电路无分流作用,所以 I_s 为流过电流表的电流,

$$I - I_s = \Delta_I$$

即为电流表的测量误差。

4. 用电位差计校准电压表(选做)

如图 2-2-5 所示,ⓥ 为待校准的电压表,调节分压输出,同时记录电压表与电位差计的读数 V 和 V_s,则 $\Delta_V\text{-}V$ 曲线即为 Δ 的校正曲线。

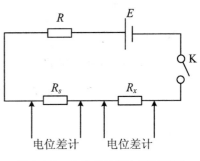

图 2-2-3　电位差计测电阻原理图

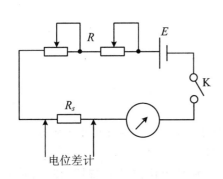

图 2-2-4　电位差计校准电流表原理图

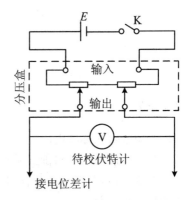

图 2-2-5　电位差计校准电压表原理图

【数据记录与处理】

1. 用电位差计测量电源的电动势

表 2-2-1　测量电源的电动势数据表

测量次数	1	2	3	4	5	6	$\bar{E}_x = \frac{1}{6}\sum_{i=1}^{6}E_{x_i}$	Δ_{E_x}
$E_x(\mathrm{V})$								

$$\Delta_{E_x} = \sqrt{\frac{\sum_{i=1}^{6}(E_{x_i}-\overline{E}_x)^2}{5}} = \underline{\qquad}$$

2. 用电位差计测量电阻

表 2-2-2 测量电阻的数据表

测量次数	1	2	3	4	5	6	Δ_V/Δ_R	
V_s								$\overline{R}_x = \frac{1}{6}\sum_{i=1}^{6}R_{x_i}$
V_x								
$R_x = \frac{V_s}{V_x}R_s$								

$$\Delta_{V_s} = \sqrt{\frac{\sum_{i=1}^{6}(V_{s_i}-\overline{V}_x)^2}{5}} = \underline{\qquad}$$

$$\Delta_{V_x} = \sqrt{\frac{\sum_{i=1}^{6}(V_{s_i}-\overline{V}_x)^2}{5}} = \underline{\qquad}$$

$$\Delta_{R_x} = \frac{\partial R_x}{\partial V_s}\Delta_{V_s} + \frac{\partial R_x}{\partial V_x}\Delta_{V_x} = \underline{\qquad}$$

【注意事项】

1. 未知电阻和标准电阻连接到电位差计的电压表时应注意正负极方向。
2. 电位差计每次测量前必须校验"标准"。
3. 调节平衡时,严禁将检流计的开关按钮和电位差计的"粗""细"同时锁住,以免烧毁检流计。

【思考题】

1. 实验中应注意哪些问题?
2. 电位差计有什么特点?
3. 电位差计系统误差的主要来源是什么?
4. 如果被测电源电动势大于电位差计量程时,如何利用电位差计测量电动势?

实验3　薄透镜焦距的测定

透镜是组成各种光学仪器的基本光学元件,掌握透镜的成像规律,学会光路的分析和调节技术,对于了解光学仪器的构造和正确使用是有益的。另外,焦距是透镜的一个重要特征参量,在不同的使用场合往往要选择焦距合适的透镜或透镜组,为此就需要测定焦距。测焦距的方法很多,应该根据不同的透镜、不同的精度要求和具体的可能条件选择合适的方法。本实验仅介绍常用的估测法、自准法、位移法、成像法、凹透镜自准法。

【实验目的】

1. 加深理解薄透镜的成像规律。
2. 掌握简单光路的分析和调节技术。
3. 掌握常用测量透镜焦距的方法。

【实验仪器】

光学平台,凸透镜,凹透镜,溴钨灯光源,白屏,平面反射镜等。

【实验原理】

薄透镜是指透镜中心厚度 d 比透镜焦距 f 小很多的透镜。例如,一个厚度 d 约为 4 mm,而焦距 f 约为 150 mm 的透镜,在本实验中就可以认为是薄透镜。

透镜分为两大类:一类是凸透镜(也称为正透镜或会聚透镜),对光线起会聚作用,焦距越短,会聚效果越大;另一类是凹透镜(也称负透镜或发散透镜),对光线起发散作用,焦距越短,发散效果越大。图 2-3-1 是凸透镜成像示意图。

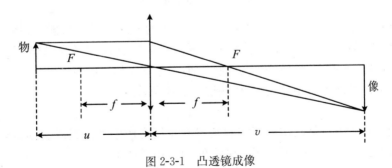

图 2-3-1　凸透镜成像

在近轴光线条件下,透镜的成像规律可用下列公式表示:

$$\frac{1}{f} = \frac{1}{u} + \frac{1}{v} \tag{2-3-1}$$

$$f = \frac{uv}{u+v} \tag{2-3-2}$$

式中，u 为物距，v 为像距(实像为正，虚像为负)，f 为焦距。

若实验中分别测出物距 u 和像距 v，即可用公式(2-3-2)求出透镜的焦距 f。但应注意：测得的物理量需添加符号，求得的量则根据求得结果中的符号判断其物理意义。

对于透镜焦距的测量，除了用上述物像公式测量外，还可以用以下几种方法。

1. 粗略估测法

以太阳光或较远的灯光为光源，用凸透镜将其发出的光线聚成一光点(或像)，此时 $u \to \infty$，$v \approx f$，即该点(或像)可以认为是焦点，而光点到透镜中心(光心)的距离，即为透凸镜的焦距，此法测量的误差约为 10%。由于这种方法误差较大，大都用在实验前做粗略估计，如挑选透镜等。

2. 自准法

如图 2-3-2 所示，在待测透镜 L 的一侧放置被光源照明的"个"字形物屏 AB，在另一侧放一平面反射镜 M，移动透镜(或物屏)，当物屏 AB 正好位于透

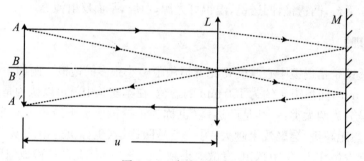

图 2-3-2 自准法示意图

凸镜之前的焦平面时，物屏 AB 上任一点发出的光线经透镜折射后，将变为平行光线，然后被平面反射镜反射回来。再经透镜折射后，仍会聚在它的焦平面上，即原物屏平面上，形成一个与原物大小相等方向相反的倒立实像 $A'B'$。此时物屏到透镜之间的距离，就是待测透镜的焦距，即：

$$f = u \tag{2-3-3}$$

由于这个方法是利用调节实验装置本身使之产生平行光以达到聚焦的目的，所以称之为自准法，该法测量误差在 1%～5% 之间。

3. 位移法(又称为贝塞尔物像交换法)

物像公式法、粗略估测法和自准法都因透镜的中心位置不易确定而在测量中引入误差，为避免这一缺点，可取物屏与像屏之间的距离 D 大于 4 倍焦距 ($4f$)，且保持不变，沿光轴方向移动透镜，则必须在像屏上观察到二次成像。如

图 2-3-3 所示,设物距为 u_1 时,得到放大的倒立实像;物距为 u_2 时,得到缩小的倒立实像。透镜二次成像之间的位移为 d,根据透镜成像公式(2-3-2),将

$$u_1 = v_2 = (D-d)/2$$
$$v_1 = u_2 = (D+d)/2$$

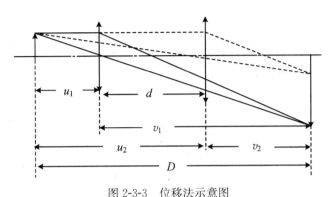

图 2-3-3 位移法示意图

代入(2-3-2)式,即得

$$f = \frac{D^2 - d^2}{4D} \tag{2-3-4}$$

可见,只要在光具座上确定物屏、像屏以及透镜二次成像时其底座边缘所在位置,就可较准确地求出焦距 f。这种方法无须考虑透镜本身的厚度,测量误差可达到 1%。

对于凹透镜,由于它对于光线有发散作用,不能对实物成像,所以不能完全按上述方法测量其焦距。下面介绍两种测凹透镜焦距的方法。

4. 成像法(又称为辅助透镜法)

如图 2-3-4 所示,先使物 AB 发出的光线经凸透镜 L_1 后形成一大小适中的实像 $A'B'$,然后在 L_1 和 $A'B'$ 之间放入待测凹透镜 L_2,就能使虚物 $A'B'$ 产生一实像 $A''B''$。分别测出 L_2 到 $A'B'$ 和 $A''B''$ 之间距离 u_2、v_2,根据式(2-3-2)即可求出 L_2 的焦距 f_2。

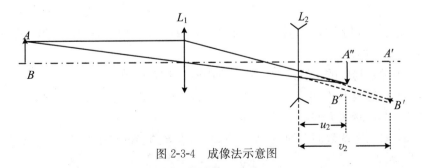

图 2-3-4 成像法示意图

5. 凹透镜自准法

如图 2-3-5 所示,在光路共轴的条件下,L_2 放在适当位置不动,移动凸透镜 L_1,使物屏上物点 A 发出的光经 L_2、L_1 折射,再经平面镜反射回来,物屏上得到一个与物大小相等的倒立实像。由光的可逆性原理可知。由 L_1 射向平面镜 M 的光线是平行光线。点 A' 是凸透镜 L_1 的焦距。若凸透镜 L_1 的焦距为已知(可事先测定)$f_1=O_1A'$,再测出 O_1 与 A 和 O_2 与 O_1 之间距离,则凹透镜的虚像距 v_2 和物距 u_2 可求出。利用透镜公式(2-3-2)可计算出薄凹透镜 L_2 的焦距 f_2。这种方法不受成像条件限制,交换 L_1 和 L_2 后可直接测出。

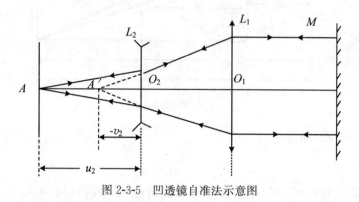

图 2-3-5 凹透镜自准法示意图

【实验内容及步骤】

1. 光学平台上各光学元件同轴等高的调节

进行各光学元件同轴等高的粗调和细调,直到各光学元件的光轴共轴,并与光学平台台面平行为止。

2. 自准法测凸透镜焦距

(1) 按如图 2-3-2 所示放置光学元件,其中用"个"字形物屏作物(想一想,用十字网络作物是否可以?),将滤光片插入"个"字形屏,并用白炽光源照明。

(2) 固定物屏,移动凸透镜 L,并绕铅直轴略转动靠近透镜的平面镜 M(M 远离透镜会出现什么现象?),直到在物屏上得到一个与物等大倒立的清晰图像为止(注意区分物光经凸透镜内表面和平面像反射后所成的像,前者不随平面镜转动而移动)。

(3) 记录物屏的位置读数 X_{AB} 与凸透镜 L 位置读数 X_L。

(4) 将透镜 L 连同透镜夹旋转 180° 后,重做一次实验,再记下物屏的位置读数 X'_{AB} 与凸透镜 L 的位置读数 X'_L。

(5) 取两次读数的平均值 $(X_L+X'_L)/2$,求该透镜的焦距

$$f = \left| X_{AB} - \frac{X_L + X'_L}{2} \right|$$

要求重复3次,求出$\bar{f}$及其误差。

3. 物距像距法测凸透镜焦距

(1) 先用粗略估计法测量待测凸透镜焦距,然后将物屏和像屏放在光具座上,使它们的距离略大于粗测焦距值的4倍,在两屏之间放入透镜,调节物屏、透镜和像屏的中心等高,并与主光轴垂直。

(2) 移动透镜,直到在像屏上看到清晰的图像为止,记录物距u与像距v,由式(2-3-2)求出焦距f。

(3) 改变屏的位置,重复3次测量,求其$\bar{f}$及其误差。分别把物屏放在$u>2f, u=2f, 2f>u>f, u=f$位置上观察透镜L成像的特点并进行总结。

4. 位移法测凸透镜焦距

(1) 同3(1),并记录物屏与像屏之间的距离D。

(2) 如图2-3-3所示,移动透镜,使在像屏上两次所成像的中心位置不变,然后记下两次成像时透镜滑座同一边缘的两个位置,从而算出d,并由式(2-3-4)求出f。

(3) 改变屏的位置(否)重复测3次,求其$\bar{f}$及误差。

5. 成像法测凹透镜焦距

(1) 如图2-3-4所示,调节各元件共轴后,暂不放入凹透镜,移动凸透镜L_1,使像屏上出现清晰的、倒立的、大小适中的实像$A'B'$,记下$A'B'$的位置。

(2) 保持凸透镜L_1的位置不变,将凹透镜L_2放入L_1与像屏之间,移动像屏,使屏上重新得到清晰的、放大的、倒立的实像$A''B''$。

(3) 记录凹透镜L_2的位置和$A''B''$的位置,算出物距u和像距v,代入式(2-3-2)求出f'。

(4) 改变凹透镜位置(注意使虚物距与所成实像像距两者的差不能太小,以免有效数字太少),重复测3次,求$\bar{f}$及误差。

6. 自准法测凹透镜焦距(选做)

方法步骤自拟。

(1) 测量物屏、透镜及像位置时,要检查光具座上的读数准线和被测平面是否重合,不重合时应根据实际进行修正。

(2) 由于人眼对成像的清晰分辨能力有限,所以观察到的像在一定范围内都很清晰。但视差会影响成像的清晰,成像位置会偏离高斯像。为使两者接近,减小误差,一般有物屏和像屏固定时,成大像时凸透镜应由远离物屏的位置向物屏移动,直到像屏上出现较清晰像(不是最清晰)为止,成小像时凸透镜应由靠近物屏的位置背离物屏移动。

【思考题】

1. 共轴调节时对实验有哪些要求,不满足这些要求对测量会产生什么影响?

2. 在自准法测凸透镜焦距时,你观察到了哪些现象? 应如何解释?

3. 试分析比较各种测凸透镜焦距方法的误差来源,提出对各种方法优缺点的看法。

4. 再设计两种测量凹透镜焦距的实验方案,并说明原理及测量方法。

附录:视差的消除与透镜的共轴调节

1. 视差及其消除

光学实验中经常要测量像的位置和大小。经验告诉我们,要测准物体的大小,必须将量度标尺和被测物体贴在一起。如果标尺远离被测物体,读数会随眼睛的不同将有所变化,难以测准。可以说在光学测量中被测物体往往是一个看得见摸不着的像,怎样才能确定标尺和被测物体是贴在一起的呢?利用"视差"现象可以帮助我们解决这个问题。为了认识"视差"现象,我们可以做一个简单的实验,双手伸出一只手指,并使一指在前一指在后相隔一定距离,且两指互相平行。用一只眼睛观察,当左右(或上下)晃动眼睛时(眼睛移动方向应与被观察手指垂直),就会发现两指间有相对移动,这种现象称为"视差"。而且还会看到,离眼近者,其移动方向与眼睛移动方向相反;离眼远者则与眼睛移动方向相同。若将两指紧贴在一起,则无上述现象,即无"视差"。由此可以利用视差现象来判断待测像与标尺是否紧贴。若待测像和标尺间有视差,说明它们没有紧贴在一起,则应该稍稍调节像或标尺位置,并同时微微晃动观察,直到它们之间无视差后方可进行测量。这一调节步骤,我们常称之为"消视差"。在光学实验中,"消视差"常常是测量前必不可少的操作步骤。

2. 共轴调节

光学实验中经常要用一个或多个透视成像。为了获得质量好的像,必须使各个透镜的主光轴重合(即共轴),并使物体位于透镜的主光轴附近。此外,透镜成像公式中的物距、像距等都是沿主光轴计算长度的,为了测量准确,必须使透镜的主光轴与带有刻度的导轨平行。为达到上述要求的调节我们统称为共轴调节。调节方法如下:

(1) 粗调。将光源、物和透镜靠拢,调节它们的取向和高低、左右位置,凭眼睛观察,使它们的中心处在一条和导轨平行的直线上,使透镜的主光轴与导轨平行,并且使物(或物屏)和成像平面(或像屏)与导轨垂直。这一步单凭眼睛判断,调节效果与实验者的经验有关,故称为粗调。通常应再进行细调(要求不高时可只进行粗调)。

(2) 细调。这一步骤要靠仪器或成像规律来判断调节。不同的装置可能有不同的具体调节方法。下面介绍物与单个凸透镜共轴的调节方法。

使物与单个凸透镜共轴实际上是指将物上的某一点调到透镜的主光轴上。要解决这一问题,首先要知道如何判断物上的点是否在透镜的主光轴上。根据凸透镜成像规律即可判断。如图 2-3-6 所示,当物 AB 与像屏之间的距离 b 大于 $4f$ 时,将凸透镜沿光轴移到 O_1 或 O_2 位置都能在屏上成像,一次成大像 A_1B_1,一次成小像 A_2B_2。物点 A 位于光轴上,则两次像的 A_1 和 A_2 点都在光轴上而且重合。物点 B 不在光轴上,则两次像的 B_1 和 B_2 点一定都不在光轴上,而且不重合,但是,小像的 B_2 点总是比大像的 B_1 点更接近光轴。据此可知,若要将 B 点调到凸透镜光轴上,只需记住像屏上小像的 B_2 点位置(屏上有坐标纸供记录位置时作参照物),调节透镜(或物)的高低左右,使其靠拢。这样反复调节几次直到它们完全重合,即说明点已调到透镜的主光轴上了。

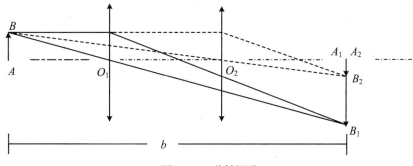

图 2-3-6　共轴调节

若要调多个透镜共轴,则应先将轴上物点调到一个凸透镜的主光轴上,然后,再根据轴上物点的像总在轴上的道理,逐个增加待调透镜,调节它们使之逐个与第一个透镜共轴。

实验 4 单 摆 实 验

利用单摆测量重力加速度是一种既简便又精确的实验方法,而通常人们习惯对单摆使用小摆角、多周期的测量方法。为了进一步提高实验数据的可信度,本实验通过观测单摆摆动周期与摆角的关系,用外推法求得在极小摆角时的振动周期,以此来测量重力加速度。

【实验目的】

1. 掌握用小摆角测量重力加速度的方法。
2. 理解单摆振动周期与重力加速度之间的关系。
3. 了解如何用外推法处理实验数据。

【实验仪器】

单摆实验仪,量角器,螺旋测微计。

【实验原理】

1. 周期与摆角的关系

在忽略空气阻力和浮力的情况下,由单摆振动时能量守恒关系可以得到质量为 m 的小球在摆角为 θ 处其动能和势能之和为常量,即

$$\frac{1}{2}mL^2\left(\frac{\mathrm{d}\theta}{\mathrm{d}t}\right)^2 + mgL(1-\cos\theta) = E_0 \tag{2-4-1}$$

式中,L 为单摆摆长,θ 为摆角,g 为重力加速度,t 为时间,E_0 为小球的总机械能。因为小球在摆幅为 θ_m 处释放,则有

$$E_0 = mgL(1-\cos\theta_m)$$

代入式(2-4-1),可求得

$$\frac{\sqrt{2}}{4}T = \sqrt{\frac{L}{g}}\int_0^{\theta_m} \frac{\mathrm{d}\theta}{\sqrt{\cos\theta - \cos\theta_m}} \tag{2-4-2}$$

式(2-4-2)中,T 为单摆的振动周期。

令 $\varphi = \theta/2$,则 $\varphi_m = \theta_m/2$,有

$$T = 4\sqrt{\frac{L}{g}}\int_0^{\theta_m/2} \frac{\mathrm{d}\varphi}{\sqrt{\sin^2\varphi_m - \sin^2\varphi}}$$

这是椭圆积分,经近似计算可得到

$$T = 2\pi\sqrt{\frac{L}{g}}\left[1 + \frac{1}{4}\sin^2\left(\frac{\theta_m}{2}\right) + \cdots\right] \tag{2-4-3}$$

在传统的手控计时方法下,单次测量周期的误差可达 $0.1 \sim 0.2$ s,而多次

测量又面临空气阻尼使摆角衰减的情况,因而式(2-4-3)只能考虑到一级近似,不得不将 $\frac{1}{4}\sin^2\left(\frac{\theta_m}{2}\right)$ 项忽略。但是,当单摆振动周期可以精确测量时,必须考虑摆角对周期的影响,即要使用二级近似公式。在此实验中,测出不同的 θ_m 所对应的二倍周期 $2T$,作出 $2T\text{-}\sin^2\left(\frac{\theta_m}{2}\right)$ 图,并对图线外推,从截距 $2T$ 得到周期 T,进一步可以得到重力加速度 g。

2. 周期与摆长的关系

如果在一固定点上悬挂一根不能伸长无质量的线,并在线的末端悬一质量为 m 的质点,这就构成一个单摆。当摆角 θ_m 很小时(小于 $5°$),单摆的振动周期 T 和摆长 L 有如下近似关系

$$T = 2\pi\sqrt{\frac{L}{g}} \quad 或 \quad T^2 = 4\pi^2\frac{L}{g} \tag{2-4-4}$$

当然,这种理想的单摆实际上是不存在的,因为悬线是有质量的,实验中又采用了半径为 r 的金属小球来代替质点。所以,只有当小球质量远大于悬线的质量,而它的半径又远小于悬线长度时,才能将小球作为质点来处理,并可用式(2-4-4)进行计算。但此时必须将悬挂点与球心之间的距离作为摆长,即

$$L = L_1 + r$$

其中,L_1 为线长。如固定摆长 L,测出相应的振动周期 T,即可由式(2-4-4)求出 g。也可逐次改变摆长 L,测量各相应的周期 T,再求出 T^2,最后在坐标纸上作 $T^2\text{-}L$ 图。如果图是一条直线,说明 T^2 与 L 成正比关系。在直线上选取两点 $P_1(L_1, T_1^2)$,$P_2(L_2, T_2^2)$,由两点式求得斜率

$$k = \frac{T_2^2 - T_1^2}{L_2 - L_1}$$

再从 $k = \frac{4\pi^2}{g}$ 求得重力加速度,即

$$g = 4\pi^2\frac{L_2 - L_1}{T_2^2 - T_1^2} \tag{2-4-5}$$

【实验内容及步骤】

1. 测量摆线长度 L_1,摆球直径为 $2L_2$,摆长 $L = L_1 + L_2$

利用实验仪器分别记录当摆球偏移角度为 $\theta = 10°、15°、20°、25°、30°、40°、50°$ 时,单摆摆动 3 个周期所用时间,每组数据记录 5 次。

2. 摆角 $\theta < 5°$,改变摆长求重力加速度 g

分别记录 $L = 30 \text{ cm}、40 \text{ cm}、50 \text{ cm}、60 \text{ cm}、70 \text{ cm}$ 时,单摆用时 $5T$,每个长度记录 5 次,算出 T^2。

3. 计算重力加速度 g

用步骤 1 的数据作 $T\text{-}\sin^2\dfrac{\theta}{2}$ 图线,从图线的截距和斜率,将 T 和 θ_m 值带入式(2-4-3)计算重力加速度 g。

4. 求相对误差

用步骤 2 的数据作 $T^2\text{-}l$ 图线,并求直线的斜率和 g 值,求相对误差。

【数据表格及处理】

1. 固定摆长的数据记录

固定摆长的数据记录如表 2-4-1 所示。

表 2-4-1　固定摆长的数据记录表

$L_1=?$　　　　$L_2=?$

θ	$\sin^2(\theta_m/2)$	$3T(s)$					
		第1次	第2次	第3次	第4次	第5次	平均值
10°							
15°							
20°							
25°							
30°							
40°							
50°							

2. 改变摆长的数据记录

改变摆长的数据记录如表 2-4-2 所示。

表 2-4-2　改变摆长的数据记录表

$L(\text{cm})$	$5T(s)$						T^2
	第1次	第2次	第3次	第4次	第5次	平均值	
30							
40							
50							
60							
70							

【注意事项】

1. 小球必须在与支架平行的平面内摆动,不可做椭圆运动。检验办法是在集成霍耳开关的输出端,即 V_- 和 V_{out} 间加一个发光二极管(5 V),检验发光二极管在小球经过平衡位置时是否闪亮,可知小球是否在一个平面内摆动。

2. 集成霍耳传感器与磁钢之间的距离在 1.0 cm 左右。

3. 若摆球摆动时传感器感应不到信号,将摆球上的磁钢换个面装上即可。

【思考题】

新型单摆与用秒表测量周期相比,有什么优点?

实验 5　用玻尔共振仪研究受迫振动

在机械制造和建筑工程等科技领域中,受迫振动所导致的共振现象引起工程技术人员极大的注意。它既有破坏作用,但也有许多实用价值。众多电声器件是运用共振原理设计制作的。此外,在微观科学研究中,"共振"也是一种重要研究手段,例如利用核磁共振和顺磁共振研究物质结构等。

【实验目的】

1. 研究玻尔共振仪中弹性摆轮受迫振动的幅频特性和相频特性。
2. 研究不同阻尼力矩对受迫振动的影响,观察共振现象。
3. 学习用频闪法测定运动物体的某些量。

【实验仪器】

玻尔共振仪。

【实验原理】

物体在周期外力的持续作用下发生的振动称为受迫振动,这种周期性的外力称为强迫力。如果外力是按简谐振动规律变化,那么稳定状态时的受迫振动也是简谐振动。此时,振幅保持恒定,振幅的大小与强迫力的频率和原振动系统无阻尼时的固有振动频率以及阻尼系数有关。在受迫振动状态下,系统除了受到强迫力的作用外,同时还受到回复力和阻尼力的作用,所以在稳定状态时物体的位移、速度变化与强迫力变化不是同相位的,存在一个相位差。当强迫力频率与系统的固有频率相同时产生共振,此时振幅最大。对于无阻尼振动,相应的相位差为 90°,对于有阻尼振动,阻尼系数越小,相位差越接近 90°。

实验所使用的玻尔共振仪的外形结构如图 2-5-3 所示。当摆轮受到周期性强迫外力矩 $M=M_0\cos\omega t$ 的作用,并在有空气阻尼和电磁阻尼的条件下运动时(阻尼力矩为 $-b\dfrac{\mathrm{d}\theta}{\mathrm{d}t}$),其运动方程为

$$J\frac{\mathrm{d}^2\theta}{\mathrm{d}t^2}=-k\theta-b\frac{\mathrm{d}\theta}{\mathrm{d}t}+M_0\cos\omega t \tag{2-5-1}$$

式中,J 为摆轮的转动惯量,$-k\theta$ 为弹性力矩,M_0 为强迫力矩的幅值,ω 为强迫力的角频率。令

$$\omega_0^2=k/J,\qquad 2\beta=b/J,\qquad m=M_0/J$$

则式(2-5-1)可变为

$$\frac{\mathrm{d}^2\theta}{\mathrm{d}t^2}+2\beta\frac{\mathrm{d}\theta}{\mathrm{d}t}+\omega_0^2\theta=m\cos\omega t \tag{2-5-2}$$

当 $m\cos\omega t=0$ 时,式(2-5-2)即为阻尼振动方程。当 $\beta=0$,即在无阻尼情况时式(2-5-1)则可变为简谐振动方程,ω_0 即为系统的固有频率。

方程(2-5-2)的通解为
$$\theta = \theta_1 e^{-\beta t}\cos(\omega t+\alpha) + \theta_2\cos(\omega t+\varphi) \tag{2-5-3}$$
由式(2-5-3)可见,受迫振动可分成两部分。

第一部分,$\theta_1 e^{-\beta t}\cos(\omega t+\alpha)$ 表示阻尼振动,经过一定时间后衰减消失。

第二部分,$\theta_2\cos(\omega t+\varphi)$ 说明强迫力矩对摆轮做功,向振动体传送能量,最后达到一个稳定的振动状态。

振幅为
$$\theta = \frac{m}{\sqrt{(\omega_0^2-\omega^2)+4\beta^2\omega^2}} \tag{2-5-4}$$
它与强迫力矩之间的相位差 φ 为
$$\varphi = \mathrm{tg}^{-1}\frac{2\beta\omega}{\omega_0^2-\omega^2} \tag{2-5-5}$$

由式(2-5-4)和式(2-5-5)可以看出,振幅 θ_2 与相位差 φ 的数值取决于强迫力矩 m、频率 ω、系统的固有频率 ω_0 和阻尼系数 β 4个因素,而与振动起始状态无关。

由极值条件
$$\frac{\partial}{\partial\omega}[(\omega_0^2-\omega^2)+4\beta^2\omega^2] = 0$$
可得出,当强迫力的角频率
$$\omega = \sqrt{\omega_0^2-2\beta^2}$$
时,产生共振,振幅 θ_2 有极大值。若共振时角频率和振幅分别用 ω_r、θ_r 表示,则
$$\omega_r = \sqrt{\omega_0^2-2\beta^2} \tag{2-5-6}$$
$$\theta_r = \frac{m}{2\beta\sqrt{\omega_0^2-\beta^2}} \tag{2-5-7}$$

式(2-5-6)和式(2-5-7)表明,阻尼系数 β 越小,共振时角频率越接近于系统固有频率,振幅 θ_r 也越大。图 2-5-1 和图 2-5-2 分别表示出在不同 β 时受迫振动的幅频特性和相频特性。

【实验内容及步骤】

本实验中,采用玻尔共振仪定量测定机械受迫振动的幅频特性和相频特性,并利用频闪方法来测定动态的物理量——相位差。实验采用摆轮在弹性力矩作用下自由摆动测定摆轮固有频率,采用摆轮在电磁阻尼力矩作用下做受迫振动来研究受迫振动特性。电机开关用来控制电机是否转动,在测定阻尼系数 β 和摆轮固有频率 ω_0 与振幅关系时,必须将电机断开。

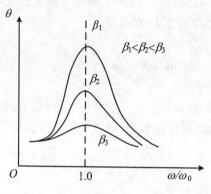

图 2-5-1 幅频特性曲线

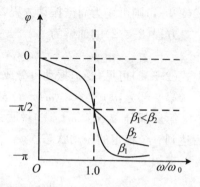

图 2-5-2 相频特性曲线

1. 测定摆轮的固有频率 ω_0

打开电器控制箱,进入自由振荡界面,将角度盘指针指零,摆轮长槽位于双光电门中央,用手转动振动仪的摆轮 160°左右,放开使其作自由衰减振动,然后使测量状态由关变为开,仪器自动测量完成后,记下振幅和固有周期 T_0 的对应值,求出摆轮的固有频率 ω_0。

2. 测定阻尼系数 β

进入阻尼振荡界面,选择阻尼,在整个实验过程中不能任意改变,或将整机电源切断,否则由于电磁铁剩磁现象将引起 β 值变化。将周期选择为 10 个周期。有机玻璃转盘 13 放在"0°"位置。拨动电源开关接通电源。逆时针拨动摆轮大约 150°,放掉摆轮,测量完成后,从打开电气控制箱的显示屏幕上读出摆轮作阻尼振动时的振幅,记下 10T 和 10 次振幅 $\theta_0, \theta_1, \theta_2, \cdots, \theta_9$。

利用公式

$$\ln \frac{\theta_0 \mathrm{e}^{-\beta t}}{\theta_0 \mathrm{e}^{-\beta(t+nt)}} = n\beta T = -\frac{\theta_0}{\theta_n} \qquad (2\text{-}5\text{-}8)$$

求出 β 值,式中,n 为阻尼振动的周期次数,θ_n 为第 n 次振动时的振幅,T 为阻尼振动周期的平均值。

3. 测定受迫振动的幅频特性和相频特性

保持阻尼选择不变,进入受迫振荡界面,周期选择 10 个周期,打开电机开关,电机带动摆轮作受迫振动,待振幅达到最大且稳定时,记录振幅和周期值,并利用闪光灯测定摆轮与强迫力间的相位差。改变电机的转速,当摆轮再次稳定后,记录摆轮的振幅值和摆轮振动周期,以及位相差 φ。逐点测出该阻尼条件下的幅频特性和相频特性。

本实验的误差主要来自阻尼系数 β 的测定和无阻尼振动时系统的固有振动频率 ω_0 的确定,且后者对实验结果影响较大。在前面的原理部分中我们认为弹簧的弹性系数 k 为常数,它与扭转的角度无关。实际上由于制造工艺及材料性能的影响，k 值随着角度的改变而略有微小的变化，因而造成在不同振幅时系统的固有频率 ω_0 有变化。如果取 ω_0 的平均值，则将在共振点附近使相位差的理论值与实验值相差很大。为此，可测出振幅与固有频率 ω_0 的相应数值，在

$$\varphi = \arctan \frac{2\beta\omega}{\omega_0^2 - \omega^2}$$

公式中，ω_0 采用对应于某个振幅的数值代入，这样可使系统误差明显减小。

【数据表格及处理】

1. 振幅与共振频率 ω_0 相对应值

振幅与共振频率记录如表 2-5-1 所示。

表 2-5-1 振幅与共振频率记录表

θ 角振幅(°)	T_0(s)	ω_0(1/s)
…	…	…

2. 阻尼系数 β 计算

按逐差法，由式(2-5-8)可得

$$5\beta T = \ln \frac{\theta_i}{\theta_{i+5}} \tag{2-5-9}$$

根据所测得的数据处理，利用式(2-5-9)求出 β 值。

阻尼开关位置为_____ $\overline{T}=$_____(s)

阻尼系数计算记录如表 2-5-2 所示。

表 2-5-2 阻尼系数计算记录表

角振幅(°)		$\ln \dfrac{\theta_i}{\theta_{i+5}}$
θ_0	θ_5	
θ_1	θ_6	
θ_2	θ_7	
θ_3	θ_8	
θ_4	θ_9	
平均值		

3. 幅频特性和相频特性的测量

幅频特性和相频特性测量记录如表 2-5-3 所示。

表 2-5-3　幅频特性和相频特性测量记录表

电机刻度	电机周期	振幅 θ	电机频率	$(\omega/\omega_r)^2$	θ/θ_r	$(\theta/\theta_r)^2$
…	…	…	…	…	…	…

【注意事项】

1. 实验前,摆轮长凹槽和指针应位于光电门中央,指针 F 应拨到"0"位置。
2. 测量系统的幅频及相频特性时,"阻尼选择"开关应与"测定阻尼系数 β"时所选位置一致。
3. 电机开关仅在测量受迫振动时打开。
4. 闪光灯按钮仅在读受迫振动的相位差时按下,且使用时不要拿在手上,而应放在正对有机玻璃转盘的振动仪底座上。

【思考题】

1. 为什么在整个实验过程中阻尼开关位置一旦选定就不能变动?
2. 为什么靠近共振点数据要取得密一些?
3. 本实验为减小系统误差采取了什么措施?
4. 受迫振动的振幅和相位差与哪些因素有关?
5. 实验中是怎样利用频闪原理来测定相位差 φ 的?

附录:ZKY-BG-3 型玻尔共振仪

ZKY-BG-3 型玻尔共振仪,它由振动仪与电器控制箱两部分组成。振动仪部分如图 2-5-3 所示。铜质圆形摆轮 4 安装在机架上,弹簧 6 的一端与摆轮 4 的轴相连,另一端固定在机架支柱上,在弹簧弹性力的作用下,摆轮可绕轴自由地往复摆动。在摆轮的外围有一圈槽形缺口,其中一个长形凹槽 2 比其他凹槽口长出许多。在机架上对准长形缺口处有一个光电门 1,它与电气控制箱相连接,用来测量摆轮的振幅(角度值)和摆轮的振动周期。在机架下方有一对带有铁芯的线圈8,摆轮4恰巧嵌在铁芯的空隙,当线圈中通过电流时,摆轮受到一个电磁阻尼力的作用,改变电流的数值即可使阻尼大小相应变化。在电机轴上装有偏心轮,通过连杆机构9带动摆轮作受迫振动,在电机轴上装有带刻线的有机玻璃转盘13,它随电机一起转动,由它可以在角度读数盘12上读出相位差φ。调节控制箱上的电机转速调节旋钮(刻度仅供实验时作参考,以便大致确定强迫力矩周期值),可以精确地改变加于电机上的电压,使电机的转速在实验范围内连续可调。电机的有机玻璃转盘下装有两个挡光片。在角度读数盘12中央上方(90°处)也装有光电门11,并与控制箱相连,以测量强迫力矩的周期。受迫振动时摆轮与外力矩的相位差利用小型闪光灯来测量,为使闪光灯管不易损坏,仅在测量相位差时才接通。闪光灯受摆轮信号光电门1控制,每当摆轮上长形凹槽2通过平衡位置时,光电门1被挡光,引起闪光。在情况稳定时,在闪光灯照射下可以看到有机玻璃指针13好像一直"停在"某一刻度处,这一现象称为频闪现象,所以此数值可方便地直接读出。

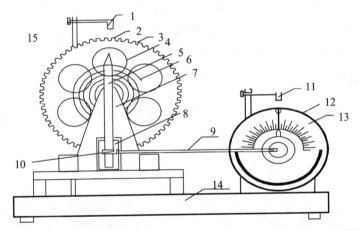

1. 双光电门;2. 长凹槽;3. 短凹槽;4. 铜质摆轮;5. 摇杆;6. 蜗卷弹簧;7. 支撑架;
8. 阻尼线圈;9. 连杆;10. 摇杆调节螺丝;11. 单光电门;12. 角度盘;13. 有机玻璃转盘;14. 底座;15. 外端夹持螺钉

图 2-5-3　振动仪示意图

实验6 杨氏模量的测定

物体在外力作用下都会产生形变,在弹性限度内其正应力与拉伸应变的比值叫弹性模量(杨氏模量)。弹性模量是反映材料抗形变能力的物理量,其数值与材料性质有关,是工程技术中常用的重要参数。本实验介绍拉伸法以及霍尔位置传感法测量弹性模量。

2.6.1 拉伸法

【实验目的】

1. 学会用拉伸法测量金属丝的杨氏模量。
2. 掌握光杠杆法测量微小伸长量的原理。
3. 掌握各种测量工具的正确使用方法。
4. 学会用逐差法或最小二乘法处理实验数据。
5. 学会不确定度的计算方法和结果的正确表达。

【实验仪器】

杨氏模量仪(如图2-6-1所示),主要由实验架和望远镜系统、数字拉力计、测量工具(图中未显示)组成。

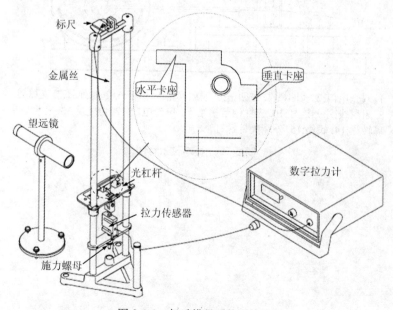

图2-6-1 杨氏模量系统示意图

1. 实验架

实验架是待测金属丝杨氏模量测量的主要平台。金属丝通过一夹头与拉力传感器相连,采用螺母旋转加力方式,加力简单、直观、稳定。拉力传感器输出拉力信号,通过数字拉力计显示金属丝受到的拉力值。光杠杆的反射镜转轴支座被固定在一台板上,动足尖自由放置在夹头表面。反射镜转轴支座的一边有水平卡座和垂直卡座。水平卡座的长度等于反射镜转轴与动足尖的初始水平距离(即小型测微器的微分筒压到 0 刻线时的初始光杠杆常数),该距离在出厂时已严格校准,使用时勿随意调整动足与反射镜框之间的位置。旋转小型测微器上的微分筒可改变光杠杆常数。实验架含有最大加力限制功能,实验中最大实际加力不应超过 13.00 kg。

2. 望远镜系统

望远镜系统包括望远镜支架和望远镜。望远镜支架通过调节螺钉可以微调望远镜。望远镜放大倍数 12 倍,最近视距 0.3 m,含有目镜十字分划线(纵线和横线),望远镜如图 2-6-2 所示。

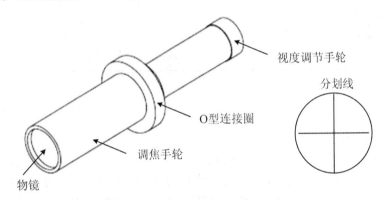

图 2-6-2 望远镜示意图

3. 数字拉力计

电源:AC 220 V±10%,50 Hz。

显示范围:0~±19.99 kg(三位半数码显示)。

最小分辨力:0.001 kg。

含有显示清零功能(短按清零按钮显示清零)。

含有直流电源输出接口:输出直流电,用于给背光源供电。

数字拉力计面板图(如图 2-6-3 所示)。

4. 测量工具

实验过程中需用到的测量工具及其相关参数、用途如表 2-6-1 所示。

图 2-6-3　数字拉力计面板图

表 2-6-1　测量工具及其相关参数、用途

量具名称	量程	分辨力	误差限	用于测量
标尺(mm)	80.0	1	0.5	Δx
钢卷尺(mm)	3000.0	1	0.8	L、H
游标卡尺(mm)	150.00	0.02	0.02	D
螺旋测微器(mm)	25.000	0.01	0.004	d
数字拉力计(kg)	20.00	0.01	0.005	m

【实验原理】

1. 杨氏模量的定义

设金属丝的原长为 L，横截面积为 S，沿长度方向施力 F 后，其长度改变 ΔL，则金属丝单位面积上受到的垂直作用力 $\sigma=F/S$ 称为正应力，金属丝的相对伸长量 $\varepsilon=\Delta L/L$ 称为线应变。实验结果指出，在弹性范围内，由胡克定律可知物体的正应力与线应变成正比，即

$$\sigma = E \cdot \varepsilon \tag{2-6-1}$$

或

$$\frac{F}{S} = E \cdot \frac{\Delta L}{L} \tag{2-6-2}$$

比例系数 E 即为金属丝的杨氏模量(单位：Pa 或 N/m^2)，它表征材料本身的性质，E 越大的材料，要使它发生一定的相对形变所需要的单位横截面积上的作用力也越大。

由式(2-6-2)可知

$$E = \frac{F/S}{\Delta L/L} \tag{2-6-3}$$

对于直径为 d 的圆柱形金属丝，其杨氏模量为

$$E = \frac{F/S}{\Delta L/L} = \frac{mg/(\pi d^2/4)}{\Delta L/L} = \frac{4mgL}{\pi d^2 \Delta L} \quad (2\text{-}6\text{-}4)$$

式中,L(金属丝原长)可由米尺测量,d(金属丝直径)可用螺旋测微器测量,F(外力)可由实验中数字拉力计上显示的质量 m 求出,即 $F=mg$(g 为重力加速度),而 ΔL 是一个微小长度变化(mm级)。本实验利用光杠杆的光学放大作用实现对金属丝微小伸长量 ΔL 的间接测量。

2. 光杠杆光学放大原理

如图 2-6-4 所示,光杠杆由反射镜、反射镜转轴支座和与反射镜固定连动的动足等组成。

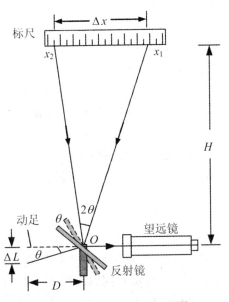

图 2-6-4 光杠杆放大原理图

开始时,光杠杆的反射镜法线与水平方向成一夹角,在望远镜中恰能看到标尺刻度 x_1 的像。当金属丝受力后,产生微小伸长 ΔL,动足尖下降,从而带动反射镜转动相应的角度 θ,根据光的反射定律可知,在出射光线(即进入望远镜的光线)不变的情况下,入射光线转动了 2θ,此时望远镜中可以看到标尺刻度为 x_2。

实验中 $D \gg \Delta L$,所以 θ 甚至 2θ 都会很小。从图 2-6-4 的几何关系中可以看出,2θ 很小时有

$$\Delta L \approx D \cdot \theta, \quad \Delta x \approx H \cdot 2\theta$$

故有

$$\Delta x = \frac{2H}{D} \cdot \Delta L \quad (2\text{-}6\text{-}5)$$

式中,$2H/D$ 称作光杠杆的放大倍数,H 是反射镜转轴与标尺的垂直距离。仪

器中 $H \gg D$,这样一来,便能把一微小位移 ΔL 放大成较大的容易测量的位移 Δx。将式(2-6-5)代入式(2-6-4)得到

$$E = \frac{8mgLH}{\pi d^2 D} \cdot \frac{1}{\Delta x} \qquad (2\text{-}6\text{-}6)$$

因此,可以通过测量式(2-6-6)右边的各参量得到被测金属丝的杨氏模量,式(2-6-6)中各物理量的单位取国际单位(SI 制)。

【实验内容及步骤】

1. 调节实验架

实验前应保证上下夹头均可夹紧金属丝,防止金属丝在受力过程中与夹头发生相对滑移,且反射镜转动灵活。

(1) 将拉力传感器信号线接入数字拉力计信号接口,用 DC 连接线连接数字拉力计电源输出孔和背光源电源插孔。

(2) 打开数字拉力计电源开关,预热 10 min。背光源应被点亮,标尺刻度清晰可见。数字拉力计面板上显示此时加到金属丝上的力。

(3) 旋转光杠杆上的小型测微器的微分筒,使得光杠杆常数 D 为设定值(光杠杆常数等于水平卡座长度加小型测微器上读数)。旋转施力螺母,给金属丝施加一定的预拉力 m_0(3.00 kg±0.02 kg),将金属丝原本存在弯折的地方拉直。

2. 调节望远镜

(1) 将望远镜移近并正对实验架平台板(望远镜前沿与平台板边缘的距离在 0~30 cm 范围内均可)。调节望远镜使从实验架侧面目视时反射镜转轴大致在镜筒中心线上(如图 2-6-5 所示),同时调节支架上的三个螺钉,直到从目镜中能看到背光源发出的明亮的光。

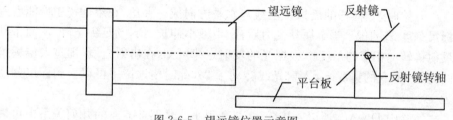

图 2-6-5 望远镜位置示意图

(2) 调节目镜视度调节手轮,使得十字分划线清晰可见。调节调焦手轮,使得视野中标尺的像清晰可见。

(3) 调节支架螺钉(也可配合调节平面镜角度调节旋钮),使十字分划线横线与标尺刻度线平行,并对齐≤2.0 cm 的刻度线(避免实验做到最后超出标尺量程)。水平移动支架,使十字分划线纵线对齐标尺中心。

3. 数据测量

(1) 测量 L、H、D、d。用钢卷尺测量金属丝的原长 L,钢卷尺的始端放在金属丝上夹头的下表面(即横梁上表面),另一端对齐平台板的上表面。

用钢卷尺测量反射镜转轴到标尺的垂直距离 H,钢卷尺的始端放在标尺板上表面,另一端对齐垂直卡座的上表面(该表面与转轴等高)。

用游标卡尺和小型测微器测量光杠杆常数 D,游标卡尺测量水平卡座长度,加上小型测微器上的读数(精确到 0.01 mm 即可),便是光杠杆常数 D。

以上各物理量为一次测量值,将实验数据记入表 2-6-2 中。

用螺旋测微器测量不同位置、不同方向的金属丝直径视值 $d_{视i}$(至少 6 处),注意测量前记下螺旋测微器的零差 d_0。将实验数据记入表 2-6-3 中,计算直径视值的算术平均值 $\overline{d_{视}}$,并根据 $\overline{d}=\overline{d_{视}}-d_0$ 计算金属丝的平均直径。

(2) 测量标尺刻度 x 与拉力 m。点击数字拉力计上的"清零"按钮,记录此时对齐十字分划线横线的刻度值 x_1。

缓慢旋转施力螺母加力,逐渐增加金属丝的拉力,每隔 1.00(±0.01)kg 记录一次标尺的刻度 x_i^+,加力至设置的最大值,数据记录后再加 0.5 kg 左右(不超过 1.0 kg,且不记录数据)。

然后,反向旋转施力螺母至设置的最大值并记录数据,同样地,逐渐减小金属丝的拉力,每隔 1.00(±0.01) kg 记录一次标尺的刻度 x_i^-,直到拉力为 0.00(±0.01) kg。

将以上数据记录于表 2-6-4 中对应位置。

注:实验中不能再调整望远镜,并尽量保证实验桌不要有震动,以保证望远镜稳定。加力和减力过程,施力螺母不能回旋。

(3) 实验完成后,旋松施力螺母,使金属丝自由伸长,并关闭数字拉力计。

【数据记录】

表 2-6-2 一次性测量数据

L(mm)	H(mm)	D(mm)

表 2-6-3 金属丝直径测量数据

螺旋测微器零差 $d_0=$ ___ mm

序号 i	1	2	3	4	5	6	平均值
直径视值 $d_{视i}$(mm)							

表 2-6-4　加力与减力时标尺刻度与对应拉力数据

序号 i	1	2	3	4	5	6	7	8	9	10
拉力视值 m_i (kg)										
加力时标尺刻度 x_i^+ (mm)										
减力时标尺刻度 x_i^- (mm)										
平均标尺刻度(mm) $x_i=(x_i^+ + x_i^-)/2$										
标尺刻度改变量(mm) $\Delta x_i = x_{i+5} - x_i$										

【注意事项】

（1）使用前请首先详细阅读本说明书。

（2）螺旋测微器和游标卡尺的使用说明请参见其说明书。

（3）为保证使用安全，三芯电源线须可靠接地。

（4）数字拉力计为市电供电的电子仪器，为了避免电击危险和造成仪器损坏，非指定专业维修人员请勿打开机盖。

（5）该实验是测量微小量，实验时应避免实验台震动。

（6）初始光杠杆常数与水平卡座的长度在出厂时已校为相等，实验时勿调整动足与反射镜框之间的连接件。

（7）加力勿超过实验规定的最大加力值。

（8）严禁改变限位螺母位置，避免最大拉力限制功能失效。

（9）光学零件表面应使用软毛刷、镜头纸擦拭，切勿用手指触摸镜片。

（10）严禁使用测量装置观察强光源，如太阳等，避免人眼灼伤。

（11）实验完毕后，应旋松施力螺母，使金属丝自由伸长，并关闭数字拉力计。

（12）仪器应储存于干燥、清洁、通风良好的地方。

（13）金属丝不用时应涂上防锈油，避免生锈。

（14）仪器各部件仅限用于实验指导及操作说明书规定的实验内容，请勿用作他用，否则，公司不承担由此带来的一切后果。

【思考题】

1. 螺旋测微计使用注意事项是什么？棘轮如何使用？螺旋测微计用完后

应该如何处理?

2. 从 Y 的不确定度计算分析,哪个量的测量对 Y 的结果的准确度影响最大,测量中应注意哪些问题?

3. 材料相同、粗细不同的两根钢丝,它们的杨氏模量是否相同?

4. 怎样提高光杠杆测微小伸长量的灵敏度,这种灵敏度是否越高越好?

5. 本实验可否用作图法计算钢丝的杨氏模量,如果能,应该做怎样的关系曲线?

2.6.2 霍尔位置传感器法

随着科学技术的发展,微位移测量技术也越来越先进。本实验利用霍尔位置传感器,通过测量磁铁和集成霍尔元件间位置变化输出信号来测量微小位移,从而测量材料(黄铜)的杨氏模量。在实验方法上,通过本实验可以看出,以对称测量法消除系统误差的思路在其他类似的测量中极具普遍意义。

【实验目的】

1. 掌握用霍尔位置传感器测量微小长度变化的原理和霍尔位置传感器的定标。

2. 学会利用"对称测量"消除系统误差。

3. 学会使用逐差法处理数据。

【实验仪器】

霍尔位置传感器,数字毫伏表,黄铜,砝码。

【实验原理】

霍尔元件置于磁感应强度为 B 的磁场中,在垂直于磁场的方向通以电流 I,则与这二者相垂直的方向上将产生霍尔电势差 U_H 为

$$U_H = KIB \quad (2\text{-}6\text{-}7)$$

式中,K 为元件的霍尔灵敏度。如果保持霍尔元件的电流 I 不变,而使其在一个均匀梯度的磁场中移动时,则输出的霍尔电势差变化量为

$$\Delta U_H = KI \frac{dB}{dZ} \Delta Z \quad (2\text{-}6\text{-}8)$$

式中,ΔZ 为位移量,此式说明若 $\frac{dB}{dZ}$ 为常数时,ΔU_H 与 ΔZ 成正比。为实现均匀梯度的磁场,可按图 2-6-6 所示选用两块相同的磁铁(磁铁截面积及表面磁感应强度相同),磁铁相对而放,即 N 极与 N 极相对而放置,两磁铁之间留一等间距间隙,霍尔元件平行于磁铁放在该间隙的中轴上。间隙大小要根据测量范围

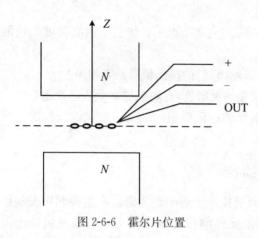

图 2-6-6 霍尔片位置

和测量灵敏度要求而定,间隙越小,磁场梯度就越大,灵敏度就越高。磁铁截面要远大于霍尔元件,以尽可能地减小边缘效应影响,提高测量准确度。

若磁铁间隙内中心截面 A 处的磁感应强度为零,霍尔元件处于该处时,输出的霍尔电势差应为零。当霍尔元件偏离中心沿 Z 轴发生位移时,由于磁感应强度不再为零,霍尔元件也就产生相应的电势差输出,其大小可由数字电压表测量。由此可以将霍尔电势差为零时元件所处的位置作为位移参考零点。

霍尔电势差与位移量之间存在一一对应关系,当位移量较小(<2 mm),这一对应关系具有良好的线性。

在横梁弯曲情况下,杨氏模量 E 用下式表示

$$Y = \frac{d^3 Mg}{4a^3 b \Delta Z} \tag{2-6-9}$$

式中,d 为两刀口间的距离,a 为梁的厚度,b 为梁的宽度,M 为加挂砝码的质量,ΔZ 为梁中心由于外力作用而下降的距离,g 为重力加速度,实验装置如图 2-6-7 所示。

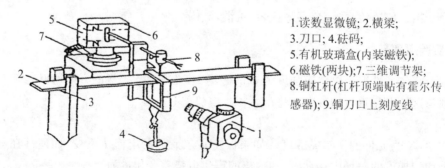

1.读数显微镜;2.横梁;
3.刀口;4.砝码;
5.有机玻璃盒(内装磁铁);
6.磁铁(两块);7.三维调节架;
8.铜杠杆(杠杆顶端贴有霍尔传感器);9.铜刀口上刻度线

图 2-6-7 霍尔效应杨氏模量实验仪装置图

【实验内容及步骤】

1. 测量黄铜样品的杨氏模量和霍尔位置传感器的定标

(1)调节三维调节架的左右前后位置的调节螺丝,使集成霍尔位置传感器探测元件处于磁铁中间位置。

(2)用水准器观察磁铁是否在水平位置,若偏离时可用底座螺丝调节到水

平位置。

(3) 调节负载零点。先将补偿电压电位器调节在中间阻值位置(电位器全程可调节 8～9 圈,中间位置 4～4.5 圈),然后调节三维调节架立柱上可上下调节固定螺丝使磁铁上下移动,当毫伏表读数为零或读数值很小,停止调节固定螺丝,最后调节补偿电压电位器(调零旋钮)使毫伏表读数为零。

(4) 调节读数显微镜目镜,使眼睛观察十字线及分划板刻度线和数字清晰。然后移动读数显微镜前后距离,使能清晰地看到铜刀口架上的基线。转动读数显微镜的鼓轮使刀口架的基线与读数显微镜内十字刻度线吻合,记下初始读数值。

(5) 逐次增加砝码 M_i,相应从读数显微镜上读出梁中心的位置 Z_i(单位 mm)及数字电压表相应的读数值 U_i(单位 mV)。以便于计算杨氏模量和对霍尔位置传感器的灵敏度进行定标。

(6) 逐次减少砝码 M_i,相应读出数字电压表读数 U_i 和梁中心的位置 Z_i。

(7) 测量横梁两刀口间的长度 d 及测量不同位置横梁宽度 b 和横梁厚度 a。

(8) 用逐差法按式(2-6-9)进行计算,求得黄铜材料的杨氏模量。并求出霍尔位置传感器的灵敏度 $K = \dfrac{\Delta U_i}{\Delta Z_i}$。

(9) 作出 ΔU_i-ΔZ_i 图,观察其变化情况。

(10) 把测量结果与标准值进行比较,计算误差。

(11) 找出误差来源,并估算各影响量的不确定度。

2. 用霍尔位置传感器测量可锻铸铁的杨氏模量(选做)

(1) 逐次增加砝码 M_i,相应读出数字电压表读数值 U_i 和梁中心的位置 Z_i。

(2) 逐次减少砝码 M_i,相应读出数字电压表读数值 U_i 和梁中心的位置 Z_i。

(3) 分别由数字电压表读数值 U_i 和梁的弯曲位移 Z_i,用逐差法计算可锻铸铁的杨氏模量。

(4) 将两种方法得到的测量结果与标准值进行比较,并分析误差。

【数据表格及处理】

(1) 长度的测量。

长度测量表如表 2-6-5 所示。

黄铜的宽度、厚度:千分尺计的零位误差_____(mm);示值误差_____(mm)。

表 2-6-5 长度测量表

测量次数	1	2	3	4	5	平均值
厚度 a						
宽度 b						

不确定度 $\Delta a=\sqrt{\Delta_{仪}^2+S_a^2}$ $\Delta b=\sqrt{\Delta_{仪}^2+S_b^2}$

结果 $a\pm\Delta a$(mm) $b\pm\Delta b$(mm)

(2) 黄铜长度 d 的测量。

结果 $d\pm\Delta d$(mm)

(3) 增减重量时霍尔电压和横梁中心位置的数据记录。

增减重量时霍尔电压和横梁中心位置变化记录如表 2-6-6 所示。

表 2-6-6 增减重量时霍尔电压和横梁中心位置变化记录表

砝码质量(g)	霍尔电压读数 U(mV) 和横梁中心位置读数 Z(mm)						$\Delta U_N=\dfrac{\overline{U}_m-\overline{U}_n}{m-n}$ $\Delta Z_N=\dfrac{\overline{Z}_m-\overline{Z}_n}{m-n}$ $(m-n=3)$	
	U(mV)			Z(mm)				
	增砝码	减砝码	平均	增砝码	减砝码	平均	ΔU(mm)	ΔZ(mm)
0								
20								
40								
60								
80								
100								

(4) 实验结果的计算。

杨氏模量 $Y_{铜}=\dfrac{d^3Mg}{4a^3b\Delta Z}$

霍尔位置传感器的灵敏度 $k=\dfrac{\Delta U}{\Delta Z}$

注： 数据处理统一用国际制单位。

【思考题】

1. 试分析拉伸法测杨氏模量和振动法测杨氏模量这两种方法各自的特点。
2. 以下情况是随机误差还是系统误差？
   (1) 铜杠杆不在梁的中间。　　(2) 两刀口不平行。
   (3) 砝码不准。　　(4) 梁的厚度和宽窄不均匀。

实验 7　恒力矩法测量刚体的转动惯量

转动惯量是刚体转动时惯性大小的量度,是表明刚体特性的一个物理量,与物体的质量、转轴的位置和质量分布(即形状、大小和密度分布)有关。测定转动惯量,一般是使刚体以一定形式运动,通过表征这种运动特征的物理量与转动惯量的关系,进行转换测量。本实验使用恒力矩法测量刚体的转动惯量。

【实验目的】

1. 学习使用刚体转动惯量实验仪测定规则物体的转动惯量,并与理论值进行比较。
2. 用作图法处理数据,熟悉并掌握有关作图法的基本要求。
3. 用实验方法验证平行轴定理。

【实验仪器】

刚体转动惯量实验仪如图 2-7-1 所示。转动体系由圆盘载物台和塔轮组成,遮光片随刚体系一起转动,依次通过光电门不断遮光,两遮光片对称安装,每遮光一次载物台转 180°,两个光电门将光信号转变成电信号分别送到双通道智能计数计时器的 A 路或 B 路输入端,计时器记录转动所持续的时间。光电门灯泡的电源由毫秒计提供。塔轮上有 5 个不同半径的绕线轮,砝码钩上可以放置不同数量的砝码,以改变转动体系所受的力矩。在载物台上沿半径方向等距离的有 5 个小孔(如图 2-7-1 所示),小铜柱可以放在这些小孔的位置上,改变小铜柱的位置可以改变包括小铜柱在内的转动体系的转动惯量。小孔到中心的距离为 d。

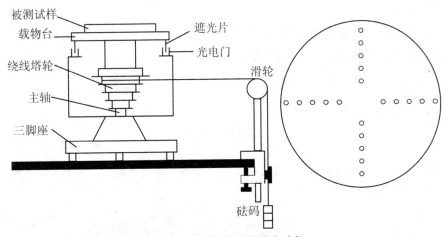

图 2-7-1　刚体转动惯量实验仪

【实验原理】

1. 刚体转动惯量测量

空实验台转动时,转动体系由载物台和塔轮组成,体系对转动轴的转动惯量用 J_0 表示。若另有待测物体如铝环、铝盘等,要测其对转动轴的转动惯量 J_x 时,可以将其放在载物台上,转动体系对转动轴的转动惯量为 J,则

$$J = J_0 + J_x$$

分别测出 J_0 和 J 后,便可求出 J_x。

$$J_x = J - J_0 \tag{2-7-1}$$

刚体转动时受到的外力矩有两个,一个是绳子的张力 T 作用的力矩,$M = T_r$,r 为塔轮上绕线轮的半径。由牛顿第二定律知,砝码下落的运动方程式

$$mg - T = ma$$

式中,m 是砝码和砝码钩的总质量,a 为砝码下落的加速度,则

$$T = mg - ma = m(g - r\beta)$$

因而

$$M = m(g - r\beta)r$$

式中,β 为刚体转动时角加速度的大小。另一个力矩是轴承处的摩擦力矩 M_μ。由转动定律可知:

$$M - M_\mu = J\beta$$

即

$$m(g - r\beta)r - M_\mu = J\beta \tag{2-7-2}$$

式中,J 是转动体系的转动惯量,β 是角加速度。从式(2-7-2)可以看出,测定转动惯量的关键是确定角加速度 β 和摩擦力矩 M_μ。在转动过程中,转动体系所受到的摩擦力矩基本上是不变的,可以把转动视为匀变速转动,故有以下关系:

$$\theta = \omega_0 t + \frac{1}{2}\beta t^2 \tag{2-7-3}$$

式中,θ 为角位移,ω_0 为初角速度,t 为转动经过的时间。用毫秒计分别测出转动体系在转动过程中的两个不同状态下的参数,即 (θ_1, t_1),(θ_2, t_2),其中

$$\theta_1 = \omega_0 t_1 + \frac{1}{2}\beta t_1^2, \quad \theta_2 = \omega_0 t_2 + \frac{1}{2}\beta t_2^2$$

由两式中消去 ω_0,得

$$\beta = \frac{2(\theta_1 t_2 - \theta_2 t_1)}{t_1^2 t_2 - t_2^2 t_1} \tag{2-7-4}$$

当外力矩 $M = 0$ 时,转动体系只是在摩擦力矩 M_μ 作用下做匀减速转动,重复上述方法,得到

$$\beta' = \frac{2(\theta_1 t_2' - \theta_2 t_1')}{t_1'^2 t_2' - t_2'^2 t_1'} \tag{2-7-5}$$

当 N_1、N_2(N 为体系转动的圈数)给定后,就可确定 θ_1 和 θ_2,而 t_1 和 t_2、t_1' 和 t_2' 可

由毫秒计直接读出,代入式(2-7-4)和式(2-7-5),可以算出 β、β'。
由于
$$-M_\mu = J\beta' \tag{2-7-6}$$
由式(2-7-6)和式(2-7-2)联立,得
$$M_\mu = \frac{\beta'}{\beta'-\beta} m(g-r\beta)r \tag{2-7-7}$$
$$J = \frac{m(g-r\beta)r}{\beta-\beta'} \tag{2-7-8}$$

将 β 和 β' 分别代入式(2-7-7)和式(2-7-8),便可算出 J 和 M_μ,应注意上式各式中,β' 本身是负值。

2. 验证平行轴定理

如果转轴通过物体的质心,转动惯量用 J 表示,若另有一转轴与这个轴平行,两轴之间距离为 d,绕这个轴转动时转动惯量用 J' 表示,J 和 J' 之间满足下列关系

$$J' = J + md^2 \tag{2-7-9}$$

式中,m 是转动体系的质量,式(2-7-9)就是平行轴定理(如图 2-7-2 所示)。

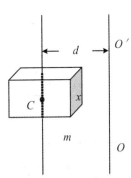

图 2-7-2 平行轴定理

【实验内容和步骤】

1. 测铝环对中心轴的转动惯量

(1) 先测量实验台转动惯量 J_0。载物台空载,不加外力矩,载物台在摩擦阻力矩 M_μ 的作用下做匀减速运动,记录 8 组 θ 和 t,挂上砝码钩和砝码,体系在 M 和 M_μ 的作用下做匀加速转动,记录 8 组 θ 和 t。根据记录的两组数据可得 4 组两次转动的角加速度 β 和 β',根据式(2-7-8)由 β、β'、m、r 可得 J_0。

(2) 测铝环转动惯量 J_x。将铝环放在载物台上,重复实验步骤(1)测得铝环和载物台在一起的转动惯量 J_0';根据式(2-7-1)计算出铝环对中心轴的转动惯量 J_x,得
$$J_x \pm \Delta J_x$$

(3) 用理论公式计算铝圆环的转动惯量,并与实验结果进行比较
$$J_{x理} = \frac{1}{2} m_环 (R_内^2 + R_外^2)$$

式中,$m_环$ 是铝环的质量,$R_内$ 和 $R_外$ 分别是铝环的内半径和外半径。

2. 验证平行轴定理

(1) 将一个小铜柱放在载物台中心,测量它绕中心的转动惯量 J_0。

(2) 把两个小铜柱分别对称的放在载物台上,每个小铜柱的质量设为 m_0。当这两个小铜柱随载物台一起转动时,将其看作一个单独体系,是绕通过质心的轴转动,转动惯量为 J'_0。

(3) 根据式(2-7-9)验证平行轴定理。

【数据处理】

1. 载物台转动惯量

载物台转动惯量数据记录如表 2-7-1 所示。

表 2-7-1 测载物台转动惯量实验数据记录表

砝码和挂钩质量 $m=$ _____ g 塔轮半径 $r=$ _____ mm

	匀减速					匀加速				
K	1	2	3	4		K	1	2	3	4	
t					$\bar{\beta}'$	t					$\bar{\beta}$
K	5	6	7	8		K	5	6	7	8	
t						t					
β'						β					

$$J_0 = \frac{m(g-r\beta)r}{\beta - \beta'} =$$

注：载物台转过得角度 $\theta = K\pi$，角加速度求解类似于逐差法处理，计算转动惯量时角加速度代表平均角加速度。

2. 铝环转动惯量

铝环转动惯量测定数据记录如表 2-7-2 所示。

表 2-7-2 测铝环转动惯量实验数据记录表

砝码和挂钩质量 $m=$ _____ g 塔轮半径 $r=$ _____ mm

	匀减速					匀加速				
K	1	2	3	4		K	1	2	3	4	
t					$\bar{\beta}'$	t					$\bar{\beta}$
K	5	6	7	8		K	5	6	7	8	
t						t					
β'						β					

$$J = \frac{m(g-r\beta)r}{\beta - \beta'}; \quad J_x = J - J_0$$

铝环参数：内半径 $R_内 =$ _____ cm 外半径 $R_外 =$ _____ cm

铝环质量 $m_环 =$ _____ g

理论值：$J_x = \frac{1}{2} m_环 (R_内^2 + R_外^2)$

3. 平行轴定理验证

(1) 转轴过铜柱质心时的转动惯量 J_0。

转轴过铜柱质心时的转动惯量测定数据记录如表 2-7-3 所示。

表 2-7-3　测过质心转动惯量实验数据记录表

砝码质量 $m=$ _____ g　塔轮半径 $r=$ _____ mm

匀减速						匀加速					
K	1	2	3	4		K	1	2	3	4	
t					$\bar{\beta}'$	t					$\bar{\beta}$
K	5	6	7	8		K	5	6	7	8	
t						t					
β'						β					

$$J = \frac{m(g-r\beta)r}{\beta-\beta'} =$$

$J_c = J - J_0 =$

(2) 铜柱质心与转轴有一定位移 d。

铜柱质心与转轴有一定位移的惯量数据记录如表 2-7-4 所示。

表 2-7-4　测不过质心转动惯量数据记录表

砝码质量 $m=$ _____ g　塔轮半径 $r=$ _____ mm　转轴位移 $d=$ _____ cm

匀减速						匀加速					
K	1	2	3	4		K	1	2	3	4	
t					$\bar{\beta}'$	t					$\bar{\beta}$
K	5	6	7	8		K	5	6	7	8	
t						t					
β'						β					

铜柱参数：铜柱质量 $m_0=$ _____ g　铜柱半径 $r=$ _____ mm

$$J = \frac{m(g-r\beta)r}{\beta-\beta'}; \quad J'_x = J - J_0; \quad J' = J'_x / 2$$

(3) 验证 $J' = I_c + m_0 d^2$。

【思考题】

1. 验证平行轴定理时，为什么不用一个圆柱体而采用两个物体对称放置？
2. 采用本实验测量方法，对测量试样的转动惯量的大小有什么要求吗？

实验 8　多普勒效应综合实验

对于机械波、声波、光波和电磁波而言,当波源和观察者(或接收器)之间发生相对运动,或者波源、观察者不动而传播介质运动时,或者波源、观察者、传播介质都在运动时,观察者接收到的波的频率和发出的波的频率不相同的现象,称为多普勒效应。

多普勒效应在核物理、天文学、工程技术、交通管理、医疗诊断等方面有都十分广泛的应用。如用于卫星测速、光谱仪、多普勒雷达、多普勒彩色超声诊断仪等。

【实验目的】

1. 了解声波的多普勒效应现象,掌握智能多普勒效应实验仪的应用。
2. 测量超声接收器运动速度与接收频率的关系,验证多普勒效应。
3. 观察物体不同类型的变速运动的规律。
4. 掌握用时差法测量空气中声波的传播速度。
5. 超声换能器特性测量。

【实验仪器】

智能多普勒效应实验仪由 FB718A 型实验仪和测试架组成。

FB718A 实验仪由信号发生器和功率放大器、接收放大器、微处理器、液晶显示器等组成。测试架由步进电机、电机控制模块,超声接收、发射换能器,光电门,小车等组成(如图 2-8-1 所示)。

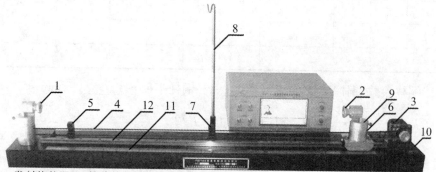

1.发射换能器; 2.接收换能器; 3.步进电机; 4.同步带; 5.左限位光电门; 6.右限位光电门; 7.测速光电门; 8.接收线支架; 9.小车; 10.底座; 11.标尺; 12.导轨

图 2-8-1　FB718A 型多普勒效应实验仪测试架结构图

【实验原理】

1. 声波的多普勒效应

设声源在原点,声源振动频率为 f,接收点运动和声波传播都在 x 方向。对于三维情况,处理稍微复杂一点,其结果相似。声源、接收器和传播介质不动时,在 x 方向传播的声波的数学表达式为

$$p = p_0 \cos\left(\omega t - \frac{\omega}{u}x\right) \tag{2-8-1}$$

(1) 声源运动速度为 V_S,介质和接收点不动

设声速为 u,在时刻 t,声源移动的距离为

$$V_S(t - x/u)$$

因而声源实际的距离为

$$x = x_0 - V_S(t - x/u)$$

所以

$$x = (x_0 - V_S t)/(1 - \frac{V_S}{u}) = (x_0 - V_S t)/(1 - M_S) \tag{2-8-2}$$

式中,$M_S = V_S/u$ 为声源运动的马赫数,声源向接收点运动时 V_S(或 M_S)为正,反之为负,将式(2-8-2)代入式(2-8-1)可得

$$p = p_0 \cos\left\{\frac{\omega}{1 - M_S}\left(t - \frac{x_0}{u}\right)\right\}$$

可见接收器接收到的频率变为原来的 $\frac{1}{1 - M_S}$,即

$$f_S = \frac{f}{1 - M_S} \tag{2-8-3}$$

(2) 声源、介质不动,接收器运动速度为 V_r,同理可得接收器接收到的频率

$$f_r = (1 + M_r)f = \left(1 + \frac{V_r}{u}\right)f \tag{2-8-4}$$

式中,$M_r = V_r/u$ 为接收器运动的马赫数,接收点向着声源运动时 V_r(或 M_r)为正,反之为负。

(3) 介质不动,声源运动速度为 V_S,接收器运动速度为 V_r,可得接收器接收到的频率

$$f_{rs} = \frac{1 + M_r}{1 - M_S}f \tag{2-8-5}$$

(4) 介质运动,设介质运动速度为 V_m,得

$$X = X_0 - V_m t$$

根据式(2-8-1)可得

$$p = p_0 \cos\left\{(1 + M_m)\omega t - \frac{\omega}{u}x_0\right\} \tag{2-8-6}$$

式中,$M_m = V_m/u$ 为介质运动的马赫数。介质向着接收点运动时 V_m(或 M_m)为正,反之 V_m(或 M_m)为负。可见,若声源和接收器不动,则接收器接收到的频率

$$f_m = (1 + M_m)f \tag{2-8-7}$$

还可看出,若声源和介质一起运动,则频率不变。

为了简单起见,本实验只研究(1)、(2)两种情况,验证多普勒效应。另外,若已知 V_r、f,并测出 f_r,则可算出声速 u,可将用多普勒频移测得的声速值与用时差法测得的声速作比较。若将仪器的超声换能器用作速度传感器,就可用多普勒效应来研究物体的运动状态。

2. 用时差法测量声速的原理(驻波法、相位法在此忽略)

连续波经脉冲调制后由发射换能器发射至被测介质中,声波在介质中传播,经过 t 时间后,到达距离 L 处的接收换能器。由运动定律可知,声波在介质中传播的速度可由以下公式求出

$$V = L/t$$

通过测量发射、接收换能器端面之间距离 L 和时间 t,就可以计算出声波在当前介质中的传播速度。

声速理论值

$$u_0 = 331.45\sqrt{1 + \frac{t}{273.16}} \text{(m/s)}(或\ u_0 \approx 331.45 + 0.61 \times t\ \text{m/s})$$

$$\tag{2-8-8}$$

式中,t 为室温,单位为℃。

【实验内容与步骤】

1. 实验内容

(1) 熟悉仪器性能,掌握仪器使用方法。

(2) 超声换能器频率特性测量,寻找换能器探头的谐振频率。

(3) 接收器与介质不动,测量声源的运动速度与接收器接收频率的关系,验证多普勒效应。

(4) 发射器与介质不动,测量接收器的运动速度与其接收频率的关系,验证多普勒效应。

(5) 用步进电机控制超声接收换能器的运动速度,通过测频求出空气中的声速。

(6) 将超声换能器作为速度传感器,用于研究匀速直线运动、匀加(减)速直线运动、简谐运动等。

(7) 在直射式和反射式两种情况下,用时差法测量空气中的声速。

(8) 若另配示波器,可用"驻波法"和"相位法"测量声速(仪器有收、发波形输出口),可参阅相关资料进行。

2. 实验步骤

(1) 参数设定。

① 把 FB718A 型智能多普勒效应实验仪、测试架用专用连接线连接起来。先打开 FB718A 工作电源,液晶屏显示主菜单,仪器预热 15 min 后,进行实验。

② 先按触一下液晶屏主菜单"1. 多普勒效应实验"选项,液晶屏显示子菜单,其中显示的(环境)温度、(采集)点数、(采集)间隔值是仪器出厂时的预置值,可修改(除环境温度须重新设置外,其他参数保持不变,按原预置运行)。

③ 环境温度值设置。若要把"25.0 ℃"修改到环境温度"XX.X℃",操作步骤如下:

按触菜单下部的"参数设定"及子菜单的"环境温度",在设置窗口输入"XX.X"。

设置完毕按"Enter"键存入修改结果并退出设置状态。(注意:必须待参数输入完毕才能退出设置窗口;如果参数输入有误,则保持上一次的设置数据)。

(2) 超声换能器频率特性实验。

声源频率(发射频率)开始逐渐由小增大,接收强度随之增大,信号源输出频率达到接收探头的谐振频率附近(参见探头上的标志),在液晶屏上可观察到接收强度极大值,此后声源频率继续增大,接收强度减小,仪器会记录不同频率下的接收强度,同时绘出曲线,最后确定接收强度极大值对应频率为中心频率(接收探头的谐振频率)。

(3) 观察并验证多普勒效应。

按下测试架右侧电源按钮,指示灯亮。按触一下主菜单"1. 多普勒效应实验"选项,再按子菜单的"1. 通过光电门平均速度",按触"执行"键,小车从导轨的一端,按照预置速度匀速运动到另一端,FB718A 屏幕上显示出一次实验结果:

$$V=0.XX \text{ m/s}, \quad f=XXX \text{ Hz}, \quad \Delta f=XXX \text{ Hz}$$

各显示值分别是小车通过中间光电门的平均速度"V",接收到的声波频率"f"以及多普勒频移"Δf"数据("Δf"数据前有"—"号表示是接收传感器远离发射传感器的运动)。

(4) 观察变速运动的规律。

智能多普勒效应实验仪可控制小车做多种方式运动,以观察变速运动的规律。

按触子菜单的"2. 动态运动测量",再按触菜单下部的"运动方式",可选择不同变速运动。

① 观察小车"匀速运动";

② 观察小车"往复匀速";

③ 观察小车"匀加速";

④ 观察小车"匀减速";
⑤ 观察小车"变速 1";
⑥ 观察小车"变速 2";
⑦ 观察小车"简谐运动"。

(5) 用时差法测声速。

a. 自动(电机移距)。

① 在主菜单中选取"2.声速测量",再按子菜单的"2.时差法测量声速",再按触菜单下部的"速度/距离",可设定不同移动距离。小车的起始位置必须在左右限位光电门内,才能正常控制小车运动。

② 按"执行/⇐"(或"停止/⇒")选择小车移动方向,小车开始做匀速运动,移动所选距离停止,液晶屏会显示出时间值(μs),记录该时间值,可计算出时差。可重复按"执行/⇐"(或"停止/⇒"),观察变化规律。

说明:接收、发射换能器距离在 20～70 cm 之间,测量结果较为准确。太近会相互干扰,太远则接收信号渐渐变弱,其第一个反射脉冲慢慢消失,计时器可能记录到第二个反射脉冲,这时候就会产生 27 μs 的误差(一个脉冲间隔时间)。因此,若从 t_1 到 t_2 跨过一个不稳定区(跃变区),则 t_2-t_1 会多出 27 μs,这时实际时差应该是

$$\Delta t = t_2 - t_1 - 27 \ (\mu s)$$

假设实验过程中收发换能器距离变化为 30～350 mm,那么大约会出现三段跃变区,需扣除若干倍 27 μs 才是实际时差。

③ 如果在小车向右移动一个设置行程时,时间显示值跳动不稳定,不能正确读数,那么可以放弃这组读数,往右继续移动小车,直到再出现稳定读数时,再记录,但必须记住对应的位置读数。越过不稳定区的时差值,应该包含 27 μs 的整数倍的误差,然后在数据处理时予以剔除。

④ 如此至少要做 10 组数据,并记录到表格中,由于此时位移量已经不再是等间距,不能使用逐差法处理数据,只能把相邻实验数据相减,用对应的时差值计算声速,然后求算术平均值。

b. 手动(手工移距)。

① 在主菜单中选取"2. 声速测量",再按子菜单的"2. 时差法测量声速"。待电机复位完毕,关闭测试架电源。手工移动小车的起始位置应远离发射头。

② 手工旋转步进电机转轴旋钮,顺时针(或反时针)选择小车移动方向,按照测试架上标尺刻度,移动"自动"时所选距离停止,液晶屏会显示出时间值(μs),记录该时间值,继续移动同样距离,重复进行(说明等同"自动")。

③ 如此至少要做 10 组数据,并记录到表格中,计算出时差、声速。

(7) 反射法测声速(时差法)。(选做内容)

先转动接收、发射换能器各 90°,两换能器平行且都垂直面对反射板(附

件),反射板要远离两换能器,调整两换能器之间的距离、两换能器和反射板之间的夹角 θ 以及垂直距离 L,如图 2-8-2 所示,使数字示波器(双踪,由脉冲波触发)接收到稳定波形;利用数字示波器观察波形,通过调节示波器使接收波形的某一个波头 b_n 的波峰位于示波器屏幕某一刻度(x 坐标),然后向前或向后水平调节反射板的位置,使移动 ΔL,记下此时示波器中先前那个波头 b_n 在时间轴上移动的时间 Δt,如图 2-8-3 所示,从而得出声速值,

$$u = \frac{\Delta x}{\Delta t} = \frac{2\Delta L}{\Delta t \sin\theta}$$

用数字示波器测量时间同样适用于直射式测量,而且可以使测量范围增大。将实验中得到多个声速值与理论值公式(2-8-8)相比较。

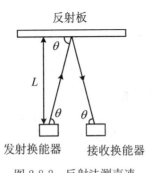

图 2-8-2 反射法测声速

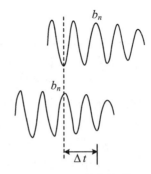

图 2-8-3 接收波形

【数据记录与处理】

1. 把不同速度下多普勒效应实验数据记录到表 2-8-1 与表 2-8-2 中。

表 2-8-1 多普勒效应实验数据记录

实验环境温度 t _____ ℃

次数	声源运动速度 v (m/s)	多普勒频移 Δf (Hz)	接收器接收频率 f (Hz)	接收器接收频率理论值(Hz)	相对误差 (%)
1	0.1				
2	0.2				
3	0.3				
4	0.4				
5	−0.1				
6	−0.2				
7	−0.3				
8	−0.4				

表 2-8-2　多普勒效应实验数据记录

实验环境温度 t _____ ℃

次数	接收器运动速度 v(m/s)	多普勒频移 Δf (Hz)	接收器接收频率 f (Hz)	接收器接收频率理论值(Hz)	相对误差(%)
1	0.1				
2	0.2				
3	0.3				
4	0.4				
5	−0.1				
6	−0.2				
7	−0.3				
8	−0.4				

2. 根据公式(2-8-8)计算实验环境条件下声速的理论值。

3. 根据公式(2-8-4)计算实验环境条件下接收器接收频率的理论值。

4. 与理论值比较，计算多普勒效应实验的相对误差，验证多普勒效应方程。

5. 从液晶屏上观察各种不同规律运动的 f-t 实验曲线。调出并记录存储的实验数据，根据实验环境下声速的理论值和发射信号频率，把各采样点记录的频率数值换算成小车的运动速度，从而了解和研究各种变速运动的规律（表格请学生们自行设计）。

6. 将"时差法测量声速"测量到的各对应时差值记录到表 2-8-3 与表 2-8-4 中。

表 2-8-3　用"时差法测量声速"(自动)实验数据记录及处理

环境温度 $t=$ _____ ℃

测量次数	小车位置 X_i (cm)	时差读数值 t_i (μs)	$X_{i+1}-X_i$ (cm)	$t_{i+1}-t_i$ (μs)	空气中的声速 u_i (m/s)
1			—	—	—
2					
3					
4					
5					
6					
7					
8					
9					
10					

表 2-8-4　用"时差法测量声速"(手动)实验数据记录及处理

环境温度 $t=$ _____ ℃

测量次数	小车位置 X_i (cm)	时差读数值 t_i (μs)	$X_{i+1}-X_i$ (cm)	$t_{i+1}-t_i$ (μs)	空气中的声速 u_i (m/s)
1			—	—	—
2					
3					
4					
5					
6					
7					
8					
9					
10					

(1) 计算时差法测量声速的实验平均值

$$\bar{u} = \frac{1}{n}\sum_{i=1}^{n} u_i = \underline{\qquad} \text{(m/s)}$$

(2) 计算实验环境温度下声速在空气中的传播速度的理论值

$$u_0 \approx 331.45 + 0.61t = \underline{\qquad} \text{(m/s)}$$

(3) 把实验结果与理论值比较,计算相对误差

$$E = \left|\frac{\bar{u}-u_0}{u_0}\right| \times 100\% = \underline{\qquad} \%$$

(4) 如果误差太大,请对误差产生的原因进行分析。

【思考题】

1. 马赫是什么单位?它是怎么定义的?
2. 请举例说明多普勒效应在生活中的应用。
3. 为什么在声速测定实验中,必须用逐差法处理数据?如果不用,会出现什么结果?

实验9 液体表面张力系数的测定

表面张力是液体表面的重要特性。它类似于固体内部的拉伸应力,这种应力存在于极薄的表面层内,是液体表面层内分子力作用的结果。在宏观上,液体的表面就像一张拉紧了的橡皮薄膜,存在有沿着表面并使表面趋于收缩的应力,这种力称为表面张力。液体的许多现象与表面张力有关(例如毛细现象、润湿现象、泡沫的形成等),工业生产中的浮选技术、动植物体内液体的运动、土壤中水的运动等也都与液体的表面张力有关。此外,在船舶制造、水利学、化学化工、凝聚态物理中都有它的应用。因此,研究液体的表面张力,可为工农业生产、生活及科学研究中有关液体分子的分布和表面的结构提供有用的线索。

【实验目的】

1. 观察测量液体表面张力的物理过程和物理现象,并用物理学基本概念和定律进行分析和研究,加深对物理规律的认识。
2. 测量纯水和其他液体的表面张力系数。
3. 测量液体的浓度与表面张力系数的关系。

【实验仪器】

液体表面张力系数测定仪,游标卡尺等。

【实验原理】

1. 液体表面张力系数

当液体和固体接触时,若固体和液体分子间的吸引力大于液体分子间的吸引力,液体就会沿固体表面扩展,这种现象叫润湿。若固体和液体分子间的吸引力小于液体分子间的吸引力,液体就不会在固体表面扩展,叫不润湿。润湿与否取决于液体、固体的性质,如纯水能完全润湿干净的玻璃,但不能润湿石蜡;水银不能润湿玻璃,却能润湿干净的铜、铁等。润湿性质与液体中杂质的含量、温度以及固体表面的清洁度密切相关,实验中要予以特别注意。

液体表层内分子力的宏观表现,使液面具有收缩的趋势。想象在液面上划一条线,表面张力就表现为直线两侧的液体以一定的拉力相互作用。这种张力垂直于该直线且与线的长度成正比,比例系数称为表面张力系数。

将一个金属环浸没于液体中,并渐渐拉起圆环,当它从液面拉脱瞬间金属环受到的液面拉力 f 为液体表面张力,大小与圆环周长成正比。

$$f = \pi(D_1 + D_2)\alpha \tag{2-9-1}$$

式中,D_1、D_2 分别为圆环外径和内径,α 为液体表面张力系数,所以液体表面张

力系数为

$$\alpha = f/[\pi(D_1 + D_2)] \tag{2-9-2}$$

2. 霍尔传感器测量液体表面张力

将该金属环固定在传感器上，传感器测力灵敏度为 B，输出霍尔电压大小与传感器所受拉力大小成正比，即

$$U = Bf$$

金属环拉脱液面前测得输出霍尔电压为 U_1，拉脱液面后测得输出电压为 U_2，那么液体表面张力

$$f = (U_1 - U_2)/B \tag{2-9-3}$$

式中，B 为力敏传感器灵敏度，单位 V/N。

【实验内容及步骤】

1. 开机预热。
2. 清洗玻璃器皿和吊环。
3. 在玻璃器皿内放入被测液体并安放在升降台上。
4. 将砝码盘挂在力敏传感器的钩上。
5. 若整机已预热 15 min 以上，可对力敏传感器定标，在加砝码前应首先对仪器调零，安放砝码时应尽量轻。
6. 换吊环前应先测定吊环的内外直径，然后挂上吊环，在测定液体表面张力系数过程中，可观察到液体产生的浮力与张力的情况与现象，以顺时针转动升降台大螺帽时液体液面上升，当环下沿部分均浸入液体中时，改为逆时针转动该螺帽，这时液面往下降（或者说相对吊环往上提拉），观察环浸入液体中及从液体中拉起时的物理过程和现象。特别应注意吊环即将拉断液柱前一瞬间数字电压表读数值为 U_1，拉断时瞬间数字电压表读数为 U_2。记下这两个数值。

【数据记录与处理】

1. 力敏传感器定标

力敏传感器上分别加各种质量砝码，测出相应的电压输出值，实验结果记录于表 2-9-1 中，最小二乘法拟合传感器灵敏度 B（或逐差法求解传感器灵敏度 B）。

表 2-9-1　力敏传感器定标

物体质量 m(g)	0.500	1.000	1.500	2.000	2.500	3.000	3.500
输出电压 V(mV)							

2. 水和其他液体表面张力系数的测量

用游标卡尺测量金属圆环的外径 D_1、内径 D_2，调节上升架，记录环在即将

拉断水柱时数字电压表读数 U_1、拉断时数字电压表的读数 U_2，结果记录于表 2-9-2 中，求解纯水在室温下的表面张力系数。

表 2-9-2　纯水的表面张力系数测量　　　水的温度 t _____ ℃

测量次数	U_1(mV)	U_2(mV)	ΔU(mV)	$f(\times 10^{-3}\mathrm{N})$	$\alpha(\times 10^{-3}\mathrm{N/m})$
1					
2					
3					
4					
5					
6					

【思考题】

1. 实验前，为什么要清洁吊环？
2. 分析吊环即将拉断液面前的一瞬间数字电压表读数值由大变小的原因。
3. 对实验的系统误差和随机误差进行分析，提出减小误差改进实验的方法和措施。

实验 10 固体导热系数的测定

导热系数是表征物质热传导性质的物理量,对保温材料要求其导热系数应尽量小,对散热材料要求其导热系数应尽量大。由于导热系数与物质成分、微观结构、温度、压力及杂质含量密切相关,所以在科学实验和工程设计中材料的导热系数常常需要由实验来具体测定。

测量导热系数的实验方法一般分为稳态法与动态法两类。在稳态法中,先利用热源对样品加热,样品内部的温差使热量从高温处向低温处传导,样品内部各点的温度将随加热快慢和传热快慢的影响而变动;当适当控制实验条件和实验参数,使加热和传热过程达到平衡状态时,待测样品内部就能形成稳定的温度分布,根据这一温度分布就可计算出导热系数。而在动态法中,最终在样品内部所形成的温度分布是随时间变化的,例如呈周期性的变化,变化的周期和幅度亦受实验条件和加热快慢的影响。本实验使用了一种新的测量方法——准稳态法,准稳态法只要求温差恒定和温升速率恒定,而不必通过长时间的加热达到稳态,就可通过简单计算得到导热系数。

【实验目的】

1. 了解准稳态法测量导热系数的原理。
2. 学习热电偶测量温度的原理和使用方法。
3. 用准稳态法测量不良导体的导热系数。

【实验仪器】

固体导热系数测定仪。

【实验原理】

1. 准稳态法测量原理

考虑如图 2-10-1 所示的一维无限大导热模型。一无限大不良导体平板,厚度为 $2R$,初始温度为 t_0,现在平板两侧同时施加均匀的指向中心面的热流密度 q_c,则平板各处的温度 $t(x,\tau)$ 将随加热时间 τ 而变化。

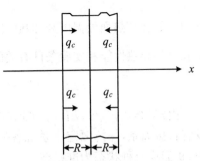

图 2-10-1 理想的无限大不良导体平板

以试样中心为坐标原点,上述模型的数学描述可表达为:

$$\begin{cases} \dfrac{\partial t(x,\tau)}{\partial \tau} = a\dfrac{\partial^2 t(x,\tau)}{\partial x^2} \\ \dfrac{\partial t(R,\tau)}{\partial x} = \dfrac{q_c}{\lambda} \quad \dfrac{\partial t(0,\tau)}{\partial x} = 0 \\ t(x,0) = t_0 \end{cases} \quad (2\text{-}10\text{-}1)$$

式中,$a = \lambda/\rho c$,λ 为材料的导热系数,ρ 为材料的密度,c 为材料的比热。

此方程的解为

$$t(x,\tau) = t_0 + \dfrac{q_c}{\lambda}\left[\dfrac{a}{R}\tau + \dfrac{1}{2R}x^2 - \dfrac{R}{6} + \dfrac{2R}{\pi^2}\sum_{n=1}^{\infty}\dfrac{(-1)^{n+1}}{n^2}\cos\dfrac{n\pi}{R}x \cdot e^{-\frac{an^2\pi^2}{R^2}\tau}\right]$$

$$(2\text{-}10\text{-}2)$$

考察 $t(x,\tau)$ 的解析式(2-10-2)可以看出,随加热时间的增加,样品各处的温度将发生变化,而且我们注意到式中的级数求和项由于指数衰减的原因,会随加热时间的增加而逐渐变小,直至所占份额可以忽略不计。

定量分析表明:当 $\dfrac{a\tau}{R^2} > 0.5$ 以后,上述级数求和项可以忽略。这时式(2-10-2)变成

$$t(x,\tau) = t_0 + \dfrac{q_c}{\lambda}\left(\dfrac{a\tau}{R} + \dfrac{x^2}{2R} - \dfrac{R}{6}\right) \quad (2\text{-}10\text{-}3)$$

这时,在试件中心处有 $x = 0$,因而有

$$t(x,\tau) = t_0 + \dfrac{q_c}{\lambda}\left(\dfrac{a\tau}{R} - \dfrac{R}{6}\right) \quad (2\text{-}10\text{-}4)$$

在试件加热面处有 $x = R$,因而有

$$t(x,\tau) = t_0 + \dfrac{q_c}{\lambda}\left(\dfrac{a\tau}{R} + \dfrac{R}{3}\right) \quad (2\text{-}10\text{-}5)$$

由式(2-10-4)和式(2-10-5)可见,当加热时间满足条件 $\dfrac{a\tau}{R^2} > 0.5$ 时,在试件中心面和加热面处温度和加热时间呈线性关系,温升速率同为 $\dfrac{aq_c}{\lambda R}$,此值是一个和材料导热性能和实验条件有关的常数,此时加热面和中心面间的温度差为

$$\Delta t = t(R,\tau) - t(0,\tau) = \dfrac{1}{2}\dfrac{q_c R}{\lambda} \quad (2\text{-}10\text{-}6)$$

由式(2-10-6)可以看出,此时加热面和中心面间的温度差 Δt 和加热时间 τ 没有直接关系,保持恒定。系统各处的温度和时间是线性关系,温升速率也相同,我们称此种状态为准稳态。

当系统达到准稳态时,由式(2-10-6)得到

$$\lambda = \dfrac{q_c R}{2\Delta t} \quad (2\text{-}10\text{-}7)$$

根据式(2-10-7),只要测量出进入准稳态后加热面和中心面间的温度差

Δt,并由实验条件确定相关参量 q_c 和 R,则可以得到待测材料的导热系数 λ。

另外,在进入准稳态后,由比热的定义和能量守恒关系,可以得到下列关系式

$$q_c = c\rho R \frac{\mathrm{d}t}{\mathrm{d}\tau} \tag{2-10-8}$$

比热为

$$c = \frac{q_c}{\rho R \dfrac{\mathrm{d}t}{\mathrm{d}\tau}} \tag{2-10-9}$$

式中,$\dfrac{\mathrm{d}t}{\mathrm{d}\tau}$ 为准稳态条件下试件中心面的温升速率(进入准稳态后各点的温升速率是相同的)。

由以上分析可以得到结论:只要在上述模型中测量出系统进入准稳态后加热面和中心面间的温度差和中心面的温升速率,即可由式(2-10-7)和式(2-10-9)得到待测材料的导热系数和比热。

【实验内容及步骤】

1. 测量固体的导热系数

(1) 将冷却好的样品放入样品架中,热电偶的测温端应保证置于样品的中心位置,然后旋动旋钮以压紧样品。在保温杯中加入自来水,水的容量约在保温杯容量的 3/5 为宜。根据实验要求连接好各部分连线。

(2) 开机后,先让仪器预热 10 min 左右再进行实验。在记录实验数据之前,应该先设定所需要的加热电压,步骤为:先将"电压切换"钮按到"加热电压"档位,再由"加热电压调节"旋钮来调节所需要的电压(参考加热电压 18 V,19 V)。

(3) 测定样品的温度差和温升速率。将测量电压显示调到"热电势"的"温差"档位,如果显示温差绝对值小于 0.004 mV,就可以开始加热了,否则应等到显示降到小于 0.004 mV 再加热。保证上述条件后,打开"加热控制"开关并开始记数,记录下数据(记数时,建议每隔 1 min 分别记录一次中心面热电势和温差热电势,这样便于后面的计算。一次实验时间最好在 25 min 之内完成,一般在 15 min 左右为宜。)。

当记录完一次数据需要换样品进行下一次实验时,其操作顺序是:关闭加热控制开关→关闭电源开关→旋动螺杆以松动实验样品→取出实验样品→取下热电偶传感器→取出加热薄膜冷却。

2. 导热材料的比热测量(选做)

【数据表格及处理】

1. 数据记录

导热系数数据记录如表 2-10-1 所示。

表 2-10-1 导热系数测定

时间 τ(min)	1	2	3	4	5	6	7	8	9	10	11	12	13	14	15
温差热电势 V_t(mV)															
中心面热电势 V(mV)															
每 1 min 温升热电势 $\Delta V = V_{n+1} - V_n$															

2. 数据处理

准稳态的判定原则是温差热电势和温升热电势趋于恒定。实验中有机玻璃一般在 8~15 min,橡胶一般在 5~12 min,处于准稳定状态。有了准稳态时的温差热电势 V_t 值和每分钟温升热电势 ΔV 值,就可以由式(2-10-7)和式(2-10-9)计算出最后的导热系数和比热容数值。

式(2-10-7)和式(2-10-9)中各参量如下:

样品厚度 $R = 0.010$ M,有机玻璃密度 $\rho = 1\,196$ kg/m³,橡胶密度 $\rho = 1\,374$ kg/m³。

热流密度 $$q_c = \frac{V^2}{2Fr}(\text{W/m}^2)$$

式中,V 为两并联加热器的加热电压,$F = A \times 0.09$ m $\times 0.09$ m 为边缘修正后的加热面积,A 为修正系数,对于有机玻璃和橡胶,$A = 0.85$,$r = 110\,\Omega$ 为每个加热器的电阻。

铜-康铜热电偶的热电常数为 0.04 mV/K。即温度每差 1 度,温差热电势为 0.04 mV。据此可将温度差和温升速率的电压值换算为温度值。

温度差 $\Delta t = \dfrac{V_t}{0.04}$(K), 温升速率 $\dfrac{dt}{d\tau} = \dfrac{\Delta V}{60 \times 0.04}$(K/s)。

【思考题】

1. 环境温度的变化会给实验结果带来什么影响?
2. 计算导热系数 k 时要求哪些实验条件,在实验中如何保证?
3. 观察实验过程中环境温度的变化,分析实验过程中各个阶段环境温度的变化对结果的影响。

实验 11 热电偶的定标

【实验目的】

1. 掌握补偿法测电动势的基本原理,学会用 UJ-31 型低电势电位差计测定热电偶的温差电动势。
2. 掌握热电偶温度计的定标以及用热电偶温度计测温的原理。

【实验仪器】

UJ-31 型电位差计,DHBC-1 型标准电势与待测低电势(或 BC9a 标准电池),AZ19 型直流检流计,DHT-2 型多档恒流控温实验仪等。

【实验原理】

1. 热电偶测温原理

热电偶是利用热电效应制成的温度传感器。热电偶亦称温差电偶,如图 2-11-1 所示。它是由 A、B 两种不同材料的金属丝的端点彼此紧密接触而组成的。当两个接点处于不同温度时,在回路中就有直流电动势产生,该电动势称温差电动势或热电动势。当组成热电偶的材料一定时,温差电动势 E_X 仅与两接点处的温度有关,并且两接点的温差在一定的温度范围内有如下近似关系式

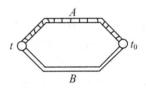

图 2-11-1 热电偶原理

$$E_X = \alpha(t - t_0) \quad (2\text{-}11\text{-}1)$$

式中,α 称为温差电系数,对于不同金属组成的热电偶,α 是不同的,其数值就等于两接点温度差为 1 ℃时所产生的电动势。

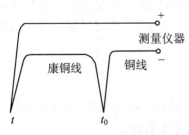

图 2-11-2 热电偶测温原理

为了测量温差电动势,就需要在图 2-11-1 的回路中接入测量仪器,本实验选用的是铜-康铜组成的热电偶(铜-康铜热电偶在低温下使用较为普遍,测量范围为 −200～+200 ℃)。由于其中有一根金属丝和引线材料一样,都是铜,因此没有影响热电偶原来的性质,即没有影响它在一定的温差 $t-t_0$ 下应有的电动势 E_X 值。如图 2-11-2 所示,把铜与康铜的两个焊点一端置于待测温度处(热端),另一端作为冷端(本实验处于室温状态),将铜线截断后与测量仪器相连,这样就组成一个热电偶温

度计。只要测得相应的温差电动势,再根据事先校正好的曲线或数据就可求出待测温度。热电偶温度计的优点是热容量小,灵敏度高,反应迅速,测温范围广,还能直接把非电学量温度转换成电学量。因此,在自动测温、自动控温等系统中得到了广泛应用。

2. 电位差计原理

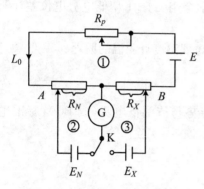

图 2-11-3 电位差计原理简图

图 2-11-3 是一种直流电位差计的原理简图。它由三个基本回路构成:① 工作电流调节回路,由工作电源 E、限流电阻 R_p、标准电阻 R_N 和 R_X 组成;② 校准回路,由标准电池 E_N、平衡指示仪 G、标准电阻 R_N 组成;③ 测量回路,由待测电动势、检流计 G、标准电阻 R_X 组成。通过测量未知电动势 E_X 的两个操作步骤,可以清楚地了解电位差计的原理。

(1) "校准"。图中开关 K 拨向标准电动势 E_N 侧,取 R_N 为一预定值(对应标准电势值 $E_N = R_N \times I_0 = 1.0186$ V),调节 R_p,使平衡指示仪 G 示零,使工作电流回路内的 R_X 中流过一个已知的"标准"电流 I_0,且 $I_0 = E_N/R_N$。

(2) "测量"。将开关 K 拨向未知电动势 E_X 一侧,保持 I_0 不变,调节滑动触头 B,使检流计示零,则 $E_X = I_0 R_X = R_X E_N/R_N$。被测电压与补偿电压极性相反且大小相等,因而互相补偿(平衡)。这种测 E_X 的方法叫补偿法。补偿法具有以下优点:

① 电位差计是一电阻分压装置,它将被测电动势 E_X 和一标准电动势直接比较。E_X 的值仅取决于 R_X/R_N 及 E_N,因而测量准确度较高。

② 在上述"校准"和"测量"两个步骤中,平衡指示仪两次示零,表明测量时既不从校准回路内的标准电动势源中吸取电流,也不从测量回路中吸取电流。因此,不改变被测回路的原有状态及电压等参量,同时可避免测量回路导线电阻及标准电势的内阻等对测量准确度的影响,这是补偿法测量准确度较高的另一个原因。

【实验内容及步骤】

1. 熟悉 UJ-31 型电位差计各旋钮的功能,掌握测量电动势的基本要领。
2. 对热电偶进行定标,并求出热电偶的温差电系数 α。

用实验方法测量热电偶的温差电动势与工作端温度之间的关系曲线,称为对热电偶定标。本实验采用常用的比较定标法,即用一标准的测温仪器(如标准水银温度计或已知高一级的标准热电偶)与待测热电偶置于同一能改变温度

的调温装置中,测出 E_x-t 定标曲线。具体步骤如下:

(1) 按图 2-11-4 所示连接线路,注意热电偶及各电源的正、负极的正确连接。将热电偶的冷端置于冰水混合物中之中,确保 $t_0=0$ ℃(测温端置于加热器内)。

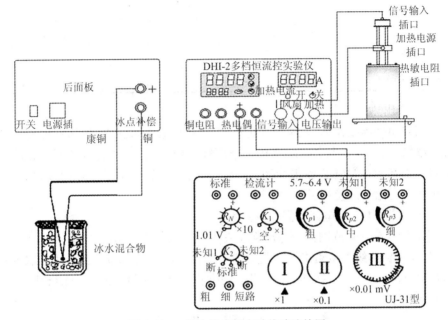

图 2-11-4　热电偶定标实验线路连接图

(2) 测量待测热电偶的电动势。按 UJ-31 电位差计的使用步骤,先接通检流计,并调好工作电流,即可进行电动势的测量。先将电位差计倍率开关 K_1 置 ×1 档,测出室温时热电偶的电动势,然后开启温控仪电源,给热端加温。每隔 10 ℃左右测一组(t, E_X),直至 100 ℃为止。由于升温测量时,温度是动态变化的,故测量时可提前 2 ℃进行跟踪,以保证测量速度与测量精度。测量时,一旦达到补偿状态应立即读取温度值和电动势值,再做一次降温测量,即先升温至 100 ℃,然后每降低 10 ℃测一组(t, E_X),再取升温降温测量数据的平均值作为最后测量值。另外一种方法是设定需要测量的温度,等控温仪稳定后再测量该温度下温差电动势。这样可以测得更精确些,但需花费较长的实验时间。

【实验表格及处理】

1. 热电偶定标数据记录

热电偶定标数据记录如表 2-11-1 所示。

表 2-11-1　热电偶定标数据记录表

室温 t _____ ℃　　　$E_N(t)=$ _____ V　　　$t_0=0$ ℃

序　号	1	2	3	4	5	6	7	8	9	10
温度 t(℃)										
电动势(mV)										
序　号	11	12	13	14	15	16	17	18	19	20
温度 t(℃)										
电动势(mV)										

2. 作出热电偶定标曲线

用直角坐标纸作 E_X-t 曲线。定标曲线为不光滑的折线，相邻点应直线相连，这样在两个校正点之间的变化关系用线性内插法予以近似，从而得到除校正点之外其他点的电动势和温度之间的关系。所以，作出了定标曲线，热电偶便可以作为温度计使用了。

3. 求铜-康铜热电偶的温差电系数 α

在本实验温度范围内，E_X-t 函数关系近似为线性，即 $E_X=\bar{\alpha}t\,(t_0=0\ ℃)$。所以，在定标曲线上可给出线性化后的平均直线，从而求得 $\bar{\alpha}$。在直线上取两点 $a(E_a,t_a)$，$b(E_b,t_b)$（不要取原来测量的数据点，并且两点间尽可能相距远一些），求斜率

$$K=\frac{E_b-E_a}{t_b-t_a}$$

即为所求的 $\bar{\alpha}$。

【思考题】

1. 补偿法的基本原理是什么？从分析电位差计基本线路中三个回路的作用入手，说明补偿法的优点。

2. 校准（或测量）时，如果无论怎样调节电流调节盘（或测量盘），电流计总偏向一侧，可能有哪几种原因？

实验 12 气体比热容比的测量

气体的比热容比 γ(亦称绝热指数),是一个重要的热力学参量,在研究物质结构、确定相变、鉴定物质纯度等方面起着重要的作用。本实验将介绍一种较新颖的测量气体比热容的方法。

【实验目的】

1. 了解气体自由度与比热容比的关系。
2. 观察和分析热力学系统的状态和过程特征,掌握实现等值过程的方法。
3. 测定空气分子的定压比热容与定容比热容之比。

【实验仪器】

比热容比测定仪。

【实验原理】

气体的定压比热容 C_p 与定容比热容 C_V 之比 $\gamma=C_p/C_V$。在热力学过程特别是绝热过程中是一个很重要的参数,测定的方法有好多种。本实验通过测定物体在特定容器中的振动周期来计算 γ 值。实验基本装置如图 2-12-1 所示,振动钢球的直径比玻璃管直径仅小 0.01~0.02 mm,它能在此精密的玻璃管中上下移动,在瓶子的壁上有一小口,并插入一根细管,各种气体可以通过它注入烧瓶中。为了补偿由于空气阻尼引起振动刚球 A 振幅的衰减,通过 C 管一直注入一个小气压的气流,在精密玻璃管

图 2-12-1 比热容比测定仪

B 的中央开设一个小孔。当振动刚球 A 处于小孔下方的半个振动周期时,注入气体使容器的内压力增大,引起刚球 A 向上移动。而当刚球 A 处于小孔上方的半个振动周期时,容器内的气体将通过小孔流出,使刚球下沉。以后重复上述过程,只要适当控制注入气体的流量,刚球 A 就能在玻璃管 B 的小孔上下作简谐振动,振动周期可利用光电计时装置来测得。

钢球 A 的质量为 m,半径为 r(直径为 d),当瓶子内压 p 满足一定条件时,钢球 A 处于力平衡状态。此时

$$p = p_L + \frac{mg}{\pi r^2} \tag{2-12-1}$$

式中,p_L 为大气压。

若钢球偏离平衡位置一个较小距离 x，则容器内的压强变化 dp，物体的运动方程为

$$m\frac{d^2 x}{dt^2} = \pi r^2 dp \tag{2-12-2}$$

因为钢球振动过程相当快，所以可以看作绝热过程，绝热方程

$$pV^\gamma = 常数 \tag{2-12-3}$$

将式(2-12-3)求导数得出

$$dp = -\frac{p\gamma dV}{V}, \quad dV = \pi r^2 x \tag{2-12-4}$$

将式(2-12-4)代入式(2-12-2)得

$$\frac{d^2 x}{dt^2} + \frac{\pi^2 r^4 p\gamma}{mV}x = 0$$

此式为简谐振动方程，它的解为

$$\omega = \sqrt{\frac{\pi^2 r^4 p\gamma}{mV}} = \frac{2\pi}{T}$$

由此可得

$$\gamma = \frac{4mV}{T^2 pr^4} = \frac{64mV}{T^2 pd^4} \tag{2-12-5}$$

式中，各量均可方便测得，因而可算出 γ 值。由气体运动论可以知道，γ 值与气体分子的自由度数有关，对单原子气体(如氩)只有 3 个平均自由度，双原子气体(如氢)除上述 3 个平均自由度外还有 2 个转动自由度。对多原子气体，则具有 3 个转动自由度，比热容比 γ 与自由度 f 的关系为

$$\gamma = \frac{f+2}{f}$$

理论上可得出：

  单原子气体(Ar, He)　　　　　$f=3$　　$\gamma=1.67$
  双原子气体(N_2, H_2, O_2)　　$f=5$　　$\gamma=1.40$
  多原子气体(CO_2, CH_4)　　$f=6$　　$\gamma=1.33$

且与温度无关。

【实验内容及步骤】

1. 取出钢球，用螺旋测微计和物理天平分别测出钢球的直径 d 和质量 m，其中直径重复测 5 次。

2. 测量大气压强 p_L（实验开始前和结束后，各测一次，取平均值）。

3. 接通气泵电源，调节橡皮塞上的针形调节阀和气泵上气量调节旋钮，使钢球在玻璃管中以小孔为中心上下振动。注意，气流过大或过小会造成钢球不以玻璃管上小孔为中心作上下振动，调节时要避免气流过大将小球冲出管外造

成钢球或瓶子损坏。

4. 打开周期计时装置,测量次数选择 50 次,按下复位按钮后即可自动测量振动 50 次所需的时间。重复测量 5 次。

5. 从仪器上读出所用仪器容积。

【数据表格及处理】

(1) 自行设计表格记录数据。

(2) 求钢球直径及其不确定度。

① 平均值:
$$\bar{d} = \frac{d_1 + d_2 + d_3 + d_4 + d_5}{5}$$

② 不确定度:
$$\Delta_d = \sqrt{\frac{\sum (d_i - \bar{d})^2}{n-1}}$$

③ 结果:
$$d = \bar{d} \pm \Delta_d \,(\text{mm})$$

(3) 在忽略容器体积 V、大气压 p_L 测量误差的情况下估算空气的比热容及其不确定度
$$\gamma \pm \Delta\gamma$$

【思考题】

1. 注入气体量的多少对钢球的运动情况有没有影响?

2. 实际问题中,钢球的振动过程并不是理想的绝热过程,这时测得的值比实际值大还是小?

3. 若空气中有水蒸气,实验结果有何变化?

4. 如果振动物体的周期较长,公式(2-12-4)还适应吗,为什么?

实验 13　电阻元件的伏安特性

电路中有各种电学元件,如线性电阻、半导体二极管和三极管,以及光敏、热敏和压敏元件等。知道这些元件的伏安特性,对正确地使用它们是至关重要的。利用电阻箱的分压接法,通过电压表和电流表正确地测出它们的电压与电流的变化关系称为伏安测量法(简称伏安法)。伏安法是电学中常用的一种基本测量方法。

【实验目的】

1. 掌握伏安特性测量的基本方法。
2. 学会直流电源、数字电压表、数字电流表、电阻箱等仪器的正确使用方法。
3. 通过对二极管伏安特性的测试,掌握二极管的非线性特点。
4. 学会选取合适的点记录实验数据。

【实验仪器】

DH6102 型电学元件 V-A 特性实验仪。

【实验原理】

1. 电学元件的伏安特性

在某一电学元件两端加上直流电压,在元件内就会有电流通过,通过元件的电流与端电压之间的关系称为电学元件的伏安特性。在欧姆定律 $U=IR$ 式中,电压 U 的单位为 V,电流 I 的单位为 A,电阻 R 的单位为 Ω。一般以电压为横坐标、以电流为纵坐标作出元件的电压-电流关系曲线,称为该元件的伏安特性曲线。

对于碳膜电阻、金属膜电阻、线绕电阻等电学元件,在通常情况下,通过元件的电流与加在元件两端的电压成正比关系变化,即其伏安特性曲线为一直线。这类元件称为线性元件,其伏安特性如图 2-13-1 所示。半导体二极管、稳压管等元件,通过元件的电流与加在元件两端的电压不成线性关系变化,其伏安特性为一曲线。这类元件称为非线性元件,如图 2-13-2 所示为某非线性元件的伏安特性。

对二极管施加正向偏置电压时,则二极管中就有正向电流通过(多数载流子导电),随着正向偏置电压的增加,开始时,电流随电压变化很缓慢,而当正向偏置电压增至接近二极管导通电压时(锗为 0.2 V 左右,硅管为 0.7 V 左右),电流急剧增加,二极管导通后,电压有少许变化电流的变化都很大。对二极管施加反向偏置电压时,二极管处于截止状态,其反向电压增加至该二极管的击穿电压时,电流猛增,二极管被击穿,在二极管使用中应竭力避免出现击穿现象,这很容易造成二极管的永久性损坏。所以在做二极管反向特性时,应串入限流电阻,以防因反向电流过大而损坏二极管。

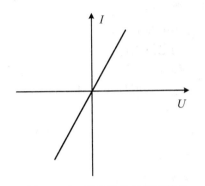 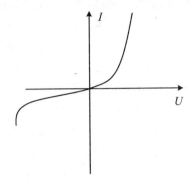

图 2-13-1　线性元件的伏安特性　　　图 2-13-2　非线性元件的伏安特性

在设计测量电学元件伏安特性的线路时,必须了解待测元件的规格,使加在它上面的电压和通过的电流均不超过额定值。此外,还必须了解测量时所需其他仪器的规格(如电源、电压表、电流表、滑线变阻器等的规格),也不得超过其量程或使用范围。根据这些条件所设计的线路,可以将测量误差减到最小。

2. 实验线路的比较与选择

在测量电阻 R 的伏安特性的线路中,常有两种接法,即如图 2-13-3 中电流表内接法和图 2-13-4 中电流表外接法。电压表和电流表都有一定的内阻(分

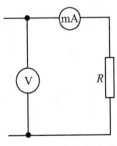 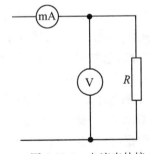

图 2-13-3　电流表内接　　　　图 2-13-4　电流表外接

别设为 R_V 和 R_A)。简化处理时直接用电压表读数 U 除以电流表读数 I 来得到被测电阻值 R,即 $R=U/I$,这样会引进一定的系统性误差。当电流表内接时,电压表读数比电阻端电压值大,即有

$$R = U/I - R_A \tag{2-13-1}$$

当电流表外接时,电流表读数比电阻 R 中流过的电流大,这时应有

$$1/R = I/U - 1/R_V \tag{2-13-2}$$

在式(2-13-1)和式(2-13-2)中，R_A 和 R_V 分别代表安培表和伏特表的内阻。比较电流表的内接法和外接法，显然，如果简单地用 U/I 值作为被测电阻值，电流表内接法的结果偏大，而电流表外接法的结果偏小，这两种接法都有一定的系统性误差。除了需要做这样简化处理的实验场合，为了减少上述系统性误差，测量电阻的线路方案可以粗略地按下列办法来选择：

(1) 当 $R \ll R_V$，且 R 较 R_A 大得不多时，宜选用电流表外接。

(2) 当 $R \gg R_A$，且 R_V 和 R 相差不多时，宜选用电流表内接。

(3) 当 $R \gg R_A$，且 $R \ll R_V$ 时，则必须先用电流表内接法和外接法测量，然后再比较电流表的读数变化大还是电压表的读数变化大，根据比较结果再选择电流表采用内接还是外接。

如果要得到待测电阻的准确值，则必须测出电表内阻并按式(2-13-1)和式(2-13-2)进行修正。其中电压表和电流表的内阻如表 2-13-1、表 2-13-2 所示。

表 2-13-1　电压表量程和所对应的内阻值

电压表量程	2 V	20 V
电压表内阻	1 MΩ	10 MΩ

表 2-13-2　电流表量程及所对应的内阻值

电流表量程	2 mA	20 mA	200 mA
电流表内阻	100 Ω	10 Ω	1 Ω

【实验内容及步骤】

1. 测试二极管伏安特性，并作出伏安特性曲线。

(1) 正向特性测试。二极管在正向导通时，呈现的电阻值较小，拟采用电流表外接测试电路，电路如图 2-13-5 所示。电源电压可在 0~10 V 内调节，变阻器设置为 700 Ω，调节电源电压得到表中所需数据。

(2) 反向特性测试。二极管的反向电阻值很大，采用电流表内接测试电路可以减少测量误差，实验电路如图 2-13-6 所示。变阻器设置为 700 Ω，调节电源电压记录数据(数据点自己选取)。

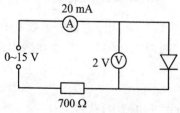 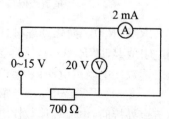

图 2-13-5　二极管正向特性测试电路　　图 2-13-6　二极管反向特性测试电路

2. 测量一线性电阻的伏安特性,并作出伏安特性曲线,用作图法求出其电阻值(本内容为选做)。

【数据记录与处理】

1. 二极管正向特性测试。按表 2-13-3 记录实验数据,求每个电压值所对应的二极管的电阻直算值与电阻修正值,画出二极管正向伏安特性曲线。

表 2-13-3　正向 V-A 曲线测试数据表

I(mA)	0	1	2	3	4	5	6	7
V(V)								
电阻直算值(kΩ)								
电阻修正值(Ω)								

2. 二极管反向特性测试。自己选择合适的数据点记录在表 2-13-4 中,求每个电压值所对应的二极管的电阻直算值,画出二极管反向伏安特性曲线。

表 2-13-4　反向 V-A 曲线测试数据表

V(V)							
I(μA)							
电阻直算值(kΩ)							
电阻修正值(Ω)							

3. 测试一线性电阻的伏安特性,作出其伏安特性曲线并用作图法求其阻值,电路及表格自拟。

【思考题】

1. 二极管反向电阻和正向电阻差异如此大,其物理原理是什么?
2. 考虑到二极管正向特性严重非线性,电阻值变化范围很大,在正向特性表中加一项"电阻修正值"栏,与电阻直算值比较,讨论其误差产生过程。

实验 14　示波器的原理与使用

示波器是一种用途广泛的基本电子测量仪器,用它能观察电信号的波形、幅度和频率等电参数。用双踪示波器还可以测量两个信号之间的时间差,一些性能较好的示波器甚至可以将输入的电信号存储起来以备分析和比较。在实际应用中凡是能转化为电压信号的电学量和非电学量都可以用示波器来观测。

【实验目的】

1. 了解示波器的基本结构和工作原理,掌握使用示波器和信号发生器的基本方法。
2. 学会使用示波器观测电信号波形和电压幅值以及频率。
3. 学会使用示波器观察李萨如图并测频率。

【实验仪器】

双踪示波器,函数信号发生器。

【实验原理】

不论何种型号和规格的示波器都包括了如图 2-14-1 所示的几个基本组成部分:示波管(又称阴极射线管,cathode ray tube,简称 CRT)、垂直放大电路(Y 放大)、水平放大电路(X 放大)、扫描信号发生电路(锯齿波发生器)、自检标准信号发生电路(自检信号)、触发同步电路、电源等。

1. 示波管的基本结构

示波管的基本结构如图 2-14-2 所示。主要由电子枪、偏转系统和荧光屏三部分组成,全都密封在玻璃壳体内,里面抽成高真空。

(1) 电子枪。由灯丝、阴极、控制栅极、第一阳极和第二阳极五部分组成。灯丝通电后加热阴极。阴极是一个表面涂有氧化物的金属圆筒,被加热后发射电子。控制栅极是一个顶端有小孔的圆筒,套在阴极外面。它的电位比阴极低,对阴极发射出来的电子起控制作用,只有初速度较大的电子才能穿过栅极顶端的小孔然后在阳极加速下奔向荧光屏。示波器面板上的"辉度"调整就是通过调节电位以控制射向荧光屏的电子流密度,从而改变了荧光屏上的光斑亮度。阳极电位比阴极电位高很多,电子被它们之间的电场加速形成射线。当控制栅极、第一阳极与第二阳极电位之间电位调节合适时,电子枪内的电场对电子射线有聚焦作用,所以,第一阳极也称聚焦阳极。第二阳极电位更高,又称加速阳极。面板上的"聚焦"调节,就是调第一阳极电位,使荧光屏上的光斑成为明亮、清晰的小圆点。有的示波器还有"辅助聚焦",实际是调节第二阳极电位。

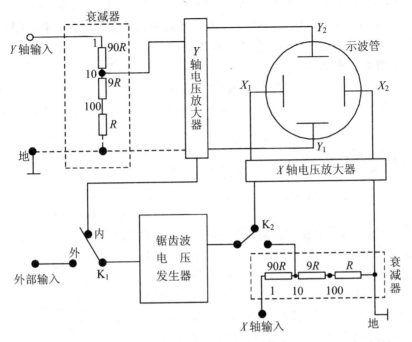

图 2-14-1　示波器基本组成框图

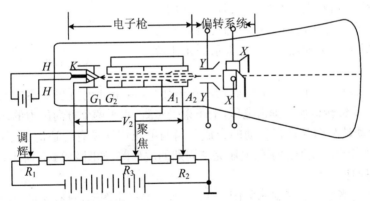

H.灯丝；K.阴极；G_1，G_2.控制栅极；A_1.第一阳极；A_2.第二阳极；
Y.竖直偏转板；X.水平偏转板

图 2-14-2　示波管结构图

(2) 偏转系统。它由两对互相垂直的偏转板组成，一对竖直偏转板，一对水平偏转板。在偏转板上加以适当电压，电子束通过时，其运动方向发生偏转，从而使电子束在荧光屏上产生的光斑位置也发生改变。

(3) 荧光屏。荧光屏上涂有荧光粉，电子打上去它就发光，形成光斑。不同材料的荧光粉发光的颜色不同，发光过程的延续时间(一般称为余辉时间)也不同。荧光屏前有一块透明的、带刻度的坐标板,供测定光点的位置用。在性能较好的示波管中,将刻度线直接刻在荧光屏玻璃内表面上,使之与荧光粉紧紧贴在一起以消除视差,光点位置可测得更准。

2. 波形显示原理

(1) 仅在垂直偏转板(Y偏转板)加一正弦交变电压。如果仅在Y偏转板加一正弦交变电压,则电子束所产生的亮点随电压的变化在y方向来回运动,如果电压频率较高,由于人眼的视觉暂留现象,则看到的是一条竖直亮线,其长度与正弦信号电压的峰-峰值成正比,如图2-14-3所示。

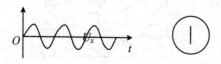

图2-14-3 在垂直偏转板加一正弦交变电压

(2) 仅在水平偏转板加一扫描(锯齿)电压。为了能使y方向所加的随时间t变化的信号电压$U_y(t)$在空间展开,需在水平方向形成一时间轴。这一t轴可通过在水平偏转板加一如图2-14-4所示的锯齿电压$U_x(t)$,由于该电压在0~1时间内电压随时间呈线性关系达到最大值,使电子束在荧光屏上产生的亮点随时间线性水平移动,最后到达荧光屏的最右端。在1~2时间内(最理想情况是该时间为零)$U_x(t)$突然回到起点(即亮点回到荧光屏的最左端)。如此重复变化,若频率足够高的话,则在荧光屏上形成了一条如图2-14-4所示的水平亮线,即t轴。

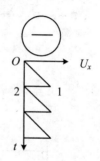

2-14-4 在水平偏转板加一扫描(锯齿)电压

常规显示波形:如果在Y偏转板加一正电压(实际上任何所想观察的波形均可)同时在X偏转板加一锯齿电压,电子束受竖直、水平两个方向的力的作用下,电子的运动是两相互垂直运动的合成。当两电压周期具有合适的关系时,在荧光屏上将能显示出所加正弦电压完整周期的波形图,如图2-14-5所示。

3. 同步原理

(1) 同步的概念。为了显示如图2-14-5所示的稳定图形,只有保证正弦波到I_y点时,锯齿波正好到i点,从而亮点扫完了一个周期的正弦曲线。由于锯齿波这时马上复原,所以亮点又回到A点,再次重复这一过程。光点所画的轨迹和第一周期的完全重合,所以在荧光屏上显示出一个稳定的波形,这就是所谓的同步。

由此可知同步的一般条件为

$$T_x = nT_y \quad (n = 1, 2, 3, \cdots)$$

式中,T_x为锯齿波周期,T_y为正弦周期。若$n=3$,则能在荧光屏上显示出三个完整周期的波形。

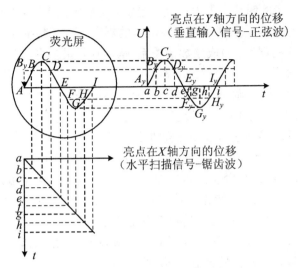

图 2-14-5　波形显示原理图

如果正弦波和锯齿波电压的周期稍微不同,荧光屏上出现的是一个移动着的不稳定图形。这种情形可用图 2-14-6 说明。设锯齿波电压的周期 T_x 比正

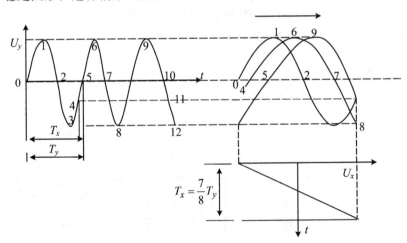

图 2-14-6　移动的不稳定图形

弦波电压周期 T_y 稍小,比方说 $T_x=nT_y$,$n=7/8$。在第一扫描周期内,荧光屏上显示正弦信号 0~4 点之间的曲线段;在第二周期内,显示 4~8 点之间的曲线段,起点在 4 处;第三周期内,显示 8~11 点之间曲线段,起点在 8 处。这样,荧光屏上显示的波形每次都不重叠,好像波形在向右移动。同理,如果 T_x 比 T_y 稍大,则好像在向左移动。以上描述的情况在示波器使用过程中经常会出现。其原因是扫描电压的周期与被测信号的周期不相等或不成整数倍,以致每次扫描开始时波形曲线上的起点均不一样所造成的。

(2) 手动同步的调节。为了获得一定数量的稳定波形，示波器设有"扫描周期""扫描微调"旋钮，用来调节锯齿波电压的周期 T_x（或频率 f_x），使之与被测信号的周期 T_y（或频率 f_y）成整数倍关系，从而在示波器荧光屏上得到所需数目的完整被测波形。

(3) 自动触发同步调节。输入 Y 轴的被测信号与示波器内部的锯齿波电压是相互独立的。由于环境或其他因素的影响，它们的周期（或频率）可能发生微小的改变。这时虽通过调节扫描旋钮使它们之间的周期满足整数倍关系，但过了一会可能又会变，使波形无法稳定下来。这在观察高频信号时就尤其明显。为此，示波器内设有触发同步电路，它从垂直放大电路中取出部分待测信号，输入到扫描发生器，迫使锯齿波与待测信号同步，此称为"内同步"。操作时，首先使示波器水平扫描处于待触发状态，然后使用"电平"（LEVEL）旋钮，改变触发电压大小，当待测信号电压上升到触发电平时，扫描发生器才开始扫描。若同步信号是从仪器外部输入时，则称"外同步"。

4. 李萨如图形的原理

如果示波器的 X 和 Y 输入是频率相同或成简单整数比的两个正弦电压，则荧光屏上将呈现特殊的光点轨迹，这种轨迹图称为李萨如图形。如图 2-14-7 所示的为 $f_y : f_x = 2 : 1$ 的李萨如图形。频率比不同的输入将形成不同的李萨如图形。如图 2-14-8 所示的是频率比成简单整数比值的几组李萨如图形。从

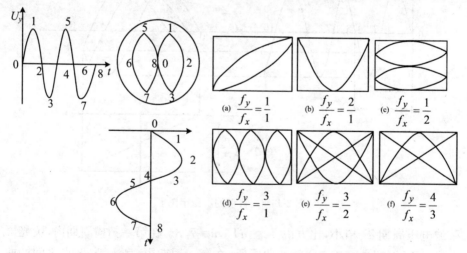

图 2-14-7　$f_y : f_x = 2 : 1$ 的李萨如图形　图 2-14-8　$f_y : f_x = n_x : n_y$ 的几种李萨如图形

中可总结出如下规律：如果作一个限制光点 x、y 方向变化范围的假想方框，则图形与此框相切时，横边上切点数 n_x 与竖边上的切点数 n_y 之比恰好等于 Y 和 X 输入的两正弦信号的频率之比，即 $f_y : f_x = n_x : n_y$。但若出现图 2-14-8(b) 或图 2-14-8(f) 所示的图形，有端点与假想边框相接时，应把一个端点计为 1/2

个切点。所以利用李萨如图形能方便地比较两正弦信号的频率。若已知其中一个信号的频率,数出图上的切点数 n_x 和 n_y,便可算出另一待测信号的频率。

【实验内容与步骤】

1. 观测信号波形并测量信号的振幅和频率
（1）函数信号发生器的调节。
（2）示波器的使用。熟悉仪器面板控制件位置和作用。
2. 观察并绘出李萨如图形
（1）X 轴输入正弦波。从函数信号发生器 A 路输出正弦波,从 CH1(X)输入示波器。
（2）Y 轴输入正弦波。从函数信号发生器 B 路输出正弦波,从 CH2(Y)输入示波器。
（3）按下示波器的 X 和 Y 键,观察并绘出李萨如图形。

【数据与结果】

1. 观察波形及对电压和频率的测量
（1）在坐标纸上将所观察到的正弦波形用曲线板按 1∶1 的比例绘出。
（2）电压和频率测量数据记录于表 2-14-1 中。

表 2-14-1　电压和频率数据表

TFG 2000 DDS 函数信号发生器		示波器观测数据					
电压 $V_{P\text{-}P}$ (V)	频率 f (Hz)	V/div	垂直格数	$V'_{P\text{-}P}$	Time/div	水平格数	f' (Hz)

（3）比较 $V_{P\text{-}P}$ 与 $V'_{P\text{-}P}$;f 和 f' 若把 $V_{P\text{-}P}$ 和 f 作为约定真值,分析示波器在量值测量上的误差。

2. 绘出所观察到的各种频率比的李萨如图形(选做)

若 $f_x=500$ Hz 为约定真值,依次求出 EM1643 信号发生器的输出频率 f_y,并与该信号发生器读数值 f'_y 进行比较,一一求出它们的相对误差,并讨论之。数据记录于表 2-14-2 中。

表 2-14-2　李萨如图形数据表

$n_x : n_y$	1:1	1:2	1:3	2:3
图形				
$f_y = \dfrac{n_x}{n_y} f_x$				
F'_y				
$E = \left\| \dfrac{f_y - f'_y}{f_y} \right\| \times 100\%$				

【注意事项】

1. 辉度不能太强，光点不能长时间静止在荧光屏上的某一点上。

2. 不要频繁开关机，如果暂时不用，把辉度降到最低即可。

3. 电缆与插座的配合方式类似于挂口灯泡与灯座的配合方式，切忌生拉硬拽。同时，电缆另一端的黑色夹子应与待测回路的接地点或公共端连接。

【思考题】

1. 如果被观测的图形不稳定，出现向左移或向右移的原因是什么，该如何使之稳定？

2. 观察李萨如图形时，能否用示波器的"同步"把图形稳定下来，李萨如图形为什么一般都在动，主要原因是什么？

3. 什么是同步，实现同步有几种调整方法，如何操作？

4. 若被测信号幅度太大（在不引起仪器损坏的前提下），则在示波器上看到什么图形？若要完整地显示图形，应如何调节？

实验 15 直流电桥测电阻

测量电阻常用的方法之一是电桥测量法。利用桥式电路制成的电桥是一种用比较法进行测量的仪器,它在平衡条件下将待测电阻与标准电阻进行比较以确定其数值。电桥测量法具有测试灵敏、精确和使用方便等特点,已被广泛地应用于电工技术和非电量电测法中。

电桥分为直流电桥和交流电桥两大类。直流电桥又分为单臂电桥和双臂电桥,单臂电桥又称为惠斯顿电桥(Wheatstone),主要用于精确测量中值电阻;双臂电桥又称为开尔文电桥,适用于测低值电阻。

2.15.1 单臂电桥

【实验目的】

1. 掌握直流电桥测电阻的原理和特点。
2. 学习与掌握电路连接和排除简单故障的技能。
3. 学习一种消除系统误差的方法——交换法。
4. 学会正确使用箱式电桥。

【实验仪器】

电阻箱三只,灵敏电流计,直流稳压电源,滑线变阻器,开关,待测电阻等。

【实验原理】

1. 电桥原理

图 2-15-1 是直流电桥的原理图,R_1、R_2、R_3 是三个可调标准电阻,R_x 是被测电阻,G 是检流计,E 是电源。

电桥平衡时,有

$$R_x = \frac{R_1}{R_2} R_3 = C R_3 \quad (2\text{-}15\text{-}1)$$

式中,$C = R_1/R_2$,称为比例臂的倍率,实验中 C 要取合适的倍率,只要电流计足够灵敏,上式就能相当好地成立,被测电阻值 R_x 可以仅从三个

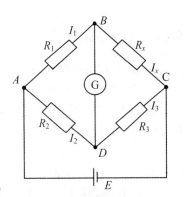

图 2-15-1 电桥原理简图

标准电阻值来求得,而与电源电压无关。这一过程相当于把 R_x 和标准电阻相比较,因而它的测量精度较高。由于在式(2-15-1)中 R_1、R_2 和 R_3 是已知电阻,所以只要提高 R_1、R_2 和 R_3 的准确度,就可以提高待测电阻 R_x 的测量准确度。

2. 电桥灵敏度

电桥灵敏度 S 的定义为

$$S = \frac{\Delta n}{\Delta R_3/R_3} \tag{2-15-2}$$

式中，Δn 是电桥平衡后，R_3 改变 ΔR_3 时检流计偏转格数（或示值）。显然，电桥灵敏度 S 越大，则电阻相对变化项同时偏转的格数越大，对电桥平衡的判断越容易，这也意味着测量的结果越准确，因此提高电桥的灵敏度是提高电桥测量准确度的一个重要方面。

根据计算分析，提高电桥灵敏度的途径主要有以下几点：
(1) 在不超过桥臂电阻额定功率的情况下，可适当提高电源 E 的电压。
(2) 适当选择灵敏度高、内阻低的灵敏电流计，如果灵敏电流计的灵敏度过高，R_3 的不连续性会造成测量上的不方便。

3. 交换法消除系统误差

当电桥灵敏度较高时，待测电阻 R_x 的读数取决于 R_1、R_2 和 R_3 的准确度。当电桥平衡时，满足式(2-15-1)。若保持 R_1 和 R_2 不变，把 R_3 与 R_x 的位置交换，再调节 R_3 使电桥平衡，设电桥再次平衡后 R_3 为 R_3'，则有

$$R_x = \frac{R_2}{R_1} R_3' \tag{2-15-3}$$

联立式(2-15-1)和式(2-15-3)可得

$$R_x = \sqrt{R_3 R_3'} \tag{2-15-4}$$

从式(2-15-4)可知，R_x 只与比较臂 R_3 有关，所以可以用交换法消除由于 R_1 和 R_2 数值不准而带来的系统误差。

【实验内容及步骤】

1. 按原理图接好线路，电源电压 $E=4.5$ V。
2. 连接好线并检查无误之后就可以进行测量。
(1) 测一个几十欧(R_{x_1})的电阻，测量 5 次（平衡之后读取第一次数据，旋转 R_3 破坏平衡，再调 R_3 达到平衡，读取第二次数据；反复 5 次读数就完成了 5 次测量）。
(2) 选择两个合适倍率，测一个几百欧的电阻(R_{x_2})，每个倍率只测 1 次。
(3) 用交换法测一个几千欧的电阻(R_{x_3})，交换前后都只测一次（建议交换 R_3 与 R_x 的位置，倍率选为 1）。

需要注意的是，要让倍率 C 为 10 的整数次幂和测量结果至少有 4 位有效数字的关键是 R_1 和 R_2 的选取；实际上电阻箱的相对误差也要求我们用 ×100 档以上的档，因为 ×100 档以上的相对误差是 1/1 000，而 ×100 档以下的误差大于 1/1 000，越小的档，相对误差越大。

【数据记录与处理】

(1) 数据记录于表 2-15-1 中。

表 2-15-1 数据记录表

	$R_1(\Omega)$	$R_2(\Omega)$	$R_3(\Omega)$		$R_x(\Omega)$
R_{x_1}（几十欧）			1		
			2		
			3		
			4		
			5		
			平均		
R_{x_2}（几百欧）(选不同比率)					平均
R_{x_3}（几千欧）(交换法)					平均

(2) 数据处理（计算不确定度）。

【注意事项】

1. 为了保证测量精度和保护检流计，使用检流计按钮时要采用"跃接法"。跃接法是指实验过程中，需接通检流计时，按下"电计"按钮，观察检流计指针的偏转。如果指针偏转很大（例如超过了表头刻度两端的刻度线），应立即松开按钮断开检流计。待调整电路阻值后，再按下按钮观察检流计指针偏转，只有当指针偏转较小之后才能旋转按钮锁死进行下一步的调整，直到指针指向零。

2. 在做实验时，特别是做自组电桥时，会碰到检流计指针始终不动或始终不平衡的情况。① 如果指针不动，应首先检查电源是否有电压输出；如果有电压输出也不动，就需要检查连接检流计的两根导线或连接电源的两根导线有没有不通的。经这几步后，一般可以找出指针不动的原因；② 如果始终不平衡，应首先看所选择的倍率与 R 的乘积是否在被测电阻的标称值左右，如果已达到这个要求，电桥还是调不平衡，就可以检查连接三个电阻箱与被测电阻的 4 根导线是否有不通的，一般就可找出原因（这是在电阻箱和被测电阻是好的基础上）。

3. 在做自组电桥时，各电阻箱上的示值选取应满足电阻箱额定功率的要求；为了保证测量准确和保护检流计，使用检流计按钮时一定要采用"跃接法"。

4. 在使用电阻箱时,应注意:工作电流(或电压)不能超过电阻箱的额定电流或电压;在使用之前应将各旋钮来回反复转动数次,以克服接触电阻;某些电阻箱有多个输出端接线柱,有些仅供小电阻之用,使用时应注意。

【思考题】

1. 在用自组电桥测电阻时,检流计总是偏向一边或总不偏转,分别说明这两种情况下电路可能在何处发生了故障。
2. 在用直流电桥测电阻时,若比例臂选择不当,对结果有没有影响?
3. 电桥平衡和检流计中有断路时这两种情况下,检流计中的电流都为零,如何区分这两种情况?
4. 用交换测量法能消除比例臂误差的影响,为什么?
5. 自组电桥中"电源对角线"和"测量对角线"能否对调,对结果有没有影响?

2.15.2 双臂电桥测低值电阻

【实验目的】

1. 掌握用双臂电桥测低值电阻的原理。
2. 学会用双臂电桥测低值电阻的方法。
3. 了解测低值电阻时接线电阻和接触电阻的影响及其避免的方法。

【实验仪器】

QJ42型携带式直流双臂电桥,待测电阻棒(铜或铝),米尺,螺旋测微计等。

【实验原理】

用单臂电桥测量电阻时,其所测电阻值一般可以达到4位有效数字,最高阻值可测到10^6 Ω,最低阻值为1 Ω。当被测电阻的阻值低于1 Ω时(称为低值电阻)单臂电桥测量到的电阻的有效数字将减小,另外,其测量误差也显著增大起来,究其原因是因为被测电阻接入测量线路中,连接用的导线本身具有电阻(称为接线电阻),被测电阻与导线的接头处亦有附加电阻(称为接触电阻)。当被测电阻较小时,其接线电阻及接触电阻值都已超过或大大超过被测电阻的阻值,这样就会造成很大误差,甚至完全无法得出测量结果。所以,用单臂电桥来测量低值电阻是不可能精确的,必须在测量线路上采取措施,避免接线电阻和接触电阻对低值电阻测量的影响。

精确测定低值电阻的关键,在于消除接线电阻和接触电阻的影响。下面考察接线电阻和接触电阻是怎样对低值电阻测量结果产生影响的。例如,用安培表和毫伏表按欧姆定律 $R=V/I$ 测量电阻 R，设 R 在 $1\,\Omega$ 以下，按一般接线方法采用如图 2-15-2(a)所示的电路。由图 2-15-2(a)可知，如果把接线电阻和接触电阻考虑在内，并设想把它们用普通导体电阻的符号表示，其等效电路如图 2-15-2(b)所示。

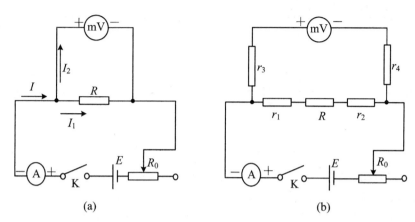

图 2-15-2　伏安法测电阻及等效电路

其中 r_1、r_2 分别是连接安培表及变阻器用的两根导线与被测电阻两端接头处的接触电阻及导线本身的接线电阻，r_3、r_4 是毫伏表和安培表、滑线变阻器接头处的接触电阻和接线电阻。通过安培表的电流 I 在接头处分为 I_1、I_2 两支，I_1 流经安培表和 R 间的接触电阻再流入 R，I_2 流经安培表和毫伏表接头处的接触电阻再流入毫伏表。因此，r_1、r_2 应算作与 R 串联；r_3、r_4 应算作与毫伏表串联。由于 r_1、r_2 的电阻与 R 具有相同的数量级，甚至有的比 R 大几个数量级，故毫伏表指示的电位差不代表 R 两端的电位差。也就是说，如果利用毫伏表和安培表此时所指示的值来计算电阻的话，不会给出准确的结果。

为了解决上述问题，试把连接方式改为如图 2-15-3(a)所示的方式。同样用电流流经路线的分析方法可知，虽然接触电阻 r_1、r_2、r_3 和 r_4 仍然存在，但由于其所处位置不同，构成的等效电路改变为图 2-15-3(b)。由于毫伏表的内阻大于 r_3、r_4、R，故毫伏表和安培表的示数能准确地反映电阻 R 上的电位差和通过的电流。利用欧姆定律可以算出 R 的正确值。

由此可见，测量电阻时，将通电电流的接头（电流接头）a、d 和测量电位差的接头（电压接头）b、c 分开，并且把电压接头放在里面，可以避免接触电阻和接线电阻对测量低值电阻的影响。

这结论用到惠斯顿电桥的情况如果仍用单臂电桥测低值电阻 R_X，则比较臂 R_N 也应是低值电阻，这样才能在支路电流增大时，从而使 R_X 的电位差可以与 R_1 上的电位差相等。设 R_1 和 R_2 都是 $10\,\Omega$ 以上的电阻，则与之有关的接触电阻和接线电阻的影响可以忽略不计。消除影响的只是跟 R_X、R_N 有关的接触电

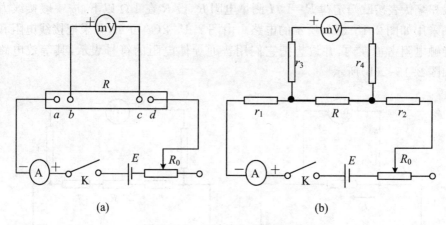

图 2-15-3　四端接法及等效电路

阻和接线电阻。我们可以这样设想，如图 2-15-4 所示。应用上面的结论在 R_X 的 A 点处分别接电流接头 C_1 和电压接头 P_1；在 R_N 的 D 点处分别接电流接头 C_2' 和电压接头 P_2'。则 A 点对 R_X 和 D 点对 R_N 的影响都已消除。

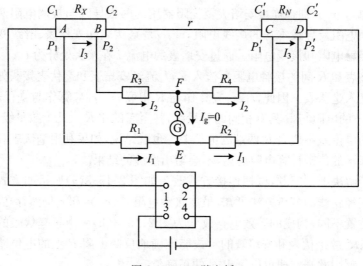

图 2-15-4　双臂电桥

关于 E 点邻近的接线电阻和接触电阻同 R_1、R_2、R_g 相比可以略去不计。但 C_2、C_1' 的接触电阻和其间的接线电阻对 R_X、R_N 的影响还无法消除。为了消除这些电阻的影响，我们把检流计同低值电阻的接头也接成电压接头 P_2、P_1'。为了使 P_2、P_1' 的接触电阻等不受影响，也像 R_1、R_2 支路一样，分别接上电阻 R_3、R_4 譬如 10 Ω，则这两支路的接触电阻等同 R_3、R_4 相比较可略去。这样就在单电桥基础上增加两个电阻 R_3、R_4，从而构成一个双臂电桥。但是 C_2、C_1' 的接触电

阻和 C_2、C'_1 间的接线电阻无处归并,仍有可能影响测量结果。下面我们来证明,在一定条件下,r 的存在并不影响测量结果。

在使用电桥时,调节电阻 R_1、R_2、R_3、R_4 和 R_N 的值,使检流计中没有电流通过($I_g=0$),则 E、F 两点电位相等。于是通过 R_1、R_2 的电流均为 I_1,而通过 R_3、R_4 的电流均为 I_2,通过 R_X、R_N 的电流为 I_3,而通过 r 的电流为 I_3-I_2。

根据欧姆定律可得到以下公式

$$\begin{cases} I_3 R_X + I_2 R_3 = I_1 R_1 \\ I_2 R_4 + I_3 R_N = I_1 R_2 \\ I_2(R_4+R_3) = (I_3-I_2)r \end{cases} \quad (2\text{-}15\text{-}5)$$

把上面三式联解,并消去 I_1、I_2 和 I_3 可得

$$R_X = \frac{R_1}{R_2}R_N + \frac{R_4 r}{R_3+R_4+r}\left(\frac{R_1}{R_2}-\frac{R_3}{R_4}\right) \quad (2\text{-}15\text{-}6)$$

式(2-15-6)就是双臂电桥的平衡条件,可见 r 对测量结果是有影响的。为了使被测电阻 R_X 的值便于计算及消除 r 对测量结果的影响,可以设法使第二项为零。通常把双臂电桥做成一种特殊的结构,使得在调整平衡时 R_1、R_2、R_3 和 R_4 同时改变,而始终保持成比例。

即

$$R_1/R_2 = R_3/R_4 \quad (2\text{-}15\text{-}7)$$

在此情况下,不管 r 多大,第二项总为零。于是平衡条件可简化为

$$R_X = (R_3/R_4)R_N \quad \text{或} \quad R_X/R_N = R_1/R_2 = R_3/R_4 \quad (2\text{-}15\text{-}8)$$

从上面的推导可以看出,双臂电桥的平衡条件和单臂电桥的平衡条件形式上一致,而电阻 r 根本不出现在平衡条件中,因此 r 的大小并不影响测量结果,这是双臂电桥的特点。正因为这样它才可以用来测量低值电阻。

【实验内容与步骤】

1. 将检流计电源接通预热 10 min,按电路图连接电路。
2. 检查电路无误后把检流计打到"调零"档,用调零旋扭把检流计调零。
3. 把待测电阻 R_X 调至待测长度;估计 R_X 的大小,把标准电阻 R_N 调至合适大小;将检流计量程调至 30 mV。
4. 先正向接通换向开关,再接通检流计开关,若检流计指针偏转幅度过大,断开开关,调整 R_N 后再接通检流计开关,直至检流计指针在零附近为止。
5. 调节 R_N,让检流计指针指零,然后将检流计量程逐档减小(在量程减小过程中要调节 R_N,让检流计指针在零刻度附近),当量程为 30 μV 时,记录指针零时 R_N 的示值 $R_{N正}$。然后将换向开关拨至反接,并调节 R_N 使检流计指零,记录此时 R_N 的示值 $R_{N反}$。由

$$R_X = \frac{R_3}{R_4} \cdot \frac{R_{N正} + R_{N反}}{2}$$

即可求出此时待测电阻的阻值。

6. 先断开检流计开关,再断开换向开关,将检流计量程调至 30 mV,改变 R_X 的长度及 R_N 的值,重复步骤 4、5。

7. 测量完毕后将检流计拨至"关机"档并关闭电源,整理仪器。

8. 用螺旋测微计测出待测电阻的直径 d,计算该电阻的电阻率。

【数据记录与处理】

用双臂电桥测量不同长度金属棒电阻值,并求出该金属材料电阻率大小。测量数据记录于表 2-15-2 中。

表 2-15-2 数据记录表

	l	R_X	d	$\bar{d}$	ρ	$\bar{\rho}$
1						
2						
3						
4						
5						

【思考题】

1. 为什么双臂电桥能够大大减小接线电阻和接触电阻对测量结果的影响?

2. 为了减小电阻率 ρ 的测量误差,在 R_X、d 和 l 三个量的测量中,应特别注意哪个物理量的测量,为什么?

3. 如果低电阻的电流接头和电压接头互相接错,会有什么影响?

4. 为什么不能用惠斯顿电桥测低电阻,从惠斯顿电桥改进到双臂电桥主要采用了哪些办法?

实验 16　亥姆霍兹线圈磁场的分布

近年来,在科研和工业中,集成霍尔传感器被广泛应用于磁场测量,该测量灵敏度高、体积小,易于在磁场中移动和定位。亥姆霍兹线圈磁场实验仪(以下简称磁场实验仪)采用恒流源产生恒定的磁场,用集成霍尔传感器测量载流圆线圈和亥姆霍兹线圈轴线上各点的磁感应强度,研究亥姆霍兹线圈的磁场分布。

【实验目的】

1. 了解霍尔效应以及有关霍尔器件对材料要求的知识。
2. 掌握霍尔效应法测量磁场的原理。
3. 掌握亥姆霍兹线圈的磁场分布。
4. 学习用"对称测量法"消除副效应的影响。

【实验仪器】

DH4501B 亥姆霍兹磁场实验仪。

【实验原理】

1. 载流圆线圈与亥姆霍兹线圈的磁场

(1) 载流圆线圈磁场。

一半径为 R,通以电流 I 的圆线圈,轴线上磁场的公式为

$$B = \frac{\mu_0 N_0 I R^2}{2(R^2 + X^2)^{3/2}} \tag{2-16-1}$$

式中,N_0 为圆线圈的匝数,X 为轴上某一点到圆心的距离

$$\mu_0 = 4\pi \times 10^{-7} (\mathrm{H/m})$$

它的分布图如图 2-16-1 所示。

(2) 亥姆霍兹线圈。

亥姆霍兹线圈是一对彼此平行且连通的共轴圆形线圈,两线圈内的电流方向一致,大小相同。线圈之间距离 d 正好等于圆形线圈的半径 R。这种线圈的特点是能在其公共轴线中点附近产生较广的均匀磁场区,故在生产和科研中有较大的实用价值,也常用于弱磁场的计量标准。

设 Z 为亥姆霍兹线圈中轴线上某点离中心点处的距离,则亥姆霍兹线圈轴线上任一点的磁感应强度为

$$B = \frac{1}{2}\mu_0 N I R^2 \left\{ \left[R^2 + \left(\frac{R}{2} + Z \right)^2 \right]^{-3/2} + \left[R^2 + \left(\frac{R}{2} - Z \right)^2 \right]^{-3/2} \right\}$$

$$\tag{2-16-2}$$

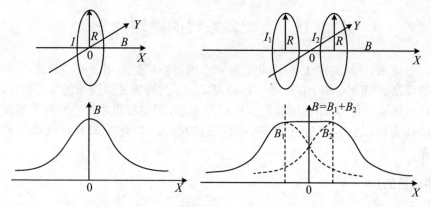

图 2-16-1 单线圈和亥姆赫兹磁场分布图

2. 霍尔效应法测磁场

（1）霍尔效应。将通有电流 I 的导体置于磁场中，则在垂直于电流 I 和磁场 B 方向上将产生一个附加电位差。这一现象是霍尔于 1879 年首先发现，故称霍尔效应。电位差 V_H 称为霍尔电压。

霍尔效应从本质上讲，是运动的带电粒子在磁场中受洛仑兹力的作用而引起的偏转。当带电粒子（电子或空穴）被约束在固体材料中，这种偏转就导致在垂直电流和磁场的方向上产生正负电荷在不同侧的聚积，从而形成附加的横向电场。如图 2-16-2 所示，磁场 B 位于 Z 的正向，与之垂直的半导体薄片上沿 X 正向通以电流 I_s（称为工作电流），假设载流子为电子（N 型半导体材料），它沿着与电流 I_s 相反的 X 负向运动。

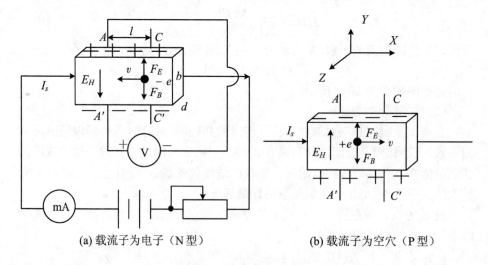

(a) 载流子为电子（N 型）　　　　(b) 载流子为空穴（P 型）

图 2-16-2 霍尔效应示意图

由于洛伦兹力 f_L 作用,电子即向图中虚线箭头所指的位于 Y 轴负方向的 B 侧偏转,并使 B 侧形成电子积累,而相对的 A 侧形成正电荷积累。与此同时运动的电子还受到由于两种积累的异种电荷形成的反向电场力 f_E 的作用。随着电荷积累的增加,f_E 增大,当两力大小相等(方向相反)时,则电子积累便达到动态匹配平衡。这时在 A、B 两端面之间建立的电场称为霍尔电场 E_H,相应的电势差称为霍尔电势 V_H。

设电子按一速度 v,向图示的 X 负方向运动,在磁场 B 作用下,所受洛伦兹力 f_L 为

$$f_L = -evB$$

式中,e 为电子电量,v 为电子平均漂移速度,B 为磁感应强度,电场作用于电子的力为

$$f_E = -e \cdot E_H = -\frac{e \cdot V_H}{l}$$

式中,E_H 为霍尔电场强度,V_H 为霍尔电势,l 为霍尔元件宽度。

当达到动态平衡时

$$f_L = f_E \Rightarrow vB = V_H/l$$

设霍尔元件宽度为 l,厚度为 d,载流子浓度为 n,则霍尔元件的工作电流为

$$I_s = nevld \Rightarrow v = \frac{I_s}{neld}$$

结合上式可得

$$V_H = E_H l = \frac{1}{ne} \cdot \frac{I_s B}{d} = R_H \frac{I_s B}{d} \tag{2-16-3}$$

即霍尔电压 V_H(A、B 间电压)与 I_s、B 的乘积成正比,与霍尔元件的厚度 d 成反比,比例系数

$$R_H = \frac{1}{ne}$$

称为霍尔系数,它反映了材料霍尔效应的强弱。

当霍尔元件的材料和厚度确定时,设

$$K_H = \frac{R_H}{d}$$

则

$$V_H = K_H I_s B \Rightarrow B = \frac{V_H}{K_H I_s} \tag{2-16-4}$$

式中,K_H 称为元件的灵敏度,它表示霍尔元件在单位磁感应强度和单位控制电流下的霍尔电势大小,一般要求愈大愈好。由于金属的电子浓度(n)很高,所以它的 R_H 或 K_H 都不大,因此不适宜做霍尔元件。此外,元件厚度 d 愈薄,K_H 愈高,所以制作时,往往采用减少 d 的办法来增加灵敏度,但不能认为

d 愈薄愈好,因为此时元件的输入和输出电阻将会增加,这对霍尔元件是不希望的。

3. 霍尔电压 V_H 的测量方法

值得注意的是,在产生霍尔效应的同时,因伴随着各种副效应(参见本实验附录),以致实验测得的 A、A' 两极间的电压并不等于真实的霍尔电压 V_H 值,而是包含着各种副效应所引起的附加电压,因此必须设法消除。根据副效应产生的机理可知,采用电流和磁场换向的对称测量法,基本上能把副效应的影响从测量结果中消除。即在规定了电流和磁场正、反方向后,分别测量由下列 4 组不同方向的 I_s 和 B 组合的 $V_{A'A}$(A'、A 两点的电位差),即

$$+B, +I_s \qquad V_{A'A} = V_1$$
$$-B, +I_s \qquad V_{A'A} = V_2$$
$$-B, -I_s \qquad V_{A'A} = V_3$$
$$+B, -I_s \qquad V_{A'A} = V_4$$

然后求 V_1、V_2、V_3 和 V_4 的代数平均值

$$V_H = \left| \frac{V_1 - V_2 + V_3 - V_4}{4} \right| \qquad (2\text{-}16\text{-}5)$$

通过上述的测量方法,虽然还不能消除所有的副效应,但其引入的误差不大,可以略而不计。

【实验内容及步骤】

(1) 准备工作。仪器使用前,先开机预热 10 min。

(2) 连接线路。先将两亥姆赫兹线圈串联起来,按仪器面板提示连接亥姆赫兹线圈、霍尔传感器及电源,注意霍尔片工作电流和亥姆赫兹线圈励磁电流不得接反,防止烧坏霍尔传感器。

(3) 检查线路连接无误后打开电源,将毫伏表调零。再将霍尔片工作电流调到 2 mA,亥姆赫兹线圈励磁电流调至 0.5 A。调节霍尔片 X 轴、Y 轴位置,保证霍尔片位于亥姆赫兹线圈中轴上。

(4) 调节霍尔片位置调节手轮,将霍尔片移到 Z 轴 -80 坐标处,改变工作电流和励磁电流方向,测量霍尔片输出电压

$$V_1, V_2, V_3, V_4, \quad V_H = \frac{V_1 - V_2 + V_3 - V_4}{4}$$

消除副效应影响。

(5) 将霍尔片位置分别调到 $-70, -60, \cdots, 60, 70, 80$ 位置,重复以上步骤,测量各点霍尔电压大小。

(6) 根据测得的霍尔电压求出各点处磁感应强度,作 B-Z 关系曲线。

【数据表格及处理】

测量亥姆霍兹线圈轴向磁场分布,并在坐标纸上作出磁场 B 与轴向位置 Z 的关系曲线,并将中心位置实际测量结果与理论值相比较。霍尔片电压测量数据记录于表 2-16-1 中。

表 2-16-1 霍尔片电压测量数据记录表

Z(mm) \ V(mV)	V_1 $+I_s+B$	V_2 $+I_s-B$	V_3 $-B-I_s$	V_4 $-B+I_s$	$V_H=\dfrac{V_1-V_2+V_3-V_4}{4}$	$B=\dfrac{V_H}{I_s K_H}$
−80						
−70						
−60						
−50						
−40						
−20						
0						
20						
40						
50						
60						
70						
80						

中心点($Z=0$)磁感应强度理论值:

$$B_0 = \frac{1}{2}\mu_0 NIR^2 \left\{\left[R^2+\left(\frac{R}{2}+Z\right)^2\right]^{-3/2} + \left[R^2+\left(\frac{R}{2}-Z\right)^2\right]^{-3/2}\right\} = \underline{\qquad}$$

$$E = \frac{B_0 - B(z=0)}{B_0} \times 100\% = \underline{\qquad}$$

【思考题】

1. 如何确定磁场方向?
2. 测量磁场时如何能够减小误差?
3. 圆电流线圈磁场何处最强?亥姆霍兹线圈轴线中点的磁场与两线圈距离有什么关系?

4. 如果亥姆霍兹线圈的两个线圈中电流反向,磁场分布应如何?

附录:霍尔器件中的副效应及其消除方法

1. 不等势电压 V_0

这是由于测量霍尔电压的电极 A 和 A' 位置难以做到在一个理想的等势面

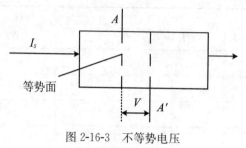

图 2-16-3 不等势电压

上,因此当有电流 I_s 通过时,即使不加磁场也会产生附加的电压 $V_0=I_s r$,其中 r 为 A、A' 所在的两个等势面之间的电阻(如图 2-16-3 所示)。V_0 的符号只与电流 I_s 的方向有关,与磁场 B 的方向无关,因此,V_0 可以通过改变 I_s 的方向予以消除。

2. 温差电效应引起的附加电压 V_E

由于构成电流的载流子速度不同,若速度为 v 的载流子所受的洛仑兹力与霍尔电场力的作用刚好抵消,则速度大于或小于 v 的载流子在电场和磁场作用下,将各自朝对立面偏转,从而在 Y 方向引起温差 $T_A-T_{A'}$,由此产生温差电效应。在 A、A' 电极上引入附加电压 V_E,且 $V_E \propto I_s B$,其符号与 I_s 和 B 的方向关系与 V_H 是相同的,因此不能用改变 I_s 和 B 方向的方法予以消除,但其引入的误差很小,可以忽略。

3. 热磁效应直接引起的附加电压 V_N

因器件两端电流引线的接触电阻不等,通电后在接触点两处将产生不同的焦耳热,导致在 X 方向有温度梯度,引起载流子沿梯度方向扩散而产生热扩散电流。热流 Q 在 Z 方向磁场作用下,类似于霍尔效应在 Y 方向上产生一附加电场 ε_N,相应的电压 $V_N \propto QB$,而 V_N 的符号只与 B 的方向有关,与 I_s 的方向无关。因此可通过改变 B 的方向予以消除。

4. 热磁效应产生的温差引起的附加电压 V_{R_L}

如上所述的 X 方向热扩散电流,因载流子的速度统计分布,在 Z 方向的 B 作用下,和 2 中所述同理将在 Y 方向产生温度梯度 $T_A-T_{A'}$,由此引入的附加电压 $V_{R_L} \propto QB$,V_{R_L} 的符号只与 B 的方向有关,亦能消除之。

综上所述,实验中测得的 A、A' 之间的电压除 V_H 外还包含 V_0,V_N,V_{R_L} 和 V_E 各个电压的代数和,其中 V_0,V_N,V_{R_L} 均可以通过 I_s 和 B 换向对称测量法予以消除。

设定电流 I_s 和磁场 B 的正方向,即:

当 $+I_s$,$+B$ 时,测得 A、A' 之间的电压

$$V_1 = V_H + V_0 + V_N + V_{R_L} + V_E$$

当 $+I_s, -B$ 时,测得 A、A' 之间的电压

$$V_2 = -V_H + V_0 - V_N - V_{R_L} - V_E$$

当 $-I_s, -B$ 时,测得 A、A' 之间的电压

$$V_3 = V_H - V_0 - V_N - V_{R_L} + V_E$$

当 $-I_s, +B$ 时,测得 A、A' 之间的电压

$$V_4 = -V_H - V_0 - V_N + V_{R_L} - V_E$$

求以上 4 组数据 V_1, V_2, V_3, V_4 的代数平均值,可得

$$V_H + V_E = \frac{V_1 - V_2 + V_3 - V_4}{4}$$

由于 V_E 符号与 I_s、B 两者方向关系和 V_H 是相同的,故无法消除,但在电流 I_s 和磁场 B 较小时,$V_H \gg V_E$,因此,V_E 可略去不计,所以霍尔电压为

$$V_H = \frac{V_1 - V_2 + V_3 - V_4}{4}$$

实验 17 RLC 电路特性的研究

电容、电感元件在交流电路中的阻抗是随着电源频率的改变而变化的。将正弦交流电压加到电阻、电容和电感组成的电路中时,各元件上的电压及相位会随着变化,这称作电路的稳态特性。将一个阶跃电压加到 RLC 元件组成的电路中时,电路的状态会由一个平衡态转变到另一个平衡态,各元件上的电压会出现有规律的变化,这称为电路的暂态特性。

【实验目的】

1. 观测 RC 和 RL 串联电路的幅频特性和相频特性。
2. 了解 RLC 串联、并联电路的相频特性和幅频特性。
3. 观察和研究 RLC 电路的串联谐振和并联谐振现象。
4. 观察 RC 和 RL 电路的暂态过程,理解时间常数 τ 的意义。
5. 观察 RLC 串联电路的暂态过程及其阻尼振荡规律。
6. 了解和熟悉半波整流和桥式整流电路以及 RC 低通滤波电路的特性。

【实验仪器】

RLC 实验仪,双踪示波器,函数信号发生器。

【实验原理】

1. RC 串联电路的稳态特性

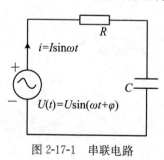

图 2-17-1 串联电路

(1) RC 串联电路的频率特性。在如图 2-17-1 所示电路中,电阻 R、电容 C 的电压有以下关系式

$$I = \frac{U}{\sqrt{R^2 + \left(\frac{1}{\omega C}\right)^2}} \quad (2\text{-}17\text{-}1)$$

$$U_R = IR \quad (2\text{-}17\text{-}2)$$

$$U_C = \frac{1}{\omega C} \quad (2\text{-}17\text{-}3)$$

$$\varphi = -\arctan \frac{1}{\omega CR} \quad (2\text{-}17\text{-}4)$$

式中,ω 为交流电源的角频率,U 为交流电源的电压有效值,φ 为电流和电源电压的相位差,它与角频率 ω 的关系如图 2-17-2 所示,可知当 ω 增加时,I 和 U_R 增加,而 U_C 减小。当 ω 很小时 $\varphi \to -\pi/2$,ω 很大时 $\varphi \to 0$。

(2) RC 低通滤波电路如图 2-17-3 所示，其中 U_i 为输入电压，U_0 为输出电压，则有

$$\frac{U_0}{U_i} = \frac{1}{1+\mathrm{j}\omega RC} \quad (2\text{-}17\text{-}5)$$

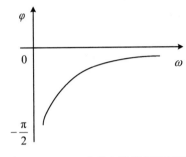

图 2-17-2　RC 串联电路的相频特性

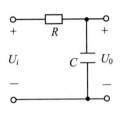

图 2-17-3　RC 低通滤波器

它是一个复数，其模为

$$\left|\frac{U_0}{U_i}\right| = \frac{1}{\sqrt{1+(\omega CR)^2}} \quad (2\text{-}17\text{-}6)$$

设 $\omega_0 = \dfrac{1}{RC}$，则由上式可知

$\omega = 0$ 时

$$\left|\frac{U_0}{U_i}\right| = 1$$

$\omega = \omega_0$ 时

$$\left|\frac{U_0}{U_i}\right| = \frac{1}{\sqrt{2}} = 0.707$$

$\omega \to \infty$ 时

$$\left|\frac{U_0}{U_i}\right| = 0$$

可见，$\left|\dfrac{U_0}{U_i}\right|$ 随 ω 的变化而变化，并当有 $\omega < \omega_0$ 时，$\left|\dfrac{U_0}{U_i}\right| = 1$，变化较小，$\omega > \omega_0$ 时，$\left|\dfrac{U_0}{U_i}\right| = 1$ 明显下降。这就是低通滤波器的工作原理，它使较低频率的信号容易通过，而阻止较高频率的信号通过。

(3) RC 高通滤波电路。RC 高通滤波电路的原理图如图 2-17-4 所示。

根据图 2-17-4 分析可知

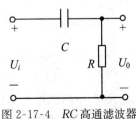

图 2-17-4　RC 高通滤波器

$$\left|\frac{U_0}{U_i}\right| = \frac{1}{\sqrt{1+(\frac{1}{\omega CR})^2}} \qquad (2\text{-}17\text{-}7)$$

同样，令 $\omega_0 = \frac{1}{RC}$，则

$\omega = 0$ 时

$$\left|\frac{U_0}{U_i}\right| = \frac{1}{\sqrt{2}} = 0.707$$

$\omega = \omega_0$ 时

$$\left|\frac{U_0}{U_i}\right| = 0$$

$\omega \to \infty$ 时

$$\left|\frac{U_0}{U_i}\right| = 1$$

可见该电路的特性与低通滤波电路相反，它对低频信号的衰减较大，而高频信号容易通过，衰减很小，通常称作高通滤波电路。

2. RL 串联电路稳态特性

RL 串联电路如图 2-17-5 所示。可见电路中 I、U、U_R、U_L 有以下关系

$$I = \frac{U}{\sqrt{R^2+(\omega L)^2}} \qquad (2\text{-}17\text{-}8)$$

$$U_R = IR, U_L = I\omega L \qquad (2\text{-}17\text{-}9)$$

$$\varphi = \arctan\frac{\omega L}{R} \qquad (2\text{-}17\text{-}10)$$

可见 RL 电路的幅频特性与电路相反，增加时，I、U_R、减小则 U_L 增大。它的相频特性见图 2-17-6。

由图 2-17-6 可知，ω 很小时 $\varphi \to 0$，ω 很大时 $\varphi \to \pi/2$

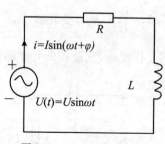

图 2-17-5 RL 串联电路

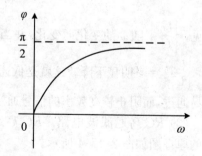

图 2-17-6 RL 串联电路的相频特性

3. RLC 电路的稳态特性

在电路中如果同时存在电感和电容元件，那么在一定条件下会产生某种特

殊状态,能量会在电容和电感元件中产生交换,我们称之为谐振现象。

(1) RLC 串联电路。在如图 2-17-7 所示电路中,电路的总阻抗$|Z|$,电压U、U_R 和电流i 之间有以下关系

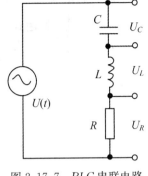

$$|Z| = \sqrt{R^2 + (\omega L - \frac{1}{\omega C})^2} \quad (2\text{-}17\text{-}11)$$

$$\varphi = \arctan \frac{\omega L - \frac{1}{\omega C}}{R} \quad (2\text{-}17\text{-}12)$$

$$i = \frac{U}{\sqrt{R^2 + (\omega L - \frac{1}{\omega C})^2}} \quad (2\text{-}17\text{-}13)$$

图 2-17-7 RLC 串联电路

式中,ω 为角频率,可见以上参数均与 ω 有关,它们与频率的关系称为频响特性,如图 2-17-8 所示。

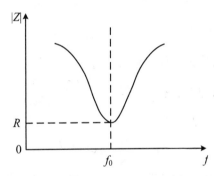

(a) RLC 串联电路的阻抗特性

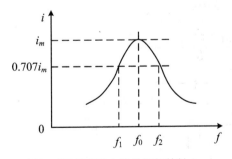

(b) RLC 串联电路的幅频特性

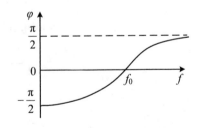

(c) RLC 串联电路的相频特性

图 2-17-8 RLC 串联电路的频响特性

由图 2-17-8(a)可知,在频率 f_0 处阻抗 Z 值最小,且整个电路呈纯电阻性,而电流 i 达到最大值,我们称 f_0 为 RLC 串联电路的谐振频率(ω_0 为谐振角频率)。由图 2-17-8(b)可知,在 $f_1 \sim f_0 \sim f_2$ 的频率范围内 i 值较大,我们把它们

称为通频带。

下面我们推导出 $f_0(\omega_0)$ 和另一个重要的参数品质因数 Q。

当 $\omega L = \dfrac{1}{\omega C}$ 时，由式(2-17-11)、式(2-17-12)和式(2-17-13)可知

$$|Z| = R, \quad \varphi = 0, \quad i_m = \dfrac{U}{R}$$

这时的

$$\omega = \omega_0 = \dfrac{1}{\sqrt{LC}}$$

$$f = f_0 = \dfrac{1}{2\pi\sqrt{LC}}$$

电感上的电压

$$U_L = i_m |Z_L| = \dfrac{\omega_0 L}{R} \cdot U \qquad (2\text{-}17\text{-}14)$$

电容上的电压

$$U_C = i_m |Z_C| = \dfrac{1}{R\omega_0 C} \cdot U \qquad (2\text{-}17\text{-}15)$$

U_C 或 U_L 与 U 的比值称为品质因数 Q

$$Q = \dfrac{U_L}{U} = \dfrac{U_C}{U} = \dfrac{\omega_0 L}{R} = \dfrac{1}{R\omega_0 C}$$

可以证明

$$\Delta f = \dfrac{f_0}{Q}, \quad Q = \dfrac{f_0}{\Delta f}$$

(2) RLC 并联电路。在如图 2-17-9 所示的电路中有

$$|Z| = \sqrt{\dfrac{R^2 + (\omega L)^2}{(1 - \omega^2 LC)^2 + (\omega CR)^2}}$$

$$\varphi = \arctan \dfrac{\omega L - \omega C [R^2 + (\omega L)^2]}{R}$$

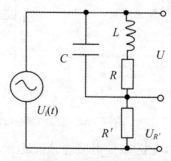

图 2-17-9　RLC 并联电路

可以求得并联谐振角频率

$$\omega_n = 2\pi f_0 = \sqrt{\frac{1}{LC} - \left(\frac{R}{L}\right)^2} \qquad (2\text{-}17\text{-}16)$$

可见,并联谐振频率与串联谐振频率不相等(当 Q 值很大时才近似相等)。

图 2-17-10 给出了 RLC 并联电路的阻抗、相位差和电压随频率的变化关系和 RLC 串联电路相似,品质因数

$$Q = \frac{\omega_0 L}{R} = \frac{1}{R\omega_0 C} \qquad (2\text{-}17\text{-}17)$$

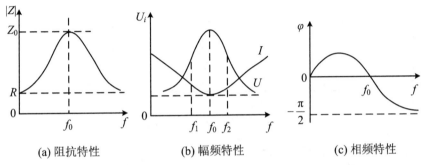

(a) 阻抗特性　　　　(b) 幅频特性　　　　(c) 相频特性

图 2-17-10　RLC 并联电路的阻抗、相位差和电压频率变化关系图

由以上分析可知,RLC 串联、并联电路对交流信号具有选频特性,在谐振频率点附近,有较大的信号输出,其他频率的信号被衰减。这在通信领域,高频电路中得到了非常广泛的应用。

4. RC 串联电路的暂态特性

电压值从一个值跳变到另一个值称为阶跃电压。

在如图 2-17-11 所示的电路中,当开关 K 合向"1"时,设电容 C 中初始电荷为 0,则电源 E 通过电阻 R 对电容 C 充电,充电完成后,把 K 打向"2",对电容 C 进行放电。

充电方程为

$$\frac{dU_C}{dt} + \frac{1}{RC}U_C = \frac{E}{RC} \qquad (2\text{-}17\text{-}18)$$

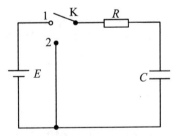

图 2-17-11　RC 串联电路的暂态特性

放电方程为

$$\frac{dU_C}{dt} + \frac{1}{RC}U_C = 0 \qquad (2\text{-}17\text{-}19)$$

可求得充电过程式

$$\begin{cases} U_C = E(1 - e^{-\frac{t}{RC}}) \\ U_R = E \cdot e^{-\frac{t}{RC}} \end{cases}$$

放电过程式

$$\begin{cases} U_C = E \cdot e^{-\frac{t}{RC}} \\ U_R = -E \cdot e^{-\frac{t}{RC}} \end{cases}$$

由上述公式可知，U_C、U_R 和 i 均按指数规律变化。令 $\tau = RC$，τ 称为 RC 电路的时间常数。τ 值越大，U_C 则变化越慢，即电容的充电或放电越慢。图 2-17-12 给出了不同 τ 值时 U_C 的变化情况，其中 $\tau_1 < \tau_2 < \tau_3$。

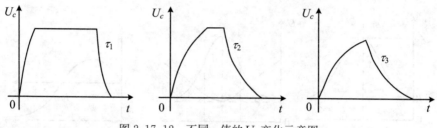

图 2-17-12　不同 τ 值的 U_C 变化示意图

5. RL 串联电路的暂态过程

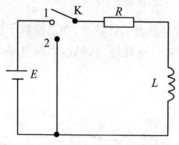

图 2-17-13　RL 串联电路的暂态过程

在如图 2-17-13 所示的 RL 串联电路中，当 K 打向"1"时，电感 L 中的电流不能突变，K 打向"2"时，电流也不能突变为 0，这两个过程中的电流均有相应的变化过程。类似 RC 串联电路，电路的电流、电压方程为：

电流增长过程

$$\begin{cases} U_L = E \cdot e^{-\frac{R}{L}t} \\ U_R = E(1 - e^{-\frac{R}{L}t}) \end{cases} \quad (2\text{-}17\text{-}20)$$

电流消失过程

$$\begin{cases} U_L = -E \cdot e^{-\frac{R}{L}t} \\ U_R = E \cdot e^{-\frac{R}{L}t} \end{cases} \quad (\text{常数}\ \tau = \frac{L}{R}) \quad (2\text{-}17\text{-}21)$$

6. RLC 串联电路的暂态过程

在如图 2-17-14 所示的电路中，先将 K 打向"1"，待稳定后再将 K 打向"2"，这称为 RLC 串联电路的充电、放电过程，其电路方程为

$$LC \frac{d^2 U_C}{dt^2} + RC \frac{dU_C}{dt} + U_C = 0 \quad (2\text{-}17\text{-}22)$$

初始条件为 $t = 0$，$U_C = E$，$\dfrac{dU_C}{dt} = 0$，这样方程的解一般按 R 值的大小可分为以

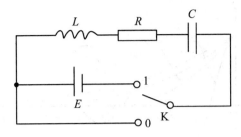

图 2-17-14　RLC 串联电路的暂态过程

下三种情况：

(1) $R < 2\sqrt{L/C}$，欠阻尼

$$U_C = \frac{1}{\sqrt{1 - \frac{C}{4L} \cdot R^2}} \cdot E \cdot e^{-\frac{t}{\tau}} \cdot \cos(\omega t + \varphi)$$

其中

$$\tau = \frac{2L}{R}, \quad \omega = \frac{1}{\sqrt{LC}}\sqrt{1 - \frac{C}{4L} \cdot R^2}$$

(2) $R > 2\sqrt{L/C}$ 时，过阻尼

$$U_C = \frac{1}{\sqrt{\frac{C}{4L} \cdot R^2 - 1}} \cdot E \cdot e^{-\frac{t}{\tau}} \cdot \text{sh}(\omega t + \varphi) \tag{2-17-23}$$

其中

$$\tau = \frac{2L}{R}, \quad \omega = \frac{1}{\sqrt{LC}}\sqrt{\frac{C}{4L} \cdot R^2 - 1}$$

(3) $R = 2\sqrt{L/C}$ 时，临界阻尼

$$U_C = (1 + \frac{t}{\tau})E \cdot e^{-\frac{t}{\tau}}$$

图 2-17-15 为上述三种情况下的 U_C 变化曲线，其中 1 为欠阻尼，2 为过阻尼，3 为临界阻尼。

如果当

$$R \ll 2\sqrt{L/C}$$

时，则曲线 1 的振幅衰减很慢，能量的损耗较小。能够在 L 与 C 之间不断交换，可近似为 LC 电路的自由振荡，这时

$$\omega \approx \frac{1}{\sqrt{LC}} = \omega_0$$

式中，ω_0 为 $R=0$ 时 LC 回路的固有频率。对于充电过程，与放电过程相类似，只是初始条件和最后平衡的位置不同。

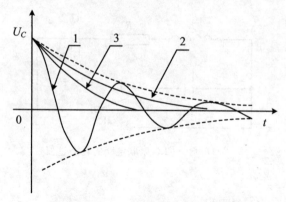

图 2-17-15 放电时的 U_C 曲线示意图

图 2-17-16 给出了充电时不同阻尼的 U_C 变化曲线图。

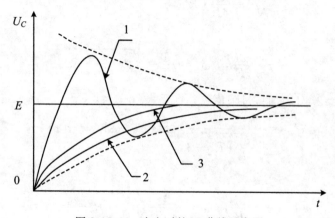

图 2-17-16 充电时的 U_C 曲线示意图

【实验内容与步骤】

对 RC、RL、RLC 电路的稳态特性的观测采用正弦波。对 RLC 电路的暂态特性观测可采用直流电源和方波信号,用方波作为测试信号可用普通示波器方便地进行观测;以直流信号做实验时,需要用数字存储式示波器才能得到较好的观测。

RLC 电路实验仪的使用及性能和示波器的使用参照厂家的说明书或实验老师的指导。

注意:仪器采用开放式设计,使用时要正确接线,不要短路功率信号源,以防损坏。

1. RC 串联电路的稳态特性

（1）RC 串联电路的幅频特性。选择正弦波信号,保持其输出幅度不变,分别用示波器测量不同频率时的 U_R、U_C,可取 $C=0.1\ \mu\text{F}$,$R=1\ \text{k}\Omega$,也可根据实际情况自选 R 参数。

用双通道示波器观测时可用一个通道监测信号源电压,另一个通道分别测 U_R、U_C,但需注意两通道的接地点应位于线路的同一点,否则会引起部分电路短路。

(2) RC 串联电路的相频特性。将信号源电压 U 和 U_R 分别接至示波器的两个通道,可取 $C=0.1\ \mu\text{F}$,$R=1\ \text{k}\Omega$(也可自选)。从低到高调节信号源频率,观察示波器上两个波形的相位变化情况,可先用李萨如图形法观测,并记录不同频率时的相位差。

2. RL 串联电路的稳态特性

测量 RL 串联电路的幅频特性和相频特性与 RC 串联电路时方法类似,可选 $L=10\ \text{mH}$,$R=1\ \text{k}\Omega$,也可自行确定。

3. RLC 串联电路的稳态特性

自选合适的 L 值、C 值和 R 值,用示波器的两个通道测信号源电压 U 和电阻电压 U_R,必须注意两通道的公共线是相通的,接入电路中应在同一点上,否则会造成短路。

(1) 幅频特性。保持信号源电压 U 不变(可取 $U_{PP}=5\ \text{V}$),根据所选的 L、C 值,估算谐振频率,以选择合适的正弦波频率范围。从低到高调节频率,当 U_R 的电压为最大时的频率即为谐振频率,记录下不同频率时的 U_R 大小。

(2) 相频特性。用示波器的双通道观测 U 的相位差,U_R 的相位与电路中电流的相位相同,观测在不同频率上的相位变化,记录下某一频率时的相位差值。

4. RLC 并联电路的稳态特性

按如图 2-17-9 所示进行连线,注意此时 R 为电感的内阻,随不同的电感取值而不同,它的值可在相应的电感值下用直流电阻表测量,选取 $L=10\ \text{mH}$,$C=0.1\ \mu\text{F}$,$R'=10\ \text{k}\Omega$。也可自行设计选定。注意 R' 的取值不能过小,否则会由于电路中的总电流变化大而影响 U_R' 的大小。

(1) LC 并联电路的幅频特性。保持信号源的 U 值幅度不变(可取 U_{PP} 为 2~5 V),测量 U 和 U_R' 的变化情况。注意示波器的公共端接线,不应造成电路短路。

(2) RLC 并联电路的相频特性。用示波器的两个通道,测 U 与 U_R' 的相位变化情况。自行确定电路参数。

5. RC 串联电路的暂态特性

如果选择信号源为直流电压,观察单次充电过程要用存储式示波器。我们选择方波作为信号源进行实验,以便用普通示波器进行观测。由于采用了功率信号输出,故应防止短路。

(1) 选择合适的 R 和 C 值,根据时间常数 τ,选择合适的方波频率,一般要求方波的周期 $T>10\tau$,这样能较完整地反映暂态过程,并且选用合适的示波器扫描速度,以完整地显示暂态过程。

(2) 改变 R 值或 C 值,观测 U_R 或 U_C 的变化规律,记录下不同 RC 值时的波形情况,并分别测量时间常数 τ。

(3) 改变方波频率,观察波形的变化情况,分析相同的 τ 值在不同频率时的波形变化情况。

6. RL 电路的暂态过程

选取合适的 L 与 R 值,注意 R 的取值不能过小,因为 L 存在内阻。如果波形有失真、自激现象,则应重新调整 L 值与 R 值进行实验,方法与 RC 串联电路的暂态特性实验类似。

7. RLC 串联电路的暂态特性

(1) 先选择合适的 L、C 值,根据选定参数,调节 R 值大小。观察三种阻尼振荡的波形。如果欠阻尼时振荡的周期数较少,则应重新调整 L、C 值。

(2) 用示波器测量欠阻尼时的振荡周期 T 和时间常数 τ。τ 值反映了振荡幅度的衰减速度,从最大幅度衰减到 0.368 倍的最大幅度处的时间即为 τ 值。

【实验数据及处理】

(1) 根据测量结果作 RC 串联电路的幅频特性和相频特性图。

(2) 根据测量结果作 RL 串联电路的幅频特性和相频特性图。

(3) 分析 RC 低通滤波电路和 RC 高通滤波电路的频率特性。

(4) 根据测量结果作出 RLC 串联电路、RLC 并联电路的幅频特性和相频特性。并计算电路的 Q 值。

(5) 根据不同的 R 值、C 值和 L 值,分别作出 RC 电路和 RL 电路的暂态响应曲线,并分析有何区别。

(6) 根据不同的 R 值作出 RLC 串联电路的暂态响应曲线,分析 R 值大小对充放电的影响。

(7) 根据示波器的波形作出半波整流和桥式整流的输出电压波形,并讨论滤波电容数值大小的影响。

【注意事项】

(1) 应用各种仪器前,仔细查阅有关说明书和使用方法。

(2) 各电路元件测量时,接地点应与仪器的接地点一致。

【思考题】

1. 在 RC 暂态过程中,固定方波的频率,而改变电阻的阻值,为什么会有不同的波形？而改变方波的频率，会得到类似的波形吗？

2. 在 RLC 暂态过程中，若方波的频率很高或很低，能观察到阻尼振荡的波形吗？如何由阻尼振荡的波形来测量 RLC 电路的时间常数？

3. 在 RC、RL 电路中，当 C 或 L 的损耗电阻不能忽略不计时，能否用本实验测量电路中的时间常数？

4. 把一个幅值为 U_i，角频率 $\omega=1/RC$ 的正弦交流电加在 RC 串联电路的输入端，如果 $R=1\ \text{k}\Omega, C=0.5\ \mu\text{F}$，试计算 U_R、U_C、$|U_C/U_i|$ 及 U_C，并用矢量图表示。

5. 根据 RLC 串联谐振的特点，在实验中如何判断电路达到了谐振？

6. 串联谐振时，电路和电感上的瞬时电压的相位关系如何，若将电容和电感接到示波器的 X 和 Y 轴上，将看到什么现象？为什么？

实验18 声速测量

声波是一种在弹性媒质中传播的纵波。对超声波（频率超过 2×10^4 Hz 的声波）传播速度的测量在超声波测距、测量气体温度瞬间变化等方面具有重大意义。超声波在媒质中的传播速度与媒质的特性及状态因素有关。因而通过媒质中声速的测定，可以了解媒质的特性或状态变化。例如，测量氯气（气体）、蔗糖（溶液）的浓度，氯丁橡胶乳液的密度以及输油管中不同油品的分界面等，这些问题都可以通过测定这些物质中的声速来解决。可见，声速测定在工业生产上具有一定的实用意义。同时，通过液体中声速的测量，了解水下声呐技术应用的基本概念。

【实验目的】

1. 用共振干涉法和相位比较法测量声速。
2. 了解压电陶瓷换能器的功能。
3. 进一步熟悉示波器的使用。
4. 通过用时差法对多种介质的测量，了解声呐技术的原理及其重要的实用意义。

【实验仪器】

声速测量仪，双踪示波器。

【实验原理】

由波动理论得知，声波的传播速度 v 与声波频率 f 和波长 λ 之间的关系为 $v = f\lambda$。所以只要测出声波的频率和波长，就可以求出声速。其中声波频率可由产生声波的电信号发生器的振荡频率读出，波长则可用共振法和相位比较法进行测量。时差法可通过测量某一定间隔距离声音传播的时间来测量声波的传播速度。

1. 压电陶瓷换能器

本实验采用压电陶瓷换能器来实现声压和电压之间的转换。它主要由压电陶瓷环片、轻金属铝（做成喇叭形状，增加辐射面积）和重金属（如铁）组成。压电陶瓷片由多晶体结构的压电材料锆钛酸铅制成。在压电陶瓷片的两个底面加上正弦交变电压，它就会按正弦规律发生纵向伸缩，从而发出超声波。同样压电陶瓷可以在声压的作用下把声波信号转化为电信号。压电陶瓷换能器在声-电转化过程中信号频率保持不变。

如图 2-18-1 所示，S_1 作为声波发射器，它把电信号转化为声波信号向空间发射。S_2是信号接收器，它把接收到的声波信号转化为电信号供观察。其中，S_1是固定的，而S_2可以左右移动。

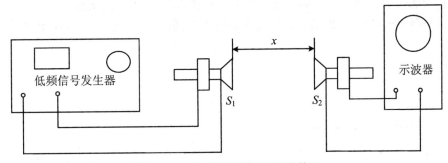

图 2-18-1　共振法测量声速实验装置

2. 共振法测量波长 λ

由声源S_1发出的声波(频率为f)，经介质(空气)传播到S_2，S_2在接收声波信号的同时反射部分声波信号。如果接收面(S_2)与发射面(S_1)严格平行，入射波即在接收面上垂直反射，入射波与反射波相干涉形成驻波。反射面处是位移的波节，声压的波腹。改变接收器与发射源之间的距离x，在一系列特定的距离上，空气中出现稳定的驻波共振现象。此时x等于半波长的整数倍，驻波的幅度达到极大；同时，在接收面上的声压波腹也相应地达到极大值。通过压电转换，产生的电信号的电压值也最大(示波器显示波形的幅值最大)。因此，若保持频率不变，通过测量相邻两次接收信号达到极大值时接收面之间的距离Δx，即可得到该波的波长$\lambda(\lambda=2\Delta x)$，并用$v \approx f \cdot \lambda$计算出声速。

3. 相位比较法测量波长 λ

声源S_1发出声波后，在其周围形成声场，声场在介质中任意一点的振动相位是随时间而变化的，但它和声源振动的位相差$\Delta\varphi$不随时间变化。

设声源方程为

$$y = y_0 \cos \omega t \tag{2-18-1}$$

距声源x处S_2接收到的振动方程为

$$y' = y'_0 \cos \omega (t - \frac{x}{v}) \tag{2-18-2}$$

两处振动的位相差为

$$\Delta\varphi = \omega \frac{x}{v} \tag{2-18-3}$$

若把两处振动分别输入到示波器X轴和Y轴(如图 2-18-2 所示)，那么当$x=n\lambda$，即$\Delta\varphi=2n\pi$时，合振动为一斜率为正的直线。当

$$x = (2n+1)\frac{\lambda}{2}$$

即
$$\Delta\varphi = (2n+1)\pi$$
时,合振动为一斜率为负的直线。当 x 为其他值时,合振动为椭圆。

移动 S_2,当其合振动为直线的图形斜率正、负更替变化一次,S_2 移动的距离
$$\Delta x = (2n+1)\frac{\lambda}{2} - n\lambda = \frac{\lambda}{2} \qquad (2\text{-}18\text{-}4)$$
则
$$\lambda = 2\Delta x$$

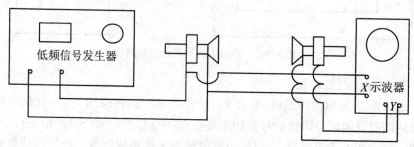

图 2-18-2 相位比较法测量波长实验装置

4. 时差法测量原理

以上两种方法测声速都是用示波器观察波谷和波峰,或观察两个波间的相位差,原理是正确的,但读数位置不易确定。较精确测量声速是用声波时差法。时差法在工程中得到了广泛的应用,它是将经脉冲调制的电信号加到发射换能器上,声波在介质中传播,经过 t 时间后,到达 L 距离处的接收换能器,声波在介质中传播的速度和波形如图 2-18-3 所示。

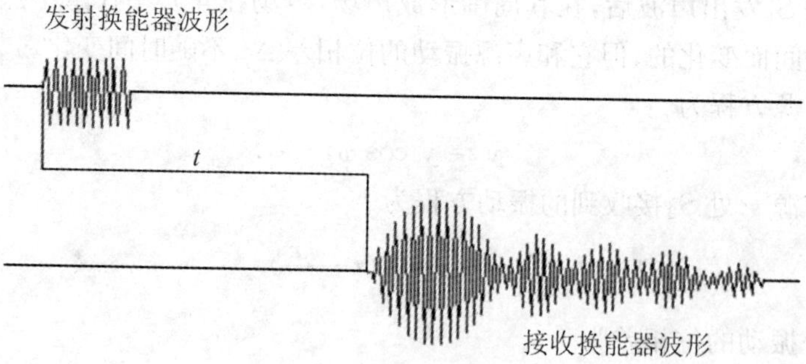

图 2-18-3 时差法测量原理

【实验内容】

1. 准备与声速测量系统的连接

(1) 示波器 POWER 开关置 ON,调节亮度(INTENSITY)和聚焦(FOCUS),使波形清晰。

(2) 触发源(TRIG. SOURCE)开关置 INT,触发方式(TRIG. MODE)开关置 AUTO,触发电平(TRIG. LEVEL)右旋至锁定(LOCK)状态。

(3) 声速测量时,专用信号源、测试仪、示波器之间的连接方法如图 2-18-4 所示。

2. 谐振频率的调节

(1) 将测试方法设置到连续方式,按如图 2-18-4(a)所示连好线。按下 CH_1 开关,调节示波器,能清楚地观察到同步的正弦波信号。

(2) 调节专用信号源上的"发射强度"旋钮,使其输出电压在 20 V_{P-P} 左右,然后将换能器测试仪接线盒上的接收端接至示波器,将两声能转换探头靠近,按下 CH_2 开关,调整信号频率,观察接收波的电压幅度变化,在某一频率点处($34.5 \sim 39.5$ kHz 之间,因不同的换能器或介质而异)电压幅度最大,此频率即是压电换能器 S_1、S_2 相匹配的频率点。

(3) 改变 S_1、S_2 的距离,使示波器的正弦波振幅最大,再次调节正弦信号频率,直至示波器显示的正弦波振幅达到最大值。记录此频率 f。

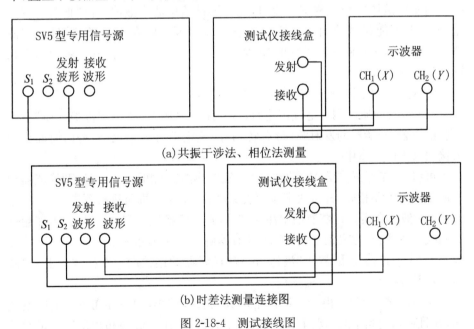

(a) 共振干涉法、相位法测量

(b) 时差法测量连接图

图 2-18-4 测试接线图

3. 共振干涉法测声速

(1) 将 S_2 移动接近 S_1 处(注意不要接触),再缓缓地移动 S_2,当示波器上出现振幅信号时,记下位置 x_0。

(2) 由近而远改变接收器 S_2 的位置,可观察到正弦波形发生周期性的变化,逐个记下振幅最大的 $x_1,x_2,\cdots,x_9$ 共 9 个点。

4. 相位比较法测声速

(1) 在共振干涉法实验的基础上,将示波器的 X 和 Y 控制键按下,即可观察到椭圆。

(2) 使 S_2 稍靠拢 S_1,然后再慢慢地移离 S_2,当示波器屏上出现斜率为正的直线时,记下 S_2 的位置 x'_0。

(3) 移动 S_2,依次记下示波器上斜率负、正变化的直线出现时 S_2 的对应位置 $x'_1,x'_2,\cdots,x'_9$。

(4) 记下实验室温度 t_0。

5. 时差法测量声速

将测试方法设置到脉冲波方式,按如图 2-18-4(b)所示连好线。将 S_1 和 S_2 之间的距离调到一定距离($\geqslant$50 mm),再调节接收增益,使示波器上显示的接收波信号幅度在 400 mV 左右(峰-峰值),以使计时器工作在最佳状态。然后记录此时的距离值和显示的时间值 L_i、t_i(时间由声速测试仪信号源时间显示窗口直接读出)。移动 S_2,同时调节接收增益,使接收波信号幅度始终保持一致。每隔 10.00 mm 记录下显示的时间值 L_1、t_i 共 9 个点。

当使用液体为介质测试声速时,先在测试槽中注入液体,直到把换能器完全浸没,但不能超过液面线。然后将信号源面板上的介质选择键切换至"液体",并将连线接至插入接线盒的"液体"接线孔中,即可进行测试,步骤与上相同。记下介质温度 t。

6. 对三种不同介质测量声速时的注意要点

(1) 空气介质。测量空气声速时,将专用信号源上的"声速传播介质"置于"空气"位置,换能器的发射源(带有转轴)用紧定螺钉固定,然后将话筒插头插入接线盒中的插座中。

可将 S_2(接收换能器)转动到与 S_1(发射换能器)相隔 1 mm 处(两换能器喇叭形平面),不要相碰,开启数字显示表头电源,并置 0,即可进行测量。

(2) 液体介质。在储液槽中注入液体,直至将换能器完全浸没,但不能超过液面线。注意:在注入液体时,不能将液体淋在数字显示表头上。将专用信号源上的"声速传播介质"置于"液体"位置,换能器的连接端应在接线盒上的"液体"专用插座上。

测量液体声速时,由于在液体中声波的衰减较小,因而存在较大的回波叠加,并且在相同频率的情况下,其波长 λ 要大得多,用驻波法和相位法测量时可能会有较大的误差,所以建议采用时差法测量。

(3) 固体介质。测量非金属(有机玻璃棒)、金属(黄铜棒)固体介质时,将专用信号源上的"测试方法"置于"脉冲波"位置,"声速传播介质"按测试材质的不同,置于"非金属"或"金属"位置。将待测的测试棒的一端面小螺柱旋入接收换能器螺孔内,再将另一端面的小螺柱旋入能旋转的发射换能器上,使固体棒的两端面与两换能器的平面可靠、紧密接触,(旋紧时,应用力均匀,不要用力过猛,以免损坏螺纹及储液槽),然后把发射换能器尾部的连接插头插入接线盒的插座中,即可开始测量,其时间由专用信号源窗口读出,距离即为待测棒的长度,可用游标卡尺测量(厂方提供相同介质但长度不同的几根待测棒),多次测量,然后用逐差法处理数据。测量过程中,调换测试棒时,应先拔出发射换能器尾部的连接插头,然后旋出发射换能器的一端,再旋出接收换能器的一端。

【实验数据处理】

(1) 自拟表格,记录所有的实验数据。表格的设计要便于用逐差法求相应位置的差值和计算 λ 和 λ'。

(2) 算出共振干涉法和相位比较法测得的波长平均值 $\bar{\lambda}$ 和 $\bar{\lambda}'$,以及标准偏差 S_λ 和 $S_{\lambda'}$。经计算可得波长的测量结果 $\lambda = \bar{\lambda} \pm \Delta \lambda, \lambda' = \bar{\lambda}' \pm \Delta \lambda'$。

(3) 计算按前两种方法测量的 V 和 V',以及 ΔV 和 $\Delta V'$,并写出实验结果 $V \pm \Delta V$ 和 $V' \pm \Delta V'$。

(4) 按理论值公式(空气中):$V_S = V_0 \sqrt{\dfrac{T}{T_0}}$ 计算出理论值 V_S,(式中 $V_0 = 331.45$ m/s,为 $T_0 = 273.15$ K 时的声速,$T = t + 273.15$ K)。并将 V 和 V' 与 V_S 比较,用百分误差表示,并分析产生误差的原因。

(5) 计算时差法测量声速的误差 V,并将 V 与 V_S 比较,用百分误差表示。

【注意事项】

1. 换能器发射端与接收端间距一般要在 5 cm 以上测量数据,距离近时可把信号源面板上的发射强度减小,随着距离的增大可适当增大。

2. 示波器上图形失真时可适当减小发射强度。

3. 测试最佳工作频率时,应把接收端放在不同位置处测量 5 次,取平均值。

【思考题】

(1) 声速测量中的共振干涉法和位相比较法有何异同?

(2) 本实验为什么要在谐振频率条件下进行声速测量,如何调节和判断测量系统是否处于谐振状态?

(3) 两列波在空间相遇时产生驻波的条件是什么,如果发射面 S_1 和接收面 S_2 不平行,结果会怎样?

(4) 相位比较法中作一个周期变化和共振干涉法中作一个周期变化,S_2 移动距离是否相同?

(5) 相位比较法为什么选直线图形作为测量基准,从斜率为正的直线变到斜率为负的直线过程中相位改变了多少？

（6）在相应比较法中，调节哪些旋钮可改变直线的斜率？调节哪些旋钮可改变李萨如图形的形状？

（7）用逐差法处理数据的优点是什么？还有没有别的合适的方法可以处理数据并且计算 λ 的确定值？

实验 19 用非线性电路研究混沌现象

现代科学技术研究发现,非线性是真实世界的普遍特性,非线性问题大量出现在自然科学、社会科学和工程科学中,并起着重要的作用。混沌的研究是 20 世纪物理学的重大事件,自从美国麻省理工学院的 Lorenz 教授在 1963 年进行了开创性研究以来,已有更多的学者深入探索,逐步揭示了混沌运动的基本特征,即确定性中包含的非周期性和不可预测性,对初值的敏感性等。该学科涉及非常广泛的科学范围,从电子学到物理学,从气象学到生态学,从数学到经济学等。本实验将引导学生自己建立一个非线性电路,对非线性电路及混沌现象有一个深刻了解。

【实验目的】

1. 对非线性电路进行调试,在双踪示波器上观察和记录倍周期分岔及混沌、单吸引子、双吸引子等现象。
2. 对所观察的奇怪吸引子的各种图像进行探讨和说明。
3. 测量电路中有源非线性电阻的伏安特性。

【实验仪器】

非线性电路混沌实验仪,双踪示波器。

【实验原理】

1. 非线性电路与非线性动力学

实验电路如图 2-19-1 所示,图中只有一个非线性元件 R,它是一个有源非线性负阻器件。电感器 L 和电容器 C_2 组成一个损耗可以忽略的谐振回路;可变电阻 R_0 和电容器 C_1 串联将振荡器产生的正弦信号移相输出。本实验所用的非线性元件 R 是一个五段分段线性元件。图 2-19-2 所示的是该电阻的伏安特

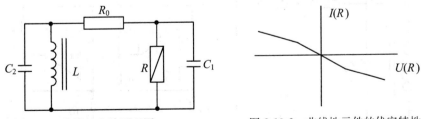

图 2-19-1 非线性电路原理图   图 2-19-2 非线性元件的伏安特性

性曲线,可以看出加在此非线性元件上电压与通过它的电流极性是相反的。由于加在此元件上的电压增加时,通过它的电流却减小,因而将此元件称为非线

性负阻元件。

图 2-19-1 电路的非线性动力学方程为

$$\begin{cases} C_1 \dfrac{dU_{C_1}}{dt} = G(U_{C_2} - U_{C_1}) - gU_{C_1} \\ C_2 \dfrac{dU_{C_2}}{dt} = G(U_{C_1} - U_{C_2}) + i_L \\ L \dfrac{di_L}{dt} = -U_{C_2} \end{cases} \quad (2\text{-}19\text{-}1)$$

式中,U_{C_1}、U_{C_2} 是 C_1、C_2 上的电压,i_L 是电感 L 上的电流,$G=1/R_0$ 是电导,g 为 U 的函数。如果 R 是线性的,g 是常数,电路就是一般的振荡电路,得到的解是正弦函数,电阻 R_0 的作用是调节 C_1 和 C_2 的位相差,把 C_1 和 C_2 两端的电压分别输入到示波器的 X,Y 轴,则显示的图形是椭圆。

电路中的 R 是非线性元件,它的伏安特性如图 2-19-2 所示,是一个分端线性的电阻,整体呈现出非线性。gU_{C_1} 是一个分段线性函数。由于 g 总体是非线性函数,三元非线性方程组(2-19-1)没有解析解。若用计算机编程进行数据计算,当取适当电路参数时,可在显示屏上观察到模拟实验的混沌现象。

除了计算机数学模拟方法之外,更直接的方法是用示波器来观察混沌现象,实验电路如图 2-19-3 所示,非线性电阻是电路的关键,它是通过一个双运算放大器和六个电阻组合来实现的。电路中,LC 并联构成振荡电路,R_0 的作用是分相,使 J_1 和 J_2 两处输入示波器的信号产生位相差,可得到 X、Y 两个信号的合成图形,双运算放大器 LF353 的前级和后级正、负反馈同时存在,正反馈的强弱与比值 R_3/R_0,R_6/R_0 有关,负反馈的强弱与比值 R_2/R_1,R_5/R_4 有关。当正反馈大于负反馈时,振荡电路才能维持振荡。若调节 R_0,正反馈就发生变化,LF353 处于振荡状态,表现出非线性。从 C,D 两点看,LF353 与六个电阻等效一个非线性电阻,它的伏安特性大致如图 2-19-4 所示。

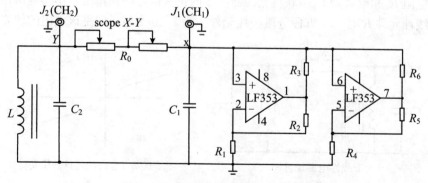

图 2-19-3 非线性电路混沌实验电路

2. 有源非线性负阻元件的实现

有源非线性负阻元件实现的方法有多种,这里使用的是一种较简单的电路,采用两个运算放大器(一个双运放 LF353)和六个配制电阻来实现,其电路如图 2-19-5 所示,它的伏安特性曲线如图 2-19-4 所示,实验所要研究的是该非线性元件对整个电路的影响,而非线性负阻元件的作用是使振动周期产生分岔和混沌等一系列非线性现象。

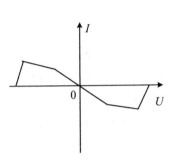

图 2-19-4 双运放非线性元件的伏安特性 　　图 2-19-5 有源非线性器件

【实验内容及步骤】

2.19.1 必做部分

1. 测量有源非线性电阻的伏安特性并画出伏安特性图

(1) 由于非线性电阻是含源的,测量时不用电源,用电阻箱调节,伏安表并联在非线性电阻两端,再和电阻箱串联在一起构成回路,连接电路如图 2-19-6 所示。

(2) 尽量多测数据点。

2. 倍周期现象、周期性窗口、单吸引子和双吸引子的观察、记录和描述

将电容 C_1 和 C_2 上的电压输入到示波器的 X、Y 轴,先把 R_0 调到最小,在示波器上可以观察到一条直线,调节 R_0,将直线变成椭圆,到达某一位置时,图形缩成了一点。增大示波器的倍率,反向微调 R_0,可见曲线作倍周期变化,曲线由一周期增为二周期,由二周期增为四周期直至一系列难以计数的无首尾的环状曲线,这是一个单涡旋吸引子集,再细微调节 R_0,单吸引子突然变成了双吸引子,只见环状曲线在两个向外涡旋的吸引子之间不断填充与跳跃,这就是混沌研究文献中所描述的"蝴蝶"图像,也是一种奇怪吸引子,它的特点是整体上的稳定性和局域上的不稳定性同时存在。利用这个电路,还可以观察到周期性窗口,仔细调节 R_0,有时原先的混沌吸引子不是倍周期变化,却突然出现了一个三周期图像,再微调 R_0,又出现混沌吸引子,这一现象称为周期性窗口。混沌现象的另一个特征是对于初值的敏感性。观察并记录不同倍周期时 U_{C_1}-t 图和 R_0 的值。

2.19.2 选做部分

测量一个铁氧体电感器的电感量,观测倍周期分岔和混沌现象。

1. 按如图 2-19-7 所示电路接线

其中电感器 L 由实验者用漆包铜线手工缠绕。可在线框上绕 75~85 圈,然后装上铁氧体磁芯,并把引出漆包线端点上的绝缘漆用刀片刮去,使两端点导电性能良好。也可以用仪器附带铁氧体电感器。

2. 串联谐振法测电感器电感量

把自制电感器、电阻箱(取 30.00 Ω)串联,并与低频信号发生器相接。用示波器测量电阻两端的电压,调节低频信号发生器正弦波频率,使电阻两端电压达到最大值。同时,测量通过电阻的电流值 I。要求达到 I=5 mA(有效值)时,测量电感器的电感量。

【数据表及处理】

1. 非线性电路伏安特性

非线性电路伏安特性的测量数据记录于表 2-19-1 中。

表 2-19-1 非线性电路伏安特性数据记录表

电压(V)	电流(mA)	电压(V)	电流(mA)	电压(V)	电流(mA)

根据表中数据绘制 U-I 曲线图,拟合曲线。

2. 电感 L 随电流 I 变化的数据表

电感 L 随电流 I 变化的数据记录于表 2-19-2 中。

表 2-19-2　电感 L 随电流 I 变化的数据记录表

f_0(kHz)	I(mA)	L(mH)

根据上表绘制 L-I 曲线图。

【注意事项】

1. 双运算放大器的正负极不能接反，地线与电源接地点必须接触良好（尽管仪器有保护装置，但学生必须学会准确接线）。

2. 关掉电源以后，才能拆实验板上的接线。

3. 仪器预热 10 min 以后才开始测数据。

【思考题】

1. 非线性负阻电路（元件），在本实验中的作用是什么？

2. 为什么要采用 RC 移相器，并且用相图来观测倍周期分岔等现象？如果不用移相器，可用哪些仪器或方法？

3. 通过做本实验请阐述倍周期分岔、混沌、奇怪吸引子等概念的物理含义。

4. 实验中需自制铁氧体为介质的电感器，该电感器的电感量与哪些因素有关？此电感量可用哪些方法测量？

附录：有源非线性负阻元件的伏安特性及电感特性的测量方法

1. 有源非线性负阻元件的伏安特性

双运算放大器中两个对称放大器各自的配置电阻相差 100 倍，这就使得两个放大器输出电流的总和，在不同的工作电压段，输出总电流随电压变化关系不相同(其中一个放大器达到电流饱和,另一个尚未饱和),因而出现了非线性的伏安特性。实验电路如图 2-19-6 所示。

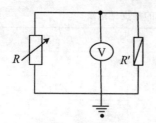

R'为有源非线性负阻(接通电源的双运放)

R为外接电阻管

图 2-19-6 有源非线性负阻元件伏安特性原理图

2. 测量电感 L 特性的方法

CH_2 测量 R 两端电压(如图 2-19-7 所示)。保持信号发生器输出电压不变,调节频率,当 CH_2 测得的电压最大时,RLC 串联电路达到谐振。

电感谐振时有

$$\omega L = \frac{1}{\omega C} \qquad f_0 = \frac{1}{2\pi \sqrt{LC}}$$

$L = \dfrac{1}{4\pi^2 C f_0^2}$ $U_R = U_{CH_2}/2\sqrt{2}$,回路中电流的有效值 $I = U_R/R$

式中,f_0 为谐振频率,U_{CH_2} 表示 CH_2 波形的峰-峰电压,U_R 表示电阻 R 两端输出的电压。

3. 倍周期分岔系列照片(如图 2-19-8 所示)

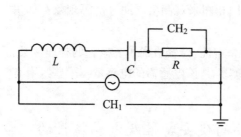

图 2-19-7 测量电感的电路

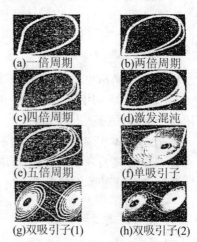

图 2-19-8 倍周期分岔系列照片

实验 20　静电场描绘

模拟法是用一种易于实现、便于测量的物理状态或过程来模拟不易实现、不便测量的状态和过程,要求这两种状态或过程有一一对应的两组物理量,且满足相似的数学形式及边界条件,它在工程设计中有着广泛应用。

一般情况,模拟可分为物理模拟和数学模拟,对一些物理场的研究主要采用物理模拟(物理模拟就是保持同一物理本质的模拟),数学模拟也是一种研究物理场的方法,它是把不同本质的物理现象或过程,用同一个数学方程来描绘。对一个稳定的物理场,若它的微分方程和边界条件一旦确定,其解是唯一的。两个不同本质的物理场如果描述它们的微分方程和边界条件相同,则它们的解也是一一对应的,只要对其中一种易于测量的场进行测绘,并得到结果,那么与它对应的另一个物理场的结果也就知道了。由于稳恒电流场易于实现测量,所以本实验就用稳恒电流场来模拟与其具有相同数学形式的静电场。

【实验目的】

1. 了解模拟实验法的适用条件。
2. 对于给定的电极,能用模拟法求出其电场分布。

【实验仪器】

模拟电极,电源,万用表等。

【实验原理】

电场强度 E 是一个矢量。因此,在电场的计算或测试中往往是先研究电位的分布情况,因为电位是标量。我们可以先测得等位面,再根据电力线与等位面处处正交的特点,作出电力线,整个电场的分布就可以用几何图形清楚地表示出来了。有了电位 U 值的分布,由

$$E = -\nabla U \qquad (2\text{-}20\text{-}1)$$

便可求出 E 的大小和方向,整个电场就算确定了。

但实验上想利用磁电式电压表直接测定静电场的电位是不可能的,因为任何磁电式电表都需要有电流通过才能偏转,而静电场是无电流的。再则任何磁电式电表的内阻都远小于空气或真空的电阻,若在静电场中引入电表,势必使电场发生严重畸变;同时,电表或其他探测器置于电场中,要引起静电感应,使原场源电荷的分布发生变化。人们在实践中发现,有些测量在实际情况下难于进行时,可以通过一定的方法,模拟实际情况而进行测量,这种方法称为"模拟法"。

模拟法要求两个类比的物理现象遵从的物理规律具有相同的数学表达式。从电磁学理论知道,电解质中的稳恒电流场与介质(或真空)中的静电场之间就具有这种相似性。因为对于导电媒质中的稳恒电流场,电荷在导电媒质内的分布与时间无关,其电荷守恒定律的积分形式为

$$\begin{cases} \oint_L \boldsymbol{j} \cdot \mathrm{d}\boldsymbol{l} = 0 \\ \iint_S \boldsymbol{j} \cdot \mathrm{d}\boldsymbol{s} = 0 \end{cases} \quad \text{(在电源以外区域)}$$

而对于电介质内的静电场,在无源区域内,下列方程式同时成立。

$$\begin{cases} \iint_L \boldsymbol{E} \cdot \mathrm{d}\boldsymbol{l} = 0 \\ \iint_S \boldsymbol{E} \cdot \mathrm{d}\boldsymbol{s} = 0 \end{cases}$$

由此可见,电解质中稳恒电流场的 $\boldsymbol{j}$ 与电介质中的静电场的 $\boldsymbol{E}$ 遵从的物理规律具有相同的数学公式,在相同的边界条件下,二者的解亦具有相同的数学形式,所以这两种场具有相似性,实验时就用稳恒电流场来模拟静电场,用稳恒电流场中的电位分布模拟静电场的电位分布。实验中,将被模拟的电极系统放入填满均匀的电导远小于电极电导的电解液中或导电纸上,电极系统加上稳定电压,再用检流计或高内阻电压表测出电位相等的各点,描绘出等位面,再由若干等位面确定电场的分布。

通常电场的分布是个三维问题,但在特殊情况下,适当地选择电力线分布的对称面便可以使三维问题简化为二维问题。实验中,通过分析电场分布的对称性,合理选择电极系统的剖面模型,置放在电解液中或导电纸上,用电表测定该平面上的电位分布,据此推得空间电场的分布。

1. 同轴圆柱形电缆电场的模拟

图 2-20-1 是一圆柱形同轴电缆示意图,内圆筒半径 r_1,外圆筒半径 r_2,所带电量电荷线密度为 $\pm\lambda$。根据高斯定理,圆柱形同轴电缆电场的电位移矢量大小

$$D = \frac{\lambda}{2\pi r}$$

电场强度为

$$E = \frac{\lambda}{2\pi\varepsilon r}$$

式中,r 为场中任一点到轴的垂直距离。两极之间的电位差为

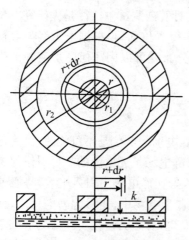

图 2-20-1　同轴电缆模型

$$U_1 - U_2 = \int_{r_1}^{r_2} \frac{\lambda}{2\pi\varepsilon r} dr = \frac{\lambda}{2\pi\varepsilon} \ln \frac{r_2}{r_1}$$

设 $U_2 = 0$ V,则

$$U_1 = \frac{\lambda}{2\pi\varepsilon} \ln \frac{r_2}{r_1} \tag{2-20-2}$$

任一半径 r 处的电位为

$$U = \int_{r}^{r_2} \frac{\lambda}{2\pi\varepsilon} dr = \frac{\lambda}{2\pi\varepsilon} \ln \frac{r_2}{r} \tag{2-20-3}$$

把式(2-20-2)代入式(2-20-3)消去 λ,得

$$U = \frac{U_1}{\ln \frac{r_2}{r_1}} \ln \frac{r_2}{r} \tag{2-20-4}$$

现在要设计一稳恒电流场来模拟同轴电缆的圆柱形电场,使它们具有电位分布相同的数学形式,其要求为:

(1) 设计的电极与圆柱形带电导体相似,尺寸与实际场有一定比例,保证边界条件相同。

(2) 导电介质用电阻率比电极大得多的材料(本实验用导电纸),且各向同性均匀分布,相似于电场中的各向同性均匀分布的电介质。

如图 2-20-1 所示,当两个电极间加电压时,中间形成一稳恒电流场。设径向电流为 I_0,则电流密度为

$$j = \frac{I}{2\pi r}$$

这里媒质(导电纸)的厚度取单位长度。

根据欧姆定律的微分形式

$$j = \sigma E$$

所以

$$E = \frac{I}{2\pi\sigma r}$$

显然,场的形式与静电场相同,都是与 r 成反比。因此两极间电位差与式(2-20-2)相同,电位分布与式(2-20-4)相同,即

$$U = \frac{U_1}{\ln \frac{r_2}{r_1}} \ln \frac{r_2}{r} \tag{2-20-5}$$

由式(2-20-5)可得

$$r = r_2 \left(\frac{r_2}{r_1}\right)^{-\frac{U}{U_1}} \tag{2-20-6}$$

【实验内容及步骤】

1. 测绘同轴电缆电场的分布

在模拟模型中装上自来水(水面高度不超过电极的 1/2),用导线将模拟模型的正、负极分别接到电源的正、负极接线柱上,调节电源调节旋钮使模拟装置两极的电压为 10 V。选择恰当的测点间距,用万用表分别测 10.0 V、8.0 V、6.0 V、4.0 V、2.0 V、1.0 V、0 V 各电位的等位线。

2. 测绘聚焦电场的分布

把同轴电缆换成电子枪聚焦电极,分别测 10.0 V、9.0 V、8.0 V、7.0 V、6.0 V、5.0 V、4.0 V、3.0 V、2.0 V、1.0 V、0 V 等电位的等位线,一般先测 5.0 V 的等位点,因为这是电极的对称轴。

3. 描绘一对长直平行导线形成的静电场分布。

【实验表格及处理】

1. 在坐标纸上绘出同轴电缆电场分布。根据一组等位点找出圆心,依次绘出各电位的等位线,并画出电力线(注意确定电力线的起止位置)。

2. 用式(2-20-6)的理论公式算出各等位线的半径 r_0,用直尺量出实验等位线的半径 r_m,与 r_0 比较,以 r_0 为约定真值求各等位线半径的相对误差,并进行分析与列表表示。

3. 绘出电子枪聚焦电场的等位线与电力线分布。

4. 绘出长直平行导线的等位线与电力线分布。

【思考题】

1. 用稳恒电流场来模拟静电场,对实验条件有哪些要求?

2. 如果电源电压增加一倍,等位线和电力线的形状是否发生变化,电场强度和电位分布是否发生变化? 为什么?

3. 怎样由所测的等位线绘出电力线? 电力线的方向如何确定?

4. 为什么在本实验中要求电极的电导远大于导电纸的电导?

实验 21　分光计的调整与三棱镜折射率的测量

分光计是精确测定光线偏转角的仪器,也称测角仪,光学中的许多基本量如波长、折射率等都可以利用它来测量,此外,用它还能精确地测量光学平面间的夹角。许多光学仪器(棱镜光谱仪、仪栅光谱仪、分光光度计、单色仪等)的基本结构也是以它为基础的,分光计是光学实验中的基本仪器之一。本实验的目的就在于训练分光计的调整技术和技巧,并用它来测量三棱镜的偏向角。

【实验目的】

1. 了解分光计的结构和各部分的作用,学会分光计的调整和使用方法。
2. 学会用最小偏向角法测定棱镜材料的折射率。

【实验仪器】

JJY-1 型分光计,光源(钠光灯或汞灯),双面平面镜,三棱镜。

【实验原理】

1. 分光计的结构和调整原理

分光计有多种型号,但结构大同小异,一般具有以下 4 个主要部件:平行光管、望远镜、载物台、读数装置。如图 2-21-1 所示是 JJY-1 型分光计的外形和结构图。分光计的下部是一个三脚底座,其中心有竖轴,称为分光计的中心轴,轴上装有可绕轴转动的望远镜和载物台,在一个底脚的立柱上装有平行光管。

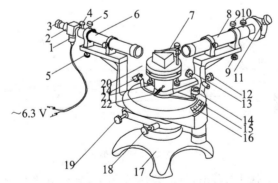

1.小灯;2.分划板套筒;3.目镜;4.目镜筒制动螺丝;5.望远镜倾斜度调节螺丝;
6.望远镜镜筒;7.夹持待测件弹簧片;8.平行光管;9.平行光管倾斜度调节螺丝;
10.狭缝套筒制动螺丝;11.狭缝宽度调节螺丝;12.游标圆盘制动螺丝;13.游标圆盘微调螺丝;
14.放大镜;15.游标圆盘;16.刻度圆盘;17.底座;18.刻度圆盘制动螺丝;
19.刻度圆盘微调螺丝;20.载物小平台;21.载物台水平调节螺丝;22.载物台紧固螺丝

图 2-21-1　分光计结构图

(1)平行光管。平行光管是提供平行入射光的部件。它是装在柱形圆管一端的一个可伸缩的套筒,套筒末端有一狭缝,筒的另一端装有消色差的会聚透镜。当狭缝恰好位于透镜的焦平面上时,平行光管就射出平行光束,如图 2-21-2 所示。狭缝的宽度由狭缝宽度调节螺丝 11 进行调节。平行光管的水平度可用平行光管倾斜度调节螺丝 9 进行调节,以使平行光管的光轴 s 和分光计的中心轴垂直。

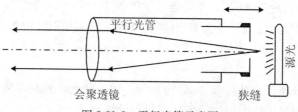

图 2-21-2　平行光管示意图

(2)阿贝式自准直望远镜。望远镜是用来观察和确定光束的行进方向,它是由物镜、目镜及分划板组成的一个圆管。常用的目镜有高斯目镜和阿贝目镜两种,都属于自准目镜,JJY-1 型分光计使用的是阿贝式自准目镜,所以其望远镜称之为阿贝式自准直望远镜,结构如图 2-21-3 所示。

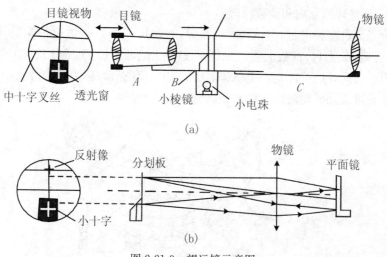

图 2-21-3　望远镜示意图

从图 2-21-3 中可以看出,目镜装在 A 筒中,分划板装在 B 筒中,物镜装在 C 筒中,并处在 C 筒的端部。其中分划板上刻画的是"十"形的准线(不同型号准线不相同),边上粘有一块 45°全反射小棱镜,其表面上涂了不透明薄膜,薄膜上刻了一个空心十字窗口,小电珠光从管侧射入后,调节目镜前后位置,可在望远镜目镜视场中看到如图 2-21-3(a)所示的镜像。若在物镜前放一平面镜,前后调节目镜(连同分划板)与物镜的间距,使分划板位于物镜焦平面上时,小电珠发出的光透过空心十字窗口经物镜后成平行光射于平面镜,反射光经物镜后在分划板上形成十字窗口的像。若平面镜镜面与望远镜光轴垂直,此像将落在"十"准线上部的交叉点上,如图 2-21-3(b)所示。

(3) 载物小平台。载物小平台(简称载物台)是用来放置待测物件的。台上附有夹持待测物件的弹簧片 7。台面下方装有三个水平调节螺丝,用来调整台面的倾斜度。这三个螺丝的中心形成一个正三角形。松开载物台紧固螺丝 22,载物台可以单独绕分光计中心轴转动或升降。拧紧载物台紧固螺丝 22,它将与游标盘固定在一起。游标盘可用游标圆盘制动螺丝 12 固定。

(4) 读数装置。读数装置是由刻度圆盘和游标圆盘组成,刻度圆盘为 360°(720 个刻度)。所以,最小刻度为半度(30′),小于半度则利用游标读数。游标上刻有 30 个小格,游标每一小格对应角度为 1′,角度游标读数的方法与游标卡尺的读数方法相似,如图 2-21-4 所示的位置应读作 113°45′。游标盘采用相隔 180°的两个对称放置双窗口读数,是为了消除刻度盘中心与分光计中心轴线之间的偏心差(可详见附录)。

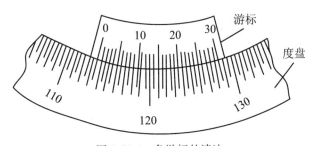

图 2-21-4　角游标的读法

2. 最小偏向角法测折射率

如图 2-21-5 所示,一束平行的单色光,入射到三棱镜的 AB 面,经折射后

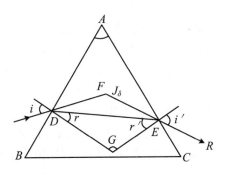

图 2-21-5　单色光经三棱镜折射

由另一面 AC 射出,入射光和 AB 面法线的夹角 i 称为入射角,出射光和 AC 面法线的夹角 i' 称为出射角,入射光和出射光的夹角 δ 称为偏向角。理论证明,当

入射角 i 等于出射角 i' 时，入射光和出射光之间的夹角最小，称为最小偏向角 δ。由图 2-21-5 可知

$$\Delta = (i-r)+(i'-r')$$

当 $i=i'$ 时，由折射定律得

$$r = r'$$

用 δ 代替 Δ 得

$$\delta = 2(i-r) \tag{2-21-1}$$

又因

$$r+r' = A$$

其中 G 和 A 的意义见图 2-21-5。
所以

$$r = \frac{A}{2} \tag{2-21-2}$$

由式(2-21-1)和式(2-21-2)得：

$$i = \frac{A+\delta}{2}$$

由折射定律得

$$n = \frac{\sin i}{\sin r} = \frac{\sin\dfrac{A+\delta}{2}}{\sin\dfrac{A}{2}} \tag{2-21-3}$$

由式(2-21-3)可知，只要测出三棱镜顶角 A 和最小偏向角 δ，就可以计算出三棱镜玻璃对该波长的入射光的折射率。

【实验内容及步骤】

1. 分光计的调整

分光计的调整任务是：① 调望远镜聚焦于无穷远；② 调仪器中心轴与载物台中心轴重合，且与望远镜的主光轴垂直；③ 平行光管能够发射平行光；④ 调平行光管与望远镜两者的主光轴重合。

首先进行粗调，用目视法进行粗调，使望远镜、平行光管和载物台面大致垂直于分光计中心轴。用眼睛观察，调节望远镜倾斜度调节螺丝 5 与平行光管倾斜度调节螺丝 9。使望远镜与平行光管的主光轴大致同轴，再调节载物台三个水平调节螺丝 21，使载物台的法线方向大致与望远镜和平行光管的光轴垂直。

然后进行细调。

(1) 调望远镜焦距于无穷远。① 点亮望远镜上的照明小灯，调节望远镜的目镜，使视场中能清晰地看到"十"形叉丝。② 将双面平面镜放在载物台上（参照图 2-21-6 放置），图中 a、b 和 c 是载物台下面的三个水平调节螺丝。轻缓地

转动载物台,从望远镜中能看到双面镜反射回来的"十"字光斑。如果找不到"十"字光斑,说明粗调没有达到要求,应重新进行粗调,粗调时可先不通过望远镜,直接用眼睛观察平面镜中的"十"字像,使载物台转过180°前后像的位置大致相当为准。③ 在望远镜中找到"十"字斑反射回来的像后,调节望远镜中的叉丝套筒,即改变叉丝与物镜间的距离,使在望远镜中能十分清晰地看到"十"字光斑的像,并使"十"字光斑的像与"十"叉丝无视差。这时,望远镜已经聚焦于无穷远处。

(2) 调仪器中心轴与载物台中心轴重合,且与望远镜的主光轴垂直。仪器中心轴与载物台中心轴重合,且与望远镜的主光轴垂直的判据为:当平面镜按照图2-21-6(a)、(b)两种情况放置时,在望远镜中均能看到亮"十"光斑的反射像与"十"叉丝的上交点重合(如图2-21-7所示),旋转载物台180°之后也能完全重合。

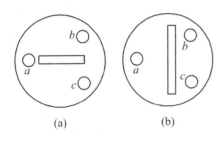 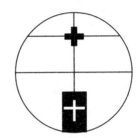

图 2-21-6 平面镜放置   图 2-21-7 自准直像

但在一般情况下,"十"字形光斑与"十"叉丝的上交点不重合,或在"十"上交点上面,或在"十"上交点的下面,载物台旋转180°后,"十"光斑像会上下翻动。这说明载物台的法线方向与望远镜的主光轴不严格垂直,必须细调才能实现。在调节时先要在望远镜上看到"十"字光斑,旋转载物台180°也能看到"十"字光斑(如果发现一面有光斑,另一面没有光斑,说明粗调没有达到要求,需要重新粗调),然后采用各自半调节法调节。当双面镜按图2-21-6(b)放置时,若像如图2-21-8所示,图2-21-8(a)光斑在上交线下方并有一个距离h,调节图

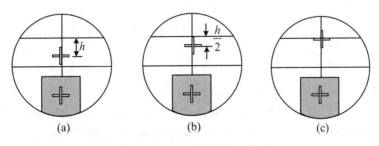

图 2-21-8 各自半调节示意图

2-21-6 载物台调节螺丝 b 或 c(只能调节一个)将光斑上抬 $h/2$ 距离,再用望远镜倾斜度调节螺丝 5 把光斑上抬 $h/2$ 距离。旋转载物台 180°后若光斑不与叉丝上交点重合,同样使用载物调节螺丝 c 或 b 调节 $h'/2$,再用望远镜倾斜度调节螺丝调节 $h'/2$。反复旋转载物台 180°几次,采用各自半调节法,使光斑始终处于图 2-21-8(c)的位置。把双面镜换成图 2-21-6(b)放置,若光斑不与叉丝上交点重合,则调节图 2-21-6 载物台螺丝 a 使之重合即可。调节载物台调节螺丝时需要注意:当平面镜按照图 2-21-8(a)放置时,只需调节 b 或 c 螺丝;当平面镜按照图 2-21-8(b)放置时,只需调节 a 螺丝即可。

(3) 调平行光管能够发射平行光。用眼睛目测,调节平行光管倾斜度调节螺丝 9,使平行光管主光轴大致与望远镜主光轴同轴。再拧松狭缝套筒制动螺丝 10,调节狭缝和透镜间的距离,使狭缝位于透镜的焦平面上,这时从望远镜中看到狭缝像的边缘十分清晰,而不模糊。并要求狭缝与"十"叉丝无视差。这时平行光管发出的是平行光,再调狭缝宽度调节螺丝 11,使出射光变成细而亮的平行光。

(4) 调平行光管与望远镜两者的主光轴重合。仍然用已垂直于分光计和载物台主轴的望远镜去观察,转动狭缝所在的套筒,使狭缝水平,调节平行光管倾斜度调节螺丝 9,使狭缝的像与"十"叉丝的中心线重合;转动狭缝所在套筒 180°,使狭缝竖直,同样调节平行光管倾斜度调节螺丝 9,再使狭缝的像与"十"叉丝的中心线重合。这样反复调节几次,使狭缝始终与"十"叉丝的中心线重合。

至此,分光计已经全部调整好,使用时必须注意分光计上除刻度圆盘制动螺丝及其微调螺丝外,其他螺丝不能任意转动,否则将破坏分光计的工作条件,须重新调节。

2. 测三棱镜顶角 A

对两游标作一适当标记,分别称游标 1 和游标 2,切记勿颠倒。旋紧刻度盘下螺钉,望远镜和刻度盘固定不动。转动游标盘,使棱镜 AC 面正对望远镜,记下游标 1 的读数 θ_1 和游标 2 的读数 θ_2。再转动游标盘,再使 AB 面正对望远镜,记下游标 1 的读数 θ'_1 和游标 2 的读数 θ'_2。同一游标两次读数之差 $|\theta_1-\theta'_1|$ 或 $|\theta_2-\theta'_2|$,即是载物台转过的角度 φ,而 φ 是 A 角的补角,$A=\pi-\varphi$。

3. 最小偏向角法测三棱镜玻璃折射率

把三棱镜放在调整好的分光计上,让平行光入射到三棱镜的一个光学面上,转动望远镜,在另一光学面上找到出射光,即狭缝的像。将小平台连同所载三棱镜稍稍转动,改变入射光的入射角 i,出射光方向随之而变,与此同时偏向角发生变化,从望远镜中看到的狭缝像也随之移动,转动平台使狭缝像向偏向角减小的方向移动。当棱镜转到某个位置时,像不再移动,继续使棱镜沿原方向转动,狭缝像反而向相反方向移动,即偏向角反而增大,这个转折位置就是最小偏向角位置。

转动望远镜,使望远镜"+"叉丝的竖线与狭缝像重合并读出此时左右两读数窗的角度位置,此位置就是截止光所在位置。移去三棱镜,使望远镜"+"的竖线与直接透射的狭缝像重合,再读出左右两窗口的透射线的角度位置,此位置就是入射光所在位置。上述两角位置相减就是要测的最小偏向角的值。

【数据表格及处理】

1. 反射法测量三棱镜顶角

反射法测量三棱镜顶角的数据记录于表 2-21-1 中。

表 2-21-1　数据记录表

次数	第一位置读数		第二位置读数		$\|\theta_1-\theta_1'\|$	$\|\theta_2-\theta_2'\|$	A	$\overline{A}$
	θ_1	θ_2	θ_1'	θ_2'				
1								
2								
3								

2. 最小偏向角法测三棱镜玻璃折射率

最小偏向角法测三棱镜玻璃折射率的数据记录于表 2-21-2 中。

表 2-21-2　折射率记录表

$\Delta_{仪}=$＿＿＿＿　　顶角 $A=$＿＿＿＿　　波长 $\lambda=$＿＿＿＿

次数	入射光方位		截止方位		$\delta_1=\varphi_1-\varphi_{10}$	$\delta_2=\varphi_2-\varphi_{20}$	$\delta=\frac{1}{2}(\delta_1+\delta_2)$	$\overline{\delta}$
	左游标 φ_{10}	右游标 φ_{20}	左游标 φ_1	右游标 φ_2				
1								
2								
3								
4								

【注意事项】

1. 望远镜、平行光管上的镜头、三棱镜、平面镜的镜面不能用手摸、揩。如发现有尘埃时,应该用镜头纸轻轻揩擦,三棱镜、平面镜不能磕碰或跌落,以免损坏。

2. 分光计为精密仪器,各活动部分必须小心操作。当轻轻推动可转动部件(例如望远镜、游标盘)而无法转动时,切记不可强制其转动,应分析原因后再进行调节。

3. 在调节宽度时,千万不能使其闭拢,以免损坏狭缝。

4. 光学测角仪望远镜任一位置由读数装置(双游标)读出方位角值,望远镜转过的角度,则是同一游标两次方位角读数之差。在测读计算过程中,由于望远镜可能位于任何方位,故必须注意望远镜转动过程中是否越过了刻度的零点。如越过了刻度零点,则必须重新计算望远镜转角。例如,当望远镜由位置Ⅰ转到Ⅱ时,双游标的读数分别如表 2-21-3 所示。

表 2-21-3 望远镜游标读数表

望远镜位置	游标(左)	游标(右)
Ⅰ	$\theta_1 = 175°45'$	$\theta_2 = 355°48'$
Ⅱ	$\theta_1' = 295°43'$	$\theta_2' = 115°44'$

由左游标读数可得望远镜转角为

$$\varphi_{左} = \theta_1' - \theta_1 = 119°58'$$

由右游标读数可得望远镜转角为

$$\varphi_{右} = 360° - |\theta_2' - \theta_2| = 119°56'$$

$\varphi_{右} \neq \varphi_{左}$ 说明有偏心差,故望远镜实际转角为

$$\varphi = \frac{1}{2}(\varphi_{左} + \varphi_{右}) = 119°57'$$

5. 在暗室中,由望远镜中观察图像和分化板十字线时,眼睛容易疲劳,所以一要耐心,二要及时自我调节。

【思考题】

1. 用自准直法调节望远镜适合观察平行光的主要步骤是什么?当你观察到什么现象时就能判定望远镜已适合观察平行光,为什么?

2. 借助于平面镜调节望远镜与分光计主轴垂直时,为什么要使载物台旋转 180°?

3. 用分光计测量角度时,为什么要读下左右两窗口的读数,这样做的好处是什么?

4. 各自调半法的基本作用是什么?

5. 设游标读数装置中,主盘的最小分度是 20′,游标刻度线共 40 条,问该游标的最小分度值为多少?

6. 在用分光计作光学测量时,为什么平行光管的狭缝要调至适当宽度,太宽太窄可能会产生什么后果?

附录:圆刻度盘的偏心差

用圆刻度盘测量角度时,为了消除圆度盘的偏心差,必须由相差为 180°的两个游标分别读数。大家知道,圆度盘是绕仪器主轴转动的,由于仪器制造时不容易做到圆度盘中心准确无误地与主轴重合,这就不可避免地会产生偏心差。圆度盘上的刻度均匀地刻在圆周上,当圆度盘中心与仪器主轴重合时,由相差 180°的两个游标读出的转角刻度数值相等。而当圆度盘偏心时,由两个游标读出的转角刻度数值就不相等了,所以如果只用一个游标读数就会出现系统误差。如图 2-21-9 所示,用 AB 的刻度读数,则偏大,用 $A'B'$ 的刻度读数又偏小。由平面几何很容易证明

$$\frac{1}{2}(\widehat{AB} + \widehat{A'B'}) = \widehat{CD} = \widehat{C'D'}$$

亦即由两个相差 180°的游标上读出的转角刻度数值的平均值就是圆盘真正的转角值,从而消除了偏心差。

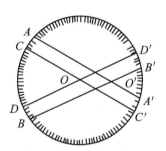

图 2-21-9　因圆刻度盘中心 O 与主轴 O' 不重合而产生的偏心差

实验 22 迈克尔逊干涉仪实验

在物理学史上,迈克尔逊用自己发明的光学干涉仪器进行实验,精确地测量微小长度,否定了"以太"的存在,这个著名的实验为近代物理学的诞生和兴起开辟了道路,迈克尔逊 1907 年获诺贝尔奖。迈克尔逊干涉仪是分振幅法干涉仪里的重要代表,是许多近代干涉仪的原型。可以用它来观察光的等倾、等厚和多光束干涉现象,测定微小长度的变化、单色光的波长、透明介质的折射率、光源的相干长度等。在近代物理和计量技术中都有广泛应用。

【实验目的】

1. 了解迈克尔逊干涉仪的结构、原理及调节方法。
2. 学会利用迈克尔逊干涉仪观察不同干涉现象。
3. 观察等倾干涉条纹,测量 He-Ne 激光的波长。
4. 学会利用迈克尔逊干涉仪测量空气折射率。

【实验仪器】

迈克尔逊干涉仪,He-Ne 激光器,毛玻璃屏,扩束镜。

【实验原理】

迈克尔逊干涉仪原理图如图 2-22-1 所示,S 为光源,L 为会聚透镜,G_1 和 G_2 是两块材料与厚度均相同的互相平行的玻璃板,其中 G_1 的右侧镀了一层膜(通常为半透明薄银层),当光线在镀膜面发生反射和折射时,反射光的强度和透射光的强度大致相等,G_2 为补偿板,M_1、M_2 为平面反射镜。

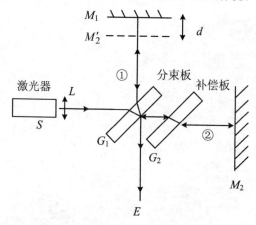

图 2-22-1 迈克尔逊干涉仪原理

光源 S 发出的光经会聚透镜 L 后,射向 G_1 板。在镀膜面上分成两束光:光束①受镀膜面反射折向 M_1 镜,光束②透过镀膜面射向 M_2 镜。两束光被反射后仍按原路返回射向观察者 E(或接收屏)发生干涉。G_2 板的作用是使①、②两光束都经过玻璃板 3 次,从而避免引起较大的光程差,这样一来两束相干光的光程差就纯粹是因为 M_1、M_2 镜与 G_1 板的距离不同而引起。

设想镀膜面所形成的 M_2 的虚像是 M_2'。显然 M_1、M_2 镜的反射光的干涉与 M_1、M_2' 之间的空气层所引起的干涉等效。因此在考虑干涉时,M_1、M_2' 之间的空气层就成为仪器的主要部分。本仪器设计的优点也就在于 M_2' 不是实物,因而可以任意改变 M_1、M_2' 之间的距离,可以使 M_2' 在 M_1 镜的前面或后面,也可以使它们完全重叠或相交。

1. 等倾干涉

当 M_1、M_2' 完全平行时,将获得等倾干涉。其干涉条纹的形状决定于来自光源平面上的入射角 i_k(如图 2-22-2 所示),在垂直于观察方向的光源平面 S 上,自以 O 点为中心的圆周上各点发出的光以相同的倾角 i_k 入射到 M_1、M_2' 之间的空气层,所以它的干涉图样是同心圆环,其位置取决于光程差 $\Delta\delta$,从图 2-22-2 可以看出光程差

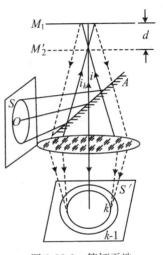

图 2-22-2 等倾干涉

$$\Delta\delta = 2d\cos i_k \quad (2\text{-}22\text{-}1)$$

干涉条件为

$$\Delta\delta = k\lambda \quad (k=1,2,3,\cdots)$$

时为明纹,

$$\Delta\delta = (2k+1)\lambda/2 \quad (k=1,2,3,\cdots)$$

时为暗纹。进一步分析我们可以看到:

(1) 光程差只决定于入射角 i_k,相同入射角的两相干光束的光程差相同,由仪器结构我们可以看出入射角相同的光束形成一锥形面,因此我们能看到等倾干涉条纹是一组明暗相间的同心圆环。

(2) 等倾干涉的定域在无穷远处。

(3) 相邻两条纹的角距离为

$$\Delta i_k = i_{k+1} - i_k \approx -\frac{\lambda}{2di_k} \quad (2\text{-}22\text{-}2)$$

可以看出,从中心到边缘,干涉条纹间距越来越小。

(4) 当眼盯着第 k 级亮圆纹不放,改变 M_1 与 M_2' 的位置,使其间隔 d 增大,但要保持 $2d\cos i_k = k\lambda$ 不变,则必须以减小 $\cos i_k$ 来达到,因此 i_k 必须增大,这就意味着干涉条纹从中心向外"冒出"。反之,当 d 减小,则 $\cos i_k$ 必然增大,这就意

味着 i_k 减小,所以相当于干涉圆环一个一个地向中心"缩进"。在圆环中心

$$i_k = 0, \quad \cos i_k = 1$$

故

$$2d = k\lambda$$

则

$$d = \frac{\lambda}{2} k \tag{2-22-3}$$

可见,当 M_1 与 M_2' 之间的距离 d 增大(或减小)$\lambda/2$ 时,则干涉条纹就从中心"冒出"(或向中心"缩进")一环。如果在迈克尔逊干涉仪上测出 M_2' 始末两位置,即可求出 M_2' 走过的距离 Δd,同时数出在这期间干涉条纹变化(冒出或缩进)的圈数 ΔN,则可以计算出此时光波的波长

$$\lambda = \frac{2\Delta d}{\Delta N} \tag{2-22-4}$$

2. 等厚干涉

如果将 M_1 与 M_2' 形成一个很小的交角(交角太大则看不到干涉条纹),则会出现等厚干涉条纹。条纹定域在空气楔表面或其附近,条纹的形状是一组平行

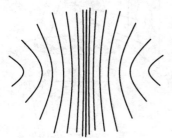

图 2-22-3 等厚干涉条纹

于 M_1 与 M_2' 的直条纹。随着 d 增大,即楔形空气薄膜的厚度由 0 逐渐增加,则直条纹将逐渐变成双曲线、椭圆等。这是由于 d 较大,$\cos i_k$ 的影响不能忽略,i_k 增大,$\cos i_k$ 值减少,由 $2d\cos i_k = k\lambda$ 可知,要保持相同的光程差,d 必须增大。所以干涉条纹在 i_k 逐渐增大的地方要向 d 增大的方向移动,使得干涉条纹逐渐变成弧形,而且条纹的弯曲方向是凸向 M_1 与 M_2' 的交线,如图 2-22-3 所示。

3. 测定空气的折射率

用小功率激光器作光源,将内壁长 l 的小气室置于迈克尔逊干涉仪光路中,调节干涉仪,获得合适的等倾干涉条纹之后,向气室里充气(0~40 kPa),再稍微松开阀门,以较低的速率放气的同时,计数干涉环的变化数 ΔN(估计出 1 位小数)至放气终止,压力表指针回零。在实验室环境里,空气的折射率

$$n = 1 + \frac{\Delta N \cdot \lambda}{2l} \cdot \frac{p_{\text{amb}}}{\Delta p} \tag{2-22-5}$$

其中激光波长为已知,环境气压 p_{amb} 从实验室的气压计读出(或者可取 1.013×10^5 Pa),进行多次测量,计算平均值。

【实验内容及步骤】

1. 迈克尔逊干涉仪的调整

迈克尔逊干涉仪是一种精密、贵重的光学测量仪器,因此必须在熟读教材、弄清结构、弄懂操作要点后,才能动手调节、使用。

(1) 对照教材,结合实物弄清本仪器的结构原理和各个旋钮的作用。

(2) 把扩束镜拨离光路,开启 He-Ne 激光器,让激光以 45°角入射于迈克尔逊干涉仪的 G_1 板上(用目测来判断),均匀照亮 G_1 板。

注意:等高、共轴。

(3) 调节 M_1 和 M_2 后面的两个螺丝,使 M_1 和 M_2 反射到观察屏的两排光点中最亮光点重合,把扩束镜拨回光路,调节扩束镜位置,即可在观察屏看到等倾干涉条纹。通过调节平面镜后的螺丝,可以让干涉环环心位于视域中央,改变 M_1 或 M_2 的位置,可以得到疏密适中的干涉环。

2. 测量激光波长

(1) 通过转动仪器右侧手轮,改变 M_2 的位置,观察环的变化情况,熟悉读数系统。

(2) 消除回程差。实验中必须消除回程差(所谓"回程差",是指如果现在转动鼓轮与原来"调零"时鼓轮的转动方向相反,则在一段时间内,鼓轮虽然在转动,但读数窗口并未计数,因为转动反向后,蜗轮与蜗杆的齿并未啮合),方法是:首先确定测量时是顺时针方向转动还是反时针转动,然后按预定转动方向先转动几周后,再开始记数,测量。

(3) 记下螺旋测微器读数后慢慢转动手轮,每当"冒出"或"缩进"$N=50$ 个圆环时记下此时螺旋测微器读数,连续测量 5 次,记下 5 个 H_i 值,然后用逐差法处理数据,求出激光波长。

3. 观察等倾干涉的变化(选做)

在利用等倾干涉条纹测定 He-Ne 激光波长的基础上,继续增大或减少光程差,使 $d→0$,则逐渐可以看到等倾干涉条纹的曲率由大变小(条纹慢慢变直),再由小变大(条纹反向弯曲又成等倾条纹)的全过程。

4. 自行设计测量方案,测定空气的折射率(选做)。

【数据及处理】

1. 波长测量实验数据记录于表 2-22-1 中。

表 2-22-1　激光波长测量数据记录表

移动条纹数 N_i（个）	0	50	100	150	200	250
螺旋测微器读数 H_i(mm)						
动镜 M_2 实际位置 h_i(mm)（$h=H/20$）						

代入公式,求出 $\lambda = \bar{\lambda} \pm \Delta_\lambda =$

2. 与标准值比较,计算百分误差(He-Ne 激光波长为 6 328 Å)。

【思考题】

1. 迈克尔逊干涉仪光路调整的要求是什么？为什么？
2. 如何避免测量过程中的回程差,为什么要进行多次测量？
3. 请举例说明迈克尔逊干涉仪有什么应用。
4. 在迈克尔逊干涉仪的一臂中,垂直插入折射率为 1.45 的透明介质,此时视场中可观察到 15 个条纹移动,若所用照明光波长为 5 000 Å,求该薄膜厚度。

实验23 光 的 干 涉

在光学发展史上,光的干涉实验证实了光的波动性。当薄膜层的上、下表面有一很小的倾角时,由同一光源发出的光,经薄膜的上、下表面反射后在上表面附近相遇时产生干涉,并且厚度相同的地方形成同一干涉条纹,这种干涉就叫等厚干涉。其中牛顿环和劈尖是等厚干涉两个最典型的例子。光的等厚干涉原理在生产实践中具有广泛的应用,它可用于检测透镜的曲率,测量光波波长,精确地测量微小长度、厚度和角度,检验物体表面的光洁度、平整度等。

【实验目的】

1. 观察光的等厚干涉现象,了解等厚干涉的特点。
2. 学习用干涉方法测量平凸透镜的曲率半径和微小待测物的厚度。
3. 掌握读数显微镜的原理和使用。

【实验仪器】

读数显微镜,钠光灯,牛顿环仪,玻璃片,细丝。

【实验原理】

1. 牛顿环

牛顿环仪是由一块曲率半径很大的平凸透镜的凸面放在一块光学平板玻璃上构成的,如图 2-23-1 所示,在平凸透镜和平板玻璃的上表面之间形成了一层空气薄膜,其厚度由中心到边缘逐渐增加,当平行单色光垂直照射到牛顿环上时,经空气薄膜层上、下表面反射的光在凸面附近相遇产生干涉,其干涉图样是以玻璃接触点为中心的一组明暗相间的圆环,如图 2-23-2 所示。

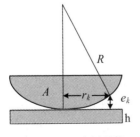

图 2-23-1 牛顿环仪

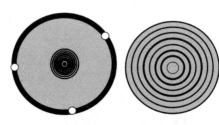

图 2-23-2 牛顿环

设平凸透镜的曲率半径为 R,与接触点 O 相距为 r_k 处的空气薄层厚度为 e_k,那么由几何关系

$$R^2 = (R-e_k)^2 + r_k^2$$

因 $R \gg e_k$，所以 e_k^2 项可以被忽略，有

$$e_k = \frac{r_k^2}{2R} \tag{2-23-1}$$

现在考虑垂直入射到 r_k 处的一束光，它经薄膜层上、下表面反射后在凸面处相遇时其光程差

$$\delta = 2e_k + \lambda/2$$

式中，$\lambda/2$ 为光从平板玻璃表面反射时的半波损失，把式(2-23-1)代入得

$$\delta = \frac{r_k^2}{R} + \frac{\lambda}{2} \tag{2-23-2}$$

由干涉理论，产生暗环的条件为

$$\delta = (2k+1)\frac{\lambda}{2} \quad (k=0,1,2,3,\cdots) \tag{2-23-3}$$

从式(2-23-2)和式(2-23-3)可以得出，第 k 级暗纹的半径

$$r_k^2 = kR\lambda \tag{2-23-4}$$

所以只要测出 r_k，如果已知光波波长 λ，即可求出曲率半径 R；反之，已知 R 也可由式(2-23-4)求出波长 λ。

公式(2-23-4)是在透镜与平玻璃面相切于一点($e_0=0$)时的情况，但实际上并非如此，观测到的牛顿环中心是一个或明或暗的小圆斑，这是因为接触面间或有弹性形变，使得 $e_0 < 0$；或因面上有灰尘，使得中心处 $e_0 > 0$，所以用公式(2-23-4)很难准确地判定干涉级次 k，也不易测准暗环半径。因此实验中用以下方法来计算曲率半径 R。

由式(2-23-4)，第 m 环暗纹和第 n 环暗纹的直径可表示为

$$d_m^2 = 4(m+x)R\lambda \tag{2-23-5}$$
$$d_n^2 = 4(n+x)R\lambda \tag{2-23-6}$$

式中，$m+x$ 和 $n+x$ 为 m 环和 n 环的干涉级次，x 为接触面的形变或面上的灰尘所引起光程改变而产生的干涉级次的变化量。

将式(2-23-5)与式(2-23-6)相减得到

$$d_m^2 - d_n^2 = 4(m-n)R\lambda$$

则曲率半径

$$R = \frac{d_m^2 - d_n^2}{4(m-n)\lambda} \tag{2-23-7}$$

从式(2-23-7)可知，只要测出第 m 环和第 n 环直径以及数出环数差 $m-n$，就无需确定各环的级数和圆心的位置了。

2. 劈尖

两块平板玻璃，使其一端平行相接，另一端夹入一个细丝(或待测样品)，这样两块平板玻璃之间就形成了一个具有一微小倾角的劈形空气薄膜，这一装置

就称为劈尖。如图 2-23-3(a)所示。

当有平行光垂直照射时,空气薄膜上、下表面反射光产生干涉,从而形成明暗交替、等间隔的干涉条纹,如图 2-23-3(b)所示。其中第 k 级暗纹的光程差满足

$$\delta = 2e_k + \frac{\lambda}{2} = (2k+1)\frac{\lambda}{2} \quad (k=0,1,2,\cdots)$$

当 $k=0$ 时,由上式可得

$$e_k = 0$$

即为两玻璃接触端,即劈棱。

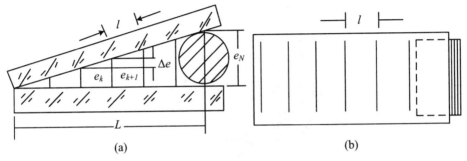

图 2-23-3 劈尖干涉

设细丝处干涉级次为 N,由于两相邻暗纹间的厚度差为

$$\Delta e = \lambda/2$$

则细丝厚度为

$$e_N = N\lambda/2$$

所以只要测出干涉图样中总的条纹数 N,即可算出细丝厚度。但实际上 N 数值往往很大,不易数出,通常只要测出 10 条条纹的间隔 L_{10} 和玻璃片交线(劈棱)到细丝的距离 L,就可算出总的条纹数

$$N = \frac{10}{L_{10}} \times L$$

所以

$$e_N = 5\lambda \times \frac{L}{L_{10}} \tag{2-23-8}$$

已知 λ,即可求出 e_N。

【实验内容及步骤】

1. 测量平凸透镜的曲率半径

(1) 调节牛顿环仪。调节牛顿环仪的三个螺丝,使牛顿环面上出现清晰细小的同心圆环且位于圆框中心。

(2) 将牛顿环仪置于工作台面上,使其正对着显微镜,如图 2-23-4 所示,通

过转动调焦螺丝，使显微镜下降，尽量接近但不接触牛顿环仪。

（3）缓缓旋动目镜，使镜筒内的十字叉丝清晰可见。

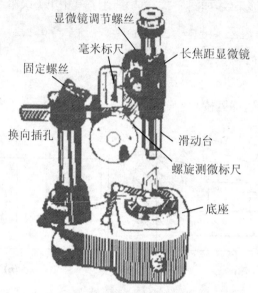

图 2-23-4 读数显微镜

（4）把钠灯放在显微镜正前方约 20 cm 处。打开钠灯开关，预热 10 min。待发出明亮的黄光后，调节物镜下方的反光镜方向。当在读数显微镜的视场中看到一片明亮的黄光时，就表明有一束平行单色光垂直照射到牛顿环仪上。

（5）一边通过目镜观察牛顿环仪形成的牛顿环，一边缓缓转动调焦螺丝提升显微镜，使干涉条纹清晰。若看到的牛顿环中心与十字叉丝中心不重合，可轻轻移动牛顿环仪，使二者重合。

（6）转动读数鼓轮，使十字叉丝向右移动，直到十字叉丝竖线对准第 35 暗环线为止（即相切）。然后反转读数鼓轮，使十字叉丝竖线对准第 30 暗环线，开始记录位置读数。

（7）沿相同方向，继续转动读数鼓轮，使十字叉丝竖线依次对准第 29, 28, 27, 26, 25, 15, 14, 13, 12, 11, 10 暗环线，记录各环直径右端相应的位置读数（如图 2-23-5 所示）。

（8）沿相同方向继续转动读数鼓轮，使十字叉丝通过环心后，依次对准第 10, 11, 12, 13, 14, 15, 25, 26, 27, 28, 29, 30 暗环线的中心，读记各环直径左端的位置读数。

（9）计算出 $\bar{R}$ 的不确定度和相对误差 E。

2. 调整并观测劈尖的干涉图样

（1）把两块玻璃片一端平行相接，并使下玻璃片略微向前伸出，两玻璃片的交线尽量与端线平行，在另一端夹入平直细丝，使细丝的边线尽量与端线平行，并让玻璃片边线与读数显微镜标尺平行,放于物镜正下方。

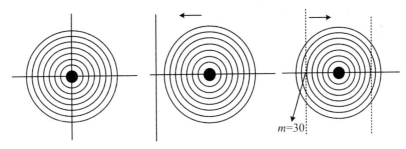

图 2-23-5 测直径示意图

(2) 转动显微镜上的 45°角半反射片,使得目镜中看到的视场均匀明亮(注意显微镜底座的反射镜不能有向上的反射光)。自下而上调节目镜直至观察到清晰的干涉图样,移动劈尖使条纹与叉丝的竖线平行,并消除视差。

(3) 多次测量 10 条条纹的间距 L_{10}。以某一条纹为 L_x,记下读数显微镜读数,数过 10 条条纹测出 L_{x+10},则 $L_{10}=|L_{x+10}-L_x|$,再重复测量 5 次。

(4) 测 N 条条纹的总间距 L。测出玻璃片接触处的读数 L_0,再测出细丝夹入处的读数 L_N,则 $L=|L_N-L_0|$。

【数据处理】

1. 测量平凸透镜的曲率半径

曲率半径测量数据记录于表 2-23-1 中。

钠黄光波长 $\lambda=589.3$ nm$=5.893\times10^{-4}$ mm

表 2-23-1 曲率半径记录表

环的级数	m	30	29	28	27	26	25
环的位置 (mm)	右						
	左						
环的直径	d_m						
环的级数	n	15	14	13	12	11	10
环的位置 (mm)	右						
	左						
环的直径	d_n						
d_m^2 (mm^2)							
d_n^2 (mm^2)							
$D=(d_m^2-d_n^2)$ (mm^2)							

2. 数据处理要求

计算 $\bar{R}$ 以及 R 的不确定度,写出结果表达式。

(1) 计算 $\bar{R}$。

$$\bar{D} = \frac{\sum D_i}{6}$$

$$\bar{R} = \frac{d_m^2 - d_n^2}{4\lambda(m-n)} = \frac{\bar{D}}{4 \times 15\lambda}$$

(2) 求 Δ_R 以及 E_R。

$$\Delta_D = \sqrt{\frac{\sum(\bar{D} - D_i)^2}{6-1}}$$

$$E_R = \frac{\Delta_D}{\bar{D}} \times 100\%$$

$$\Delta_R = \bar{R} \cdot E_R$$

结果表达 $\qquad\qquad R = \bar{R} \pm \Delta_R$

3. 测量薄片的厚度

(1) 将测量数据记录于表 2-23-2 中,并计算 L_{10} 的平均值。

表 2-23-2 薄片厚度测量记录表

$\lambda = 5.893 \times 10^{-4}$ mm, 仪器误差:$\Delta_{仪} = 0.015$ mm 单位:(mm)

序次	L_{x+10}	L_x	$L_{10} = \|L_{x+10} - L_x\|$	$\bar{L}_{10}$	$\Delta_{L_{10}}$
1					
2					
3					
4					
5					

(2) 劈棱边到细丝处的长度。

$\qquad L_0 = \qquad L_N = \qquad L \pm \Delta_{仪} =$

(3) 计算细丝的直径 e_N 的最佳值 $\bar{e}_N$ 和不确定度 Δ_{e_N}。

$$\Delta_{L_{10}} = \sqrt{S_{L_{10}}^2 + \Delta_{仪}^2} = \qquad \bar{L}_{10} \pm \Delta_{L_{10}} =$$

$$\bar{e}_N = 5\lambda \times \frac{L}{L_{10}} = \qquad E_{e_N} = \sqrt{\left(\frac{\Delta_{L_{10}}}{\bar{L}_{10}}\right)^2 + \left(\frac{\Delta_{仪}}{L}\right)^2} =$$

$$\bar{e}_N \pm \Delta_{e_N} = \qquad \Delta_{e_N} = E_{e_N} \cdot \bar{e}_N =$$

【注意事项】

1. 应尽量使叉丝对准干涉暗环的中央读数。

2. 由于计算 R 时,只需知道环数差 $(m-n)$,故以哪一环为第一环可以任意选择,但一经选定,在整个测量过程中就不能改变。

3. 注意读数不要数错,测量时应向一个方向转动,防止空程误差,否则数据全部作废。

4. 测量过程中防止震动引起干涉条纹的变化。

5. 实验时要将读数显微镜台下的反射镜翻转过来,不要让光从窗口经反射镜把光反射到载物台上,以免影响对暗环的观测。

6. 钠光灯在关了之后必须 5 min 后再开(停电时也必须如此操作)。

7. 牛顿环、劈尖不要旋得过紧,以免压碎玻璃片。

【思考题】

1. 牛顿环的中心在什么情况下是暗的? 在什么情况下是亮的?
2. 本实验装置是如何使等厚条件得到近似满足的?
3. 实验中为什么用测量式 $R=\dfrac{D_m^2-D_n^2}{4(m-n)\lambda}$,而不用更简单的 $R=\dfrac{r_k^2}{k\lambda}$ 函数关系式求出 R 值?
4. 在本实验中若遇到下列情况,对实验结果是否有影响? 为什么?

① 牛顿环中心是亮斑而非暗斑。

② 测各个 D_m 时,叉丝交点未通过圆环的中心,因而测量的是弦长而非真正的直径。

5. 在测量过程中,读数显微镜为什么只准单方向前进而不准后退?

实验 24 光电效应测定普朗克常数

1905 年,爱因斯坦为了解释光电效应现象,提出了"光量子"假设,从而推广了普朗克提出的"能量子"假说,也圆满地解释了光电效应。1916 年,密立根首次用油滴实验证实了爱因斯坦光电效应方程,并在当时的条件下,较为精确地测得普朗克常数,这与现在的公认值比较,相对误差也只有 0.9%,为此,1923 年,密立根因这项工作而荣获诺贝尔物理学奖。如今,利用光电效应制成的光电器件,如光电管、光电池、光电倍增管等已成为生产和科研中必不可少的重要器件。

【实验目的】

1. 了解光电效应的基本规律,验证爱因斯坦光电效应方程。
2. 掌握用光电效应法测定普朗克常数 h。

【实验仪器】

ZKY-GD-4 智能光电效应实验仪。仪器由汞灯及电源、滤色片、光阑、光电管、智能测试仪构成,仪器结构如图 2-24-1 所示。测试仪有手动和自动两种工作模式,具有数据自动采集、存储、实时显示采集数据以及采集完成后查询数据的功能。

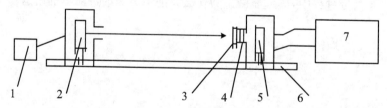

1.指示灯电源;2.指示灯;3.滤色片;4.光阑;5.光电管;6.基座;7.测试仪

图 2-24-1 仪器结构示意图

【实验原理】

光电效应的实验示意图如图 2-24-2 所示,图中 GD 是光电管;K 是光电管阴极;A 为光电管阳极;Ⓖ 为微电流计;Ⓥ 为电压表;E 为电源;R 为滑线变阻器,调节 R 可以得到实验所需要的加速电压 U_{AK}。

光电效应的规律有:

(1) 当入射光频率不变时,光电流的大小与入射光的强度成正比。

(2) 光电子的最大值初动能与入射光的强度无关,仅与入射光的频率有关,频率越高,光电子的动能越大。

(3) 当入射光的频率小于阴极材料的截止频率(红限 ν_0)时,不论光强多么大、照射时间多长,都不能产生光电流。

(4) 光电效应是瞬时的,即使入射光强度非常微弱,只要频率大于红限,在开始照射后就会立即产生光电子。

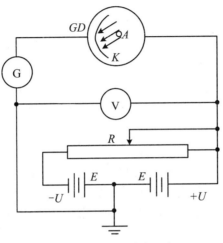

图 2-24-2 光电效应示意

光电管的伏安特性曲线如图 2-24-3 所示,当光电管加上减速电压(即 K 为正电势,A 为负电势),光电子则被减速,光电流逐渐减小,当减速电压达到截止电压 U_a 时,光电流为零。若用不同频率的单色光照射阴极,测得截止频率与入射光频率的关系如图 2-24-4 所示,根据爱因斯坦方程有

$$U_a = \frac{h}{e}\nu - \frac{h\nu_0}{e}$$

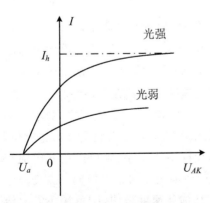

图 2-24-3 光电管的伏安特性

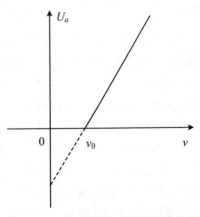

图 2-24-4 光电管遏止电位的频率特性

由直线的斜率即可求出普朗克常数 h，由直线的截距则可以求出红限 ν_0 和逸出功。

遏止电位差的确定：如果使用的光电管对可见光都比较灵敏，而暗电流也很小。由于阳极包围着阴极，即使加速电位差为负值时，阴极发射的光电子仍能大部分射到阳极。而阳极材料的逸出功又很高，可见光照射时是不会发射光电子的，其电流特性曲线如图 2-24-5 所示。图中电流为零时的电位就是遏止电位差 U_a。然而，由于光电管在制造过程中，工艺上很难保证阳极不被阴极材料所污染（这里污染的含义是：阴极表面的低逸出功材料溅射到阳极上），而且这种污染还会在光电管的使用过程中日趋加重。被污染后的阳极逸出功降低，当从阴极反射过来的散射光照到它时，便会发射出光电子而形成阳极光电流。实验中测得的电流特性曲线，是阳极光电流和阴极光电流叠加的结果，如图 2-24-6 的实线所示。由图 2-24-6 可见，由于阳极的污染，实验时出现了反向电流。特性曲线与横轴交点的电流虽然等于"0"，但阴极光电流并不等于"0"，交点的电位差 U_a' 也不等于遏止电位差 U_a。两者之差由阴极电流上升的快慢和阳极电流的大小所决定。如果阴极电流上升越快，阳极电流越小，U_a' 与 U_a 之差也越小。从实际测量的电流曲线上看，正向电流上升越快，反向电流越小，则 U_a' 与 U_a 之差也越小。

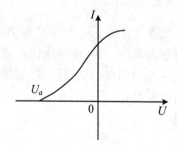 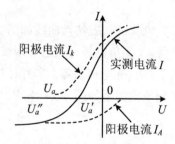

图 2-24-5　光电管理想的电流特性曲线图　　图 2-24-6　光电管老化后电流特性曲线

由图 2-24-6 可以看到，由于电极结构等种种原因，实际上阳极电流往往饱和缓慢，在加速电位差负到 U_a 时，阳极电流仍未达到饱和，所以反向电流刚开始饱和的拐点电位差 U_a'' 也不等于遏止电位差 U_a。两者之差视阳极电流的饱和快慢而异。阳极电流饱和得越快，两者之差越小。若在负电压增至 U_a 之前阳极电流已经饱和，则拐点电位差就是遏止电位差 U_a。总而言之，对于不同的光电管应该根据其电流特性曲线的不同采用不同的方法来确定其遏止电位差。假如光电流特性的正向电流上升得很快，反向电流很小，则可以用光电流特性曲线与暗电流特性曲线交点的电位差 U_a' 近似地当作遏止电位差 U_a（交点法）。若反向特性曲线的反向电流虽然较大，但其饱和速度很快，则可用反向电流开始饱和时的拐点电位差 U_a'' 当作遏止电位差 U_a（拐点法）。

【实验内容及步骤】

1. 测试前准备

将测试仪及汞灯电源接通（盖上光电管暗箱遮光盖），预热 20 min。调整光电管与汞灯距离为约 40 cm 并保持不变。将光电管暗箱电压输入端与测试仪电压输出端连接起来。将"电流量程"选择开关置于所选档位，进行测试前调零。测试仪在开机或改变电流量程后，都会自动进入调零状态。调零时应将光电管暗箱电流输出端与测试仪微电流输入端断开，旋转"调零"旋钮。调节好后，将电流输入端连接起来，按下"调零确认/系统清零"键，进入测试状态。

2. 测普朗克常数 h

因实验仪器的电流放大器灵敏度高，稳定性好；光电管阳极反向电流，暗电流水平也较低。在测量各谱线的截止电压 U_a 时，采用交点法，直接将各谱线照射下测得的电流为零时对应的电压 U_{A_K} 的绝对值作为截止电压 U_a。在测量截止电压时，把电流量程放到 10^{-13} A 挡。

(1) 手动测量。使"手动/自动"模式键处于手动模式。将直径 4 mm 的光阑及 365.0 nm 的滤色片装在光电管暗箱光输入口上，打开汞灯遮光盖。用电压调节键调节 U_{A_K} 的值，观察电流值的变化，寻找电流为零时对应的 U_{A_K}，以其绝对值作为该波长对应的 U_a 的值，并将数据记入表 2-24-1 中，依次换上 365 nm、405 nm、436 nm、546 nm、577 nm 的滤色片，重复以上测量步骤。

(2) 自动测量。把"手动/自动"模式键切换到自动模式。用电压调节键设置扫描起始和终止电压。对各条谱线，扫描范围大致设置为：365 nm，$-1.90 \sim -1.50$ V；405 nm，$-1.600 \sim -1.20$ V；436 nm，$-1.35 \sim -0.95$ V；546 nm，$-0.80 \sim -0.40$ V；577 nm，$-0.65 \sim -0.25$ V。设置好扫描起始和终止电压后，按动相应的存储区按键，仪器自动扫描，并显示、存储相应的电压、电流值。扫描完成后，进行数据查询，将数据记入表 2-24-1 中，然后进行下一次测量。

(3) 测光电管的伏安特性曲线。调节到伏安特性测试状态。电流表量程选择 10^{-10} A 档，并重新调零。将直径 4 mm 的光阑及所选谱线的滤色片装在光电管暗箱光输入口上。选用"手动/自动"两种模式之一键，将所测 U_{A_K} 及 I 的数据记入表 2-24-2 中，并作出对应的伏安特性曲线。

验证光电管的饱和光电流 I_H 与入射光强 P 关系。在 U_{A_K} 为 50 V 时，将仪器设置为手动模式，对同一谱线、同一入射距离，改变光阑孔径，测量并记录对应的电流值于表 2-24-3 中；对同一谱线、同一光阑时，改变光电管与入射光之间的距离 L，测量并记录对应的电流值于表 2-24-4 中。

【数据处理】

由实验数据,作出 U_a-ν 图,求出直线的斜率 K,利用 $h=eK$ 求出普朗克常数,并与 h 的公认值 h_0 比较,分别求出手动、自动时的相对误差。

表 2-24-1　U_{A_K}-ν 关系

波长 λ_i(nm)		365	405	436	546	577
频率 ν_i(10^{14} Hz)		8.214	7.408	6.879	5.490	5.196
截止电压 U_{a_i}(V)	手动					
	自动					

表 2-24-2　I-U_{A_K} 关系

U_{A_K} (V)							
$I(\times 10^{-10}\text{A})$							
U_{A_K} (V)							
$I(\times 10^{-10}\text{A})$							

表 2-24-3　I_H-P 关系

$U_{A_K}=$ _____ V　　$\lambda=$ _____ nm　　$L=$ _____ mm

光阑孔 Φ			
$I(\times 10^{-10}\text{A})$			

表 2-24-4　I_H-P 关系

$U_{A_K}=$ _____ V　　$\lambda=$ _____ nm　　光阑孔 $\Phi=$ _____ mm

距离 L			
$I(\times 10^{-10}\text{A})$			

【注意事项】

1. 光源与接收器之间选择一个合适的距离。
2. 接收器严禁在无遮挡的情况下直接照射,以免损坏光电管。
3. 不要用手触摸光学元件。
4. 实验中光电接收器的窗口应处在光斑的中心,即光强分布较为均匀的地方,以免影响数据的精确度。

【思考题】

1. 测定普朗克常数的关键是什么?怎样根据光电管的特性曲线选择适宜

的测定遏止电压 U_a 的方法？

2. 从遏止电压 U_a 与入射光的频率 ν 的关系曲线中，你能确定阴极材料的逸出功吗？

3. 本实验存在哪些误差来源？实验中如何解决这些问题？

第 3 章　综合及提高性实验

实验 25　空　气　热　机

热机是将热能转换为机械能的机器,斯特林 1816 年发明的空气热机,以空气作为工作介质,是最古老的热机之一。虽然现在已发展了内燃机、燃气轮机等新型热机,但空气热机结构简单,便于帮助理解热机原理与卡诺循环等热力学中的重要内容。

【实验目的】

1. 理解热机原理及循环过程。
2. 测量不同冷热端温度时的热功转换值,验证卡诺定理。
3. 测量热机输出功率随负载及转速的变化关系,计算热机实际效率。

【实验仪器】

空气热机实验仪,空气热机测试仪,电加热型热机(如图 3-25-1 所示)及电源,双踪示波器。

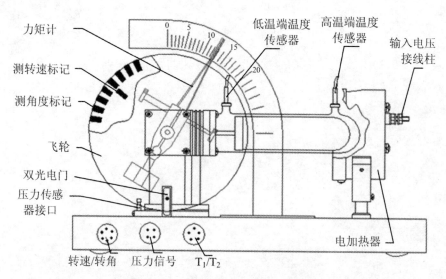

图 3-25-1　电加热型热机结构示意图

【实验原理】

空气热机的结构及工作原理如图 3-25-2 所示。热机主机由高温区、低温区、工作活塞及汽缸、位移活塞及汽缸、飞轮、连杆、热源等部分组成。

热机中部为飞轮与连杆机构,工作活塞与位移活塞通过连杆与飞轮连接。飞轮的下方为工作活塞与工作汽缸,飞轮的右方为位移活塞与位移汽缸,工作汽缸与位移汽缸之间用通气管连接。位移汽缸的右边是高温区,可用电热方式或酒精灯加热,位移汽缸左边有散热片,构成低温区。

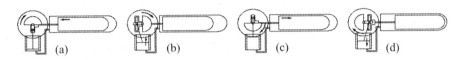

图 3-25-2 空气热机工作原理示意图

工作活塞使汽缸内气体封闭,并在气体的推动下对外做功。位移活塞是非封闭的占位活塞,其作用是在循环过程中使气体在高温区与低温区间不断交换,气体可通过位移活塞与位移汽缸间的间隙流动。工作活塞与位移活塞的运动是不同步的,当某一活塞处于位置极值时,它本身的速度最小,而另一个活塞的速度最大。

当工作活塞处于最底端时,位移活塞迅速左移,使汽缸内气体向高温区流动,如图 3-25-2(a)所示;进入高温区的气体温度升高,使汽缸内压强增大并推动工作活塞向上运动,如图 3-25-2(b)所示,在此过程中热能转换为飞轮转动的机械能;工作活塞在最顶端时,位移活塞迅速右移,使汽缸内气体向低温区流动,如图 3-25-2(c)所示;进入低温区的气体温度降低,使汽缸内压强减小,同时工作活塞在飞轮惯性力的作用下向下运动,完成循环,如图 3-25-2(d)所示。在一次循环过程中气体对外所作净功等于 P-V 图所围的面积。

根据卡诺对热机效率的研究而得出的卡诺定理,对于循环过程可逆的理想热机,热功转换效率为

$$\eta = A/Q = (Q_1 - Q_2)/Q_1 = (T_1 - T_2)/T_1 = \Delta T/T_1 \qquad (3\text{-}25\text{-}1)$$

式中,A 为每一循环中热机做的功,Q_1 为热机每一循环从热源吸收的热量,Q_2 为热机每一循环向冷源放出的热量,T_1 为热源的绝对温度,T_2 为冷源的绝对温度。

实际的热机都不可能是理想热机,由热力学第二定律可以证明,循环过程不可逆的实际热机,其效率不可能高于理想热机,此时热机效率应为

$$\eta \leqslant \Delta T/T_1$$

卡诺定理指出了提高热机效率的途径,就过程而言,应当使实际的不可逆机尽量接近可逆机。就温度而言,应尽量地提高冷热源的温度差。

热机每一循环从热源吸收的热量 Q_1 正比于 $\Delta T/n$,n 为热机转速,η 正比于 $nA/\Delta T$。n,A,T_1 及 ΔT 均可测量,测量不同冷热端温度时的 $nA/\Delta T$,观察它与 $\Delta T/T_1$ 的关系,可验证卡诺定理。

当热机带负载时,热机向负载输出的功率可由力矩计测量计算而得,且热机实际输出功率的大小随负载的变化而变化。在这种情况下,可测量计算出不同负载大小时的热机实际效率。

【实验内容及步骤】

(1) 用手顺时针拨动飞轮,仔细观察热机循环过程中工作活塞与位移活塞的运动情况,切实理解空气热机的工作原理。

(2) 将各部分仪器连接起来,开始实验。取下力矩计,将加热电压加到第 11 档(36 V 左右)。等待 6~10 min,加热电阻丝已发红后,用手顺时针拨动飞轮,热机即可运转(若运转不起来,可看看热机测试仪显示的温度,冷热端温度差在 100 ℃以上时易于启动)。

(3) 减小加热电压至第 1 档(24 V 左右),调节示波器,观察压力和容积信号,以及压力和容积信号之间的相位关系等,并把 P-V 图调节到最适合观察的位置。等待约 10 min,温度和转速平衡后,记录当前加热电压,并从热机测试仪上读取温度和转速,从双踪示波器显示的 P-V 图估算 P-V 图面积,记入表 3-25-1 中。

逐步加大加热功率,等待约 10 min,温度和转速平衡后,重复以上测量 4 次以上,将数据记入表 3-25-1 中。

以 $\Delta T/T_1$ 为横坐标,$nA/\Delta T$ 为纵坐标,在坐标纸上作 $nA/\Delta T$ 与 $\Delta T/T_1$ 的关系图,验证卡诺定理。

(4) 在最大加热功率下,用手轻触飞轮让热机停止运转,然后将力矩计装在飞轮轴上,拨动飞轮,让热机继续运转。调节力矩计的摩擦力(不要停机),待输出力矩、转速、温度稳定后,读取并记录各项参数于表 3-25-2 中。

保持输入功率不变,逐步增大输出力矩,重复以上测量 5 次以上。

以 n 为横坐标,P_0 为纵坐标,在坐标纸上作 P_0 与 n 的关系图,表示同一输入功率下,输出偶合不同时输出功率或效率随偶合的变化关系。

【数据表格及处理】

1. 测量不同冷热端温度时的热功转换值

表 3-25-1　测量不同冷热端温度时的热功转换值

加热电压 V	热端温度 T_1	温度差 ΔT	$\Delta T/T_1$	A	热机转速 n	$nA/\Delta T$

2.测量热机输出功率随负载及转速的变化关系

表 3-25-2　测量热机输出功率随负载及转速的变化关系　　　输入功率 $P_i = UI$

热端温度 T_1	温度差 ΔT	输出力矩 M	热机转速 n	输出功率 $P_0 = 2\pi nM$	输出效率 $\eta_{oi} = P_0/P_i$

【注意事项】

1. 加热端在工作时温度很高,而且在停止加热后 1 h 内仍然会有很高温度,请小心操作,否则会被烫伤。

2. 热机在没有运转状态下,严禁长时间大功率加热,若热机运转过程中因各种原因停止转动,必须用手拨动飞轮帮助其重新运转或立即关闭电源,否则会损坏仪器。

3. 热机汽缸等部位为玻璃制造,容易损坏,请谨慎操作。

4. 记录测量数据前须保证已基本达到热平衡,避免出现较大误差。等待热机稳定读数的时间一般在 10 min 左右。

5. 在读力矩的时候,力矩计可能会摇摆。这时可以用手轻托力矩计底部,缓慢放手后可以稳定力矩计。如还有轻微摇摆,读取中间值。

6. 飞轮在运转时,应谨慎操作,避免被飞轮边沿割伤。

【思考题】

1. 为什么示波器上的 P-V 图的面积即等于热机在一次循环过程中将热能转换为机械能的数值?

2. 分析造成本实验误差的主要原因有哪些?

附录:用示波器估算 P-V 图面积的方法

示波器 P-V 图面积的估算方法如下。用 Q9 线将仪器上的示波器输出信号和双踪示波器的 X、Y 通道相连。将 X 通道的调幅旋钮旋到"0.1 V"档,将 Y 通道的调幅旋钮旋到"0.2 V"档,然后将两个通道都打到交流档位,并在"X-Y"档观测 P-V 图,再调节左右和上下移动旋钮,可以观测到比较理想的 P-V 图。再根据示波器上的刻度,在坐标纸上描绘出 P-V 图,如图 3-25-3 所示。以图中

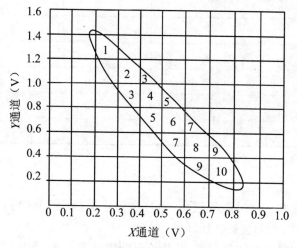

图 3-25-3 示波器观测的热机实验 P-V 曲线图

椭圆所围部分每个小格为单位,采用割补法、近似法(如近似三角形、近似梯形、近似平行四边形等)等方法估算出每小格的面积,再将所有小格的面积加起来,得到 P-V 图的近似面积,单位为"V^2"。根据容积 V、压强 P 与输出电压的关系,可以换算为焦耳。

容积(X 通道):

$$1V = 1.333 \times 10^{-5} \text{ m}^3$$

压力(Y 通道):

$$1V = 2.164 \times 10^4 \text{ Pa}$$

则

$$1\text{ V}^2 = 0.288\text{ J}$$

如图3-25-3所示,将椭圆围成的部分通过割补法可以大致划分为约11个小方格(图中标的数字为小方格的个数,第11个格为未标识格的面积和),而每个小方格的面积为

$$0.1 \times 0.2 = 0.02\text{ V}^2$$

则11个小方格面积为0.22 V^2,再根据电压转换为焦耳的换算公式可以得到

$$0.22 \times 0.288 = 0.063\,5\text{ J}$$

实验 26 液体黏滞系数的测定

液体黏滞系数又称液体黏度,是液体的重要性质之一,在工程、生产技术及医学方面都有着重要的应用。测量液体黏度有多种方法,本实验所采用的落球法是一种绝对法测量液体的黏度,物理现象明显,概念清晰,实验操作和训练内容较多。

【实验目的】

1. 了解温度控制的原理。
2. 用落球法测量不同温度下蓖麻油的黏滞系数。

【实验仪器】

变温黏滞系数测定仪,温控实验仪,螺旋测微计,秒表,钢球若干。

【实验原理】

1. 落球法测定液体的黏度

一个在静止液体中下落的小球受到重力、浮力和黏滞阻力三个力的作用,如果小球的速度 v 很小,且液体可以看成在各方向上都是无限广阔的,则从流体力学的基本方程可以导出表示黏滞阻力的斯托克斯公式

$$F = 3\pi \eta v d \tag{3-26-1}$$

式中,d 为小球直径。由于黏滞阻力与小球速度 v 成正比,小球在下落很短一段距离后(参见附录的推导),所受的三个力达到平衡,小球将以 v_0 匀速下落,此时有

$$\frac{1}{6}\pi d^3 (\rho - \rho_0) g = 3\pi \eta v_0 d \tag{3-26-2}$$

式中,ρ 为小球密度,ρ_0 为液体密度。由式(3-26-2)可解出黏度 η 的表达式

$$\eta = \frac{(\rho - \rho_0) g d^2}{18 v_0} \tag{3-26-3}$$

本实验中,小球在直径为 D 的玻璃管中下落,液体在各方向无限广阔的条件不满足,此时黏滞阻力的表达式可加修正系数

$$(1 + 2.4 d/D)$$

而式(3-26-3)可修正为

$$\eta = \frac{(\rho - \rho_0) g d^2}{18 v_0 (1 + 2.4 d/D)} \tag{3-26-4}$$

当小球的密度较大、直径不是太小、而液体的黏度值又较小时,小球在液体

中的平衡速度 v_0 会达到较大值，奥西恩-果尔斯公式反映出了液体运动状态对斯托克斯公式的影响

$$F = 3\pi\eta v_0 d(1 + \frac{3}{16}Re - \frac{19}{1\,080}Re^2 + \cdots) \tag{3-26-5}$$

式中，Re 称为雷诺数，是表征液体运动状态的无量纲参数。

$$Re = v_0 d\rho_0/\eta \tag{3-26-6}$$

当 Re 小于 0.1 时，可认为式(3-26-4)、式(3-26-6)成立。当 $0.1 < Re < 1$ 时，应考虑式(3-26-5)中 1 级修正项的影响，当 Re 大于 1 时，还须考虑高次修正项。

考虑式(3-26-5)中 1 级修正项的影响及玻璃管的影响后，黏度 η_1 可表示为

$$\eta_1 = \frac{(\rho - \rho_0)gd^2}{18v_0(1 + 2.4d/D)(1 + 3Re/16)} = \eta\frac{1}{1 + 3Re/16} \tag{3-26-7}$$

由于 $3Re/16$ 是远小于 1 的数，将 $1/(1 + 3Re/16)$ 按幂级数展开后近似为 $1 - 3Re/16$，式(3-26-7)又可表示为

$$\eta_1 = \eta - \frac{3}{16}v_0 d\rho_0 \tag{3-26-8}$$

已知或测量得到 ρ、ρ_0、D、d、v 等参数后，由式(3-26-8)计算黏度 η，再由式(3-26-6)计算 Re，若需计算 Re 的 1 级修正，则由式(3-26-8)计算经修正的黏度 η_1。

在国际单位制中，η 的单位是 Pa·s(泊·秒)，在厘米、克、秒制中，η 的单位是 P(泊)或 cP(厘泊)，它们之间的换算关系是

$$1\,\text{Pa·s} = 10\,\text{P} = 1\,000\,\text{cP} \tag{3-26-9}$$

2. 温度调节原理

温度调节是自动控制系统中应用最为广泛的一种调节规律，自动控制系统的原理可用图 3-26-1 说明。

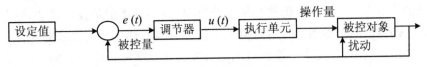

图 3-26-1 自动控制系统框图

假如被控量与设定值之间有偏差

$$e(t) = 设定值 - 被控量$$

调节器依据 $e(t)$ 及一定的调节规律输出调节信号 $u(t)$，执行单元按 $u(t)$ 输出操作量至被控对象，使被控量逼近直至最后等于设定值。调节器是自动控制系统的指挥机构。

在温控系统中，调节器采用 PID 调节，执行单元是由可控硅控制加热电流的加热器，操作量是加热功率，被控对象是水箱中的水，被控量是水的温度。

温度调节器是按偏差的比例(proportional)、积分(integral)、微分(differential)进行调节,其调节规律可表示为

$$u(t) = K_P\left[e(t) + \frac{1}{T_I}\int_0^t e(t)\mathrm{d}t + T_D \frac{\mathrm{d}e(t)}{\mathrm{d}t}\right] \quad (3\text{-}26\text{-}10)$$

式中,第一项为比例调节,K_P为比例系数。第二项为积分调节,T_I为积分时间常数。第三项为微分调节,T_D为微分时间常数。

温度控制系统在调节过程中温度随时间的一般变化关系可用图 3-26-2 表示,控制效果可用稳定性,准确性和快速性评价。

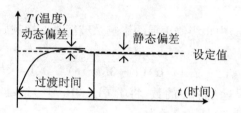

图 3-26-2　温度调节系统过渡过程

系统重新设定(或受到扰动)后经过一定的过渡过程能够达到新的平衡状态,则为稳定的调节过程;若被控量反复振荡,甚至振幅越来越大,则为不稳定调节过程,不稳定调节过程是有害而不能采用的。准确性可用被调量的动态偏差和静态偏差来衡量,二者越小,准确性越高。快速性可用过渡时间表示,过渡时间越短越好。实际控制系统中,上述三方面指标常常是互相制约、互相矛盾的,应结合具体要求综合考虑。

由图 3-26-2 可见,系统在达到设定值后一般并不能立即稳定在设定值,而是超过设定值后经一定的过渡过程才重新稳定,产生超调的原因可从系统惯性、传感器滞后和调节器特性等方面予以说明。系统在升温过程中,加热器温度总是高于被控对象温度,在达到设定值后,即使减小或切断加热功率,加热器存储的热量在一定时间内仍然会使系统升温,降温有类似的反向过程,这称之为系统的热惯性。传感器滞后是指由于传感器本身热传导特性或是由于传感器安装位置的原因,使传感器测量到的温度比系统实际的温度在时间上滞后,系统达到设定值后调节器无法立即作出反应,产生超调。对于实际的控制系统,必须依据系统特性合理整定 PID 参数,才能取得好的控制效果。

由式(3-26-10)可见,比例调节项输出与偏差成正比,它能迅速对偏差作出反应,并减小偏差,但它不能消除静态偏差。这是因为任何高于室温的稳态都需要一定的输入功率维持,而比例调节项只有偏差存在时才输出调节量。增加比例调节系数 K_P 可减小静态偏差,但在系统有热惯性和传感器滞后时,会使超调加大。

积分调节项输出与偏差对时间的积分成正比,只要系统存在偏差,积分

调节作用就不断积累,输出调节量以消除偏差。积分调节作用缓慢,在时间上总是滞后于偏差信号的变化。增加积分作用(减小 T_I)可加快消除静态偏差,但会使系统超调加大,增加动态偏差,积分作用太强甚至会使系统出现不稳定状态。

微分调节项输出与偏差对时间的变化率成正比,它阻碍温度的变化,能减少超调量,克服振荡。在系统受到扰动时,它能迅速做出反应,减少调整时间,提高系统的稳定性。

【实验内容和步骤】

1. 检查仪器后面的水位管,将水箱内的水加到适当值,平常加水从仪器顶部的注水孔注入。若水箱排空后第 1 次加水,应该用软管从出水孔将水经水泵加入水箱,以便排出水泵内的空气,避免水泵空转(无循环水流出)或发出嗡鸣声。

2. 设定温度控制参数。

3. 测定小球直径。由式(3-26-6)及式(3-26-4)可见,当液体黏度及小球密度一定时,雷诺数 $Re \propto d^3$。在测量蓖麻油的黏度时建议采用直径 $1\sim 2$ mm 的小球,这样可不考虑雷诺修正或只考虑 1 级雷诺修正。用螺旋测微计测定小球的直径 d,记录数据于表 3-26-1 中。

4. 测定小球在液体中下落速度并计算黏度。温控仪温度达到设定值后再等约 10 min,使样品管中的待测液体温度与加热水温完全一致,才能测液体黏度(如图 3-26-3 所示)。用镊子夹住小球沿样品管中心轻轻放入液体,观察小球是否一直沿中心下落,若样品管倾斜,应调节其铅直。测量过程中,尽量避免对液体的扰动。用停表测量小球落经一段距离的时间 t,并计算小球速度 v_0,用式(3-26-4)和式(3-26-8)计算黏度 η,记录数据于表 3-26-2 中。

图 3-26-3 变温黏度仪

【数据表格与处理】

表 3-26-1　小球的直径

次数	1	2	3	4	5	6	7	8	平均值
d (10^{-3} m)									

表 3-26-2　黏度的测定

$\rho = 7.8 \times 10^3 \text{ kg/m}^3 \qquad \rho_0 = 0.95 \times 10^3 \text{ kg/m}^3 \qquad D = 2.0 \times 10^{-2} \text{ m}$

温度 (℃)	时间(s) 1	2	3	4	5	平均	速度 (m/s)	η (Pa·s) 测量值	*η(Pa·s) 标准值
10									2.420
15									
20									0.986
25									
30									0.451
35									
40									0.231
45									
50									
55									

【思考题】

1. 如何判断小球在做匀速运动？
2. 用激光光电开关测量小球下落时间的方法测量液体黏滞系数有何优点？

实验 27　热敏电阻的温度特性研究

热敏电阻是阻值对温度变化非常敏感的一种半导体电阻,它有负温度系数和正温度系数两种。负温度系数的热敏电阻的电阻率随着温度的升高而下降(一般是按指数规律);而正温度系数热敏电阻的电阻率随着温度的升高而升高;金属的电阻率则是随温度的升高而缓慢地上升。热敏电阻对于温度的反应要比金属电阻灵敏得多,热敏电阻的体积也可以做得很小,用它来制成的半导体温度计,已广泛地使用在自动控制和科学仪器中,并在物理、化学和生物学研究等方面得到了广泛的应用。

【实验目的】

1. 研究热敏电阻的温度特性。
2. 掌握单臂电桥测电阻原理。

【实验仪器】

QJ23 型单臂电桥(或其他电桥),DHT-2 型多档恒流控温实验仪等。

本实验热敏电阻固定在恒温加热器的发热元件中,通过温控仪加热。在"热敏电阻"端钮接入单臂电桥(或其他电阻测量仪),测定负温度系数热敏电阻的电阻值和在不同的温度下,测出热敏电阻的电阻值。

在加热装置的圆盖上有"PTC 热敏电阻"端钮,该端钮通过专用连接线接入单臂电桥(或其他电阻测量仪)的电阻测量端,测定正温度系数热敏电阻的电阻值。在不同的温度下,测出 PTC 热敏电阻的电阻值。

注意:正温度系数热敏电阻(PTC)在温度较低的起始段时有一个很小的负温度系数,在到达一定的温度点后才体现出明显的正温度系数。

【实验原理】

1. 热敏电阻温度特性

在一定的温度范围内,半导体的电阻率 ρ 和温度 T 之间有如下关系

$$\rho = A_1 e^{B/T} \tag{3-27-1}$$

式中,A_1 和 B 是与材料物理性质有关的常数,T 为绝对温度。对于截面均匀的热敏电阻,其阻值 R_T 可用下式表示

$$R_T = \rho \frac{l}{s} \tag{3-27-2}$$

式中,R_T 的单位为 Ω,ρ 的单位为 $\Omega \cdot cm$,l 为两电极间的距离,单位为 cm,s 为电阻的横截面积,单位为 cm^2。将式(3-27-1)代入式(3-27-2),令

$$A = A_1 \frac{l}{s}$$

于是可得

$$R_T = A e^{B/T} \qquad (3\text{-}27\text{-}3)$$

对一定的电阻而言，A 和 B 均为常数。对式(3-27-3)两边取对数，则有

$$\ln R_T = B \frac{1}{T} + \ln A \qquad (3\text{-}27\text{-}4)$$

$\ln R_T$ 与 $1/T$ 呈线性关系，在实验中测得各个温度 T 的 R_T 值后，即可通过作图求出 B 和 A 值，代入式(3-27-3)，即可得到 R_T 的表达式。式中，R_T 为在温度 $T(K)$时的电阻值(Ω)，A 为在某温度时的电阻值(Ω)，B 为常数(K)，其值与半导体材料的成分和制造方法有关。图 3-27-1 表示了热敏电阻与普通电阻的不同温度特性。

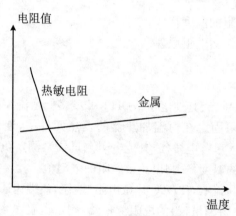

图 3-27-1 热敏电阻与普通电阻的温度特性

2. 单臂电桥原理

单臂电桥线路如图 3-27-2 所示，4 个电阻 R_1、R_2、R_0、R_x 连成一个四边形，称电桥的 4 个臂。四边形的一条对角线接有检流计，称为"桥"，四边形的另一个对角线上接电源 E，称为电桥的电源对角线。电源接通，电桥线路中各支路均有电流通过。

当 C、D 之间的电位不相等时，桥路中的电流 $I_g \neq 0$，检流计的指针发生偏转。当 C、D 两点之间的电位相等时，"桥"路中的电流 $I_g = 0$，检流计指针指零，这时我们称电桥处于平衡状态。

当电桥平衡时，$I_g = 0$，则有

$$\begin{cases} U_{AC} = U_{AD} \\ U_{CB} = U_{DB} \end{cases}, \quad 即 \begin{cases} I_1 R_x = I_2 R_1 \\ I_1 R_0 = I_2 R_2 \end{cases}$$

于是

$$R_x / R_0 = R_1 / R_2$$

根据电桥的平衡条件，若已知其中 3 个臂的电阻，就可以计算出另一个桥

臂的电阻,因此,电桥测电阻的计算公式为

$$R_x = \frac{R_1}{R_2} R_0 \tag{3-27-5}$$

电阻 R_1/R_2 为电桥的比率臂,R_0 为比较臂,常用标准电阻箱。R_x 作为待测臂,在热敏电阻测量中用 R_T 表示。

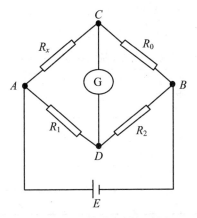

图 3-27-2 单臂电桥电路图

【实验内容及步骤】

1. 如图 3-27-3 所示,连接线路,测量负温度系数和正温度系数的热敏电阻时,QJ23 电桥的 R_x 端二接线柱与加热装置上相应的热敏电阻连接导线相连,即可测量。

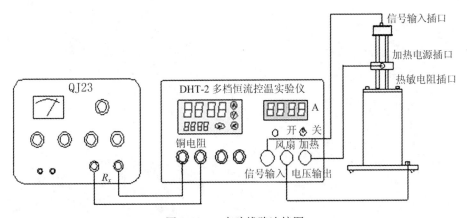

图 3-27-3 实验线路连接图

2. 根据不同的温度值,估计被测热敏电阻(或铜电阻)的阻值,选择合适的电桥比例,并把比较臂放在适当的位置,先按下电桥的"B"按钮(电源按钮),再按下"G"按钮(检流计按钮),仔细调节比较臂,使检流计指零。

3. 改变热敏电阻温度,重复以上步骤,测量不同温度下热敏电阻阻值。

4. 根据实验测得的数据,在坐标纸上描绘出 R_T-T 关系曲线。

【数据表格及处理】

1. 测量不同温度条件下热敏电阻阻值

不同温度条件下热敏电阻值测量数据记录于表 3-27-1 中。

表 3-27-1　热敏电阻温度特性测量数据记录表格　　　室温＿＿＿℃

序　号	1	2	3	4	5	6	7	8	9	10
温度(℃)										
电阻(kΩ)										
序　号	11	12	13	14	15	16	17	18	19	20
温度(℃)										
电阻(kΩ)										

2. 在坐标纸上绘出热敏电阻温度 R_T-T 关系特性曲线

【思考题】

1. 单臂电桥测电阻时如何选择倍率和比较臂的阻值?
2. 热敏电阻有何应用?
3. 简述热敏电阻温度仪测量温度的基本原理。

实验 28 铁磁材料的磁滞回线及基本磁化曲线

磁性材料在通讯、计算机和信息存储、电力、电子仪器、交通工具等领域有着十分广泛的应用。磁化曲线和磁滞回线反映磁性材料在外磁场作用下的磁化特性,根据材料的不同磁特性,可以用于电动机、变压器、电感、电磁铁、永久磁铁、磁记忆元件等。动态磁滞回线是磁性材料的交流磁特性,其在工业中有重要应用,因为交流电动机、变压器的铁芯都是在交流状态下使用的。因此,研究铁磁材料的磁化性质,不论在理论上,还是在实际应用上都有重大的意义。

【实验目的】

1. 认识铁磁物质的磁化规律,了解磁性材料的磁滞回线和磁化曲线的概念。
2. 用示波器观察两种样品的磁滞回线。
3. 测绘样品的基本磁滞回线和基本磁化曲线,测定材料的饱和磁感应强度 B_m、剩磁 B_r、矫顽力 H_c 和磁滞损耗。

【实验仪器】

磁滞回线实验仪,示波器。

【实验原理】

1. 铁磁材料的磁化及磁导率

铁磁物质是一种性能特异、用途广泛的材料。铁、钴、镍及其众多合金以及含铁的氧化物(铁氧体)均属铁磁物质。其特征是在外磁场作用下能被强烈磁化,故磁导率 μ 很高。另一特征是磁滞,即磁化场作用停止后,铁磁质仍保留磁化状态,它的磁感应强度不仅依赖于外磁场强度,而且还依赖于原先的磁化程度。铁磁物质的磁化过程很复杂,这主要是由于它具有磁滞的特性。一般都是通过测量磁化场的磁场强度 H 和磁感应强度 B 之间的关系来研究其磁性规律的。图 3-28-1 为铁磁物质的磁感应强度 B 与磁化场强度 H 之间的关系曲线。

当铁磁物质中不存在磁化场时,H 和 B 均为零,即图 3-28-1 中 B-H 曲线的坐标原点 O。随着磁化场 H 的增加,B 也随之增加,但两者之间不是线性关系。当 H 增加到一定值时,B 不再增加(或增加十分缓慢),这说明该物质的磁化已达到饱和状态。H_m 和 B_m 分别为饱和时的磁场强度和磁感应强度(对应于图 3-28-1 中 a 点)。如果再使 H 逐渐退到零,则与此同时 B 也逐渐减少。然而 H 和 B 对应的曲线轨迹并不沿原曲线轨迹 aO 返回,而是沿另一曲线 ab 下降到 B_r,这说明当 H 下降为零时,铁磁物质中仍保留一定的磁性,这种现象称为磁滞，B_r 称为剩磁。将磁化场反向，再逐渐增加其强度，直到 $H=-H_c$，磁感应强度消失，这说明要消除剩磁，必须施加反向磁场 H_c。H_c 称为矫顽力。它的大小反映铁磁材料保持剩磁状态的能力。图 3-28-1 表明，当磁场按 $H_m \to O \to -H_c \to -H_m \to O \to H_c \to H_m$ 次序变化时，B 所经历的相应变化为 $B_m \to B_r \to O \to -B_m \to -B_r \to O \to B_m$。于是得到一条闭合的 $B\text{-}H$ 曲线，称为磁滞回线。所以，当铁磁材料处于交变磁场中时（如变压器中的铁心），它将沿磁滞回线反复被磁化→去磁→反向磁化→反向去磁。在此过程中要消耗额外的能量，并以热的形式从铁磁材料中释放，这种损耗称为磁滞损耗。可以证明，磁滞损耗与磁滞回线所围面积成正比。应该说明，对于初始态为 $H=0$、$B=0$ 的铁磁材料，在交变磁场强度由弱到强依次进行磁化的过程中，可以得到面积由小到大向外扩张的一簇磁滞回线，如图 3-28-2 所示。这些磁滞回线顶点的连线称为铁磁材料的基本磁化曲线。由此可近似确定其磁导率

$$\mu = B/H$$

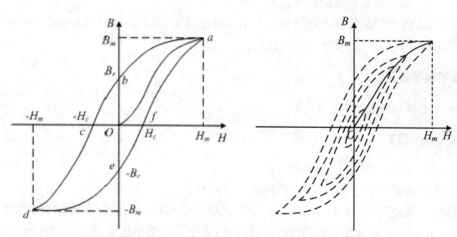

图 3-28-1　铁磁质起始磁化曲线和磁滞　　图 3-28-2　基本磁化曲线

因 B 与 H 非线性，故铁磁材料的 μ 不是常数，而是随 H 而变化，如图 3-28-3 所示。在实际应用中，常使用相对磁导率

$$\mu_r = \mu/\mu_0$$

式中，μ_0 为真空中的磁导率，铁磁材料的相对磁导率可高达数千乃至数万，这一特点是它用途广泛的主要原因之一。

可以说磁化曲线和磁滞回线是铁磁材料分类和选用的主要依据，图 3-28-4 为常见的两种典型的磁滞回线，其中软磁材料的矫顽力和剩磁小，磁滞回线狭长，磁滞回线所包围的面积小，在交变磁场中磁滞损耗小，因此适用于电子设备中的各种电感元件、变压器、镇流器的铁芯等。硬磁材料的矫顽力大，剩磁强，磁滞回线较肥胖，磁滞特性非常显著，可用来制成永磁体而应用于各种电表、扬

声器、录音机等。

2. B-H 曲线的测量方法

将样品制成闭合环状,其上均匀地绕以磁化线圈 N_1 及副线圈 N_2。交流电压 u 加在磁化线圈上,线路中串联了一取样电阻 R_1,将 R_1 两端的电压 u_1 加到示波器的 X 轴输入端上。副线圈 N_2 与电阻 R_2 和电容 C 串联成一回路,将电容 C 两端的电压 u_2 加到示波器的 Y 轴输入端,这样的电路,在示波器上可以显示和测量铁磁材料的磁滞回线。

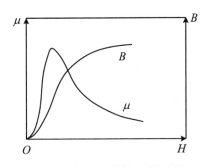

图 3-28-3　铁磁材料 μ-H 关系

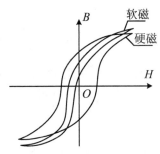

图 3-28-4　不同铁磁材料的磁滞回线

(1) 磁场强度 H 的测量。设环状样品的平均周长为 l,磁化线圈的匝数为 N_1,磁化电流为交流正弦波电流 i_1,由安培回路定律

$$Hl = N_1 i_1$$

而 $u_1 = R_1 i_1$,所以可得

$$H = \frac{N_1 \cdot u_1}{l \cdot R_1} \tag{3-28-1}$$

式中,u_1 为取样电阻 R_1 上的电压。由式(3-28-1)可知,在已知 R_1、l、N_1 的情况下,测得 u_1 的值,即可用式(3-28-1)计算磁场强度 H 的值。

(2) 磁感应强度 B 的测量。设样品的截面积为 S,根据电磁感应定律,在匝数为 N_2 的副线圈中感生电动势 E_2 为

$$E_2 = -N_2 S \frac{dB}{dt} \tag{3-28-2}$$

式中,$\frac{dB}{dt}$ 为磁感应强度 B 对时间 t 的导数。

若副线圈所接回路中的电流为 i_2,且电容 C 上的电量为 Q,则有

$$E_2 = R_2 i_2 + \frac{Q}{C} \tag{3-28-3}$$

在式(3-28-3)中,考虑到副线圈匝数不太多,因此自感电动势可忽略不计。在选定线路参数时,将 R_2 和 C 都取较大值,使电容 C 上电压降

$$u_C = \frac{Q}{C} \ll R_2 i_2$$

可忽略不计,于是式(3-28-3)可写为
$$E_2 = R_2 i_2 \tag{3-28-4}$$
把电流
$$i_2 = \frac{dQ}{dt} = C \frac{du_C}{dt}$$
代入式(3-28-4)得
$$E_2 = R_2 C \frac{du_C}{dt} \tag{3-28-5}$$
再把式(3-28-5)代入式(3-28-2)得
$$-N_2 S \frac{dB}{dt} = R_2 C \frac{du_C}{dt}$$

将此式两边对时间积分,由于 B 和 u_C 都是交变的,积分常数项为零。于是,在不考虑负号(在这里仅仅指相位差 $\pm\pi$)的情况下,磁感应强度
$$B = \frac{R_2 C u_C}{N_2 S} \tag{3-28-6}$$
式中,N_2、S、R_2 和 C 皆为常数,通过测量电容两端电压幅值 u_C 代入公式(3-28-6),可以求得材料磁感应强度 B 的值。

当磁化电流变化一个周期,示波器的光点将描绘出一条完整的磁滞回线,以后每个周期都重复此过程,形成一个稳定的磁滞回线。

【实验内容及步骤】

1. 选择一种样品按仪器盖上线路图接好线路。令 $R_1 = 2.5\ \Omega$,"U 选择"置于零位。U_H 和 U_2(即 U_1 和 U_2)分别接示波器的"X 输入"和"Y 输入",插孔 ⊥ 为公共端。

2. 样品退磁。开启实验仪电源,顺时针方向旋转"U 选择"旋钮,令电压从 0 V 增至 3 V,然后再逆时针方向转动该旋钮,将电压从最大变为 0,确保样品处于磁中性状态,即 $B = H = 0$。

3. 观察磁滞回线。开启示波器电源,令 $U = 2.2$ V,调节示波器观察磁滞回线,若图形顶部出现编织状的小环,可以降低励磁电压予以消除。

4. 观察比较样品 1 和样品 2 的磁化性能。

5. 测绘 μ-H 曲线。依次测定 $U = 0.5, 1.0, \cdots, 3.0$ V 时的 10 组 H_m 的值,作 μ-H 曲线。

6. 令 $U = 3.0$ V,$R_1 = 2.5\ \Omega$ 测定样品 1 的 B_m、剩磁 B_r、矫顽力 H_c 和磁滞损耗 [HB] 等参数。

7. 取步骤 6 中的 H 和 B 的值(点自取,表格自拟),用坐标纸绘制 B-H 曲线,并估算曲线所围面积。

【数据表格及处理】

1. 测绘基本磁化曲线与 μ-H 曲线。测量数据记录于表 3-28-1 中。

表 3-28-1　基本磁化曲线与 μ-H 曲线的测量

U(V)	H($\times 10^4$ A/m)	B($\times 10^2$ T)	$\mu=\dfrac{B}{H}$(H/m)
...	...	...	...

2. 令 $U=3.0$ V，$R_1=2.5$ Ω 测定样品 1 的 B_m、剩磁 B_r、矫顽力 H_c 和磁滞损耗 $[HB]$，测绘此时的磁滞回线（数据点自己选择，表格自己设计）。

【思考题】

1. 硬磁材料的交流磁滞回线与软磁材料的交流磁滞回线有何区别？

2. 在公式(3-28-3)中，$u_C=\dfrac{Q}{C}\ll R_2 i_2$ 时可将 u_C 忽略，$E_2=R_2 i_2$。考虑一下，由这项忽略引起的不确定度有多大？

实验 29 金属线膨胀系数的测量

绝大多数物质都具有"热胀冷缩"的特性,这是由于物体内部分子热运动加剧或减弱造成的。这个性质在工程结构的设计中,在机械和仪器的制造中,在材料的加工(如焊接)中,都应考虑到。否则,将影响结构的稳定性和仪表的精度。考虑失当,甚至会造成工程结构的损毁,仪器的失灵,以及加工焊接中的缺陷和失败等等。

【实验目的】

1. 了解干涉量度法的测量原理。
2. 学习利用干涉法测量金属棒的线胀系数。

【实验仪器】

SGR-I 型热膨胀实验装置,待测金属棒,卡尺。

【实验原理】

一般情况下固体受热后长度的增加称为线膨胀,其长度 l 和温度 t 之间的关系为

$$l = l_0(1 + \alpha t + \beta t^2 + \cdots) \tag{3-29-1}$$

式中,l_0 为温度 $t=0$ ℃时的长度,α、β、…是和被测物质有关的,常温下可以忽略 β,则式(3-29-1)可写成

$$l = l_0(1 + \alpha t) \tag{3-29-2}$$

此处 α 就是通常所称的线胀系数,单位是 1/℃。

大量实验表明,不同材料的线胀系数不同,塑料的线胀系数最大,金属次之,殷钢、熔融石英的线胀系数很小。殷钢和石英的这一特性在精密测量仪器中有较多的应用。表 3-39-1 是几种材料的线胀系数。

表 3-39-1 几种材料的线胀系数

材料	铜、铁、铝	普通玻璃、陶瓷	殷 钢	熔凝石英
α 数量级	-10^{-5} (1/℃)	-10^{-6} (1/℃)	$<2 \times 10^{-6}$ (1/℃)	10^{-7} (1/℃)

实验还发现,同一材料在不同温度区域,其线胀系数也不一定相同。某些合金,在金相组织发生变化的温度附近,同时会出现线胀量的突变。因此测定线胀系数也是了解材料特性的一种手段。但是,在温度变化不大的范围内,线胀系数仍可认为是一个常量。

设物体在温度 t_1℃时的长度为 l,温度升到 t_2℃时,其长度增加 δ,根据式

(3-29-2),可得
$$l = l_0(1+\alpha t_1)$$
$$l+\delta = l_0(1+\alpha t_2)$$

由此二式相比消去 l_0，整理后得出

$$\alpha = \frac{\delta}{l(t_2-t_1)-\delta t_1} \tag{3-29-3}$$

由于 δ 和 l 相比甚小，则

$$l(t_2-t_1) \gg \delta t_1$$

所以式(3-29-3)可近似写成

$$\alpha = \frac{\delta}{l(t_2-t_1)} \tag{3-29-4}$$

测量线胀系数的主要问题是怎样测准温度变化引起长度的微小变化 δ。本实验是利用干涉量度法测量微小长度的变化，进而测得线膨胀系数。

长度为 l_0 的待测金属棒被电热炉加热，当温度从 t_0 升至 t 时，金属棒因线膨胀，伸长到 l，同时推动迈克尔逊干涉仪的动镜，使干涉条纹发生 N 个环的变化，则

$$l-l_0 = \Delta l = N\frac{\lambda}{2} \tag{3-29-5}$$

而线膨胀系数

$$\alpha = \frac{l-l_0}{l_0(t-t_0)} \tag{3-29-6}$$

由式(3-29-5)和式(3-29-6)可得

$$\alpha = \frac{N\frac{\lambda}{2}}{l_0(t-t_0)} \tag{3-29-7}$$

所以只要用实验方法测出某一温度范围的金属棒伸长时环的变化数和加热前的长度，就可以测出该金属材料的线膨胀系数。仪器原理如图 3-29-1 所示。

【实验内容及步骤】

1. 选择待测金属棒，用卡尺测量并记录金属棒的长度 l_0。
2. 卸下电热炉，用长螺丝把金属棒提起装入电热炉中，将测温探头穿过炉壁插入金属棒下端的测温孔内，固定好测温探头后把动镜固定在金属棒上。把电热炉装回原位并固定好。
3. 接好激光器的线路(正负不可颠倒)，再接通仪器的总电源，按"激光"开关打开激光器。拨开扩束镜，调节定镜 M_1 和转向镜 M_2 背后的螺丝，使观察屏上的两组光点中的两个最强光点重合，然后把扩束器转到光路中，调节好扩束

镜后屏上即出现干涉条纹,这时微调定镜 M_1 或转向镜 M_2 背后的螺丝,可将干涉环的环心调到视场的合适位置。

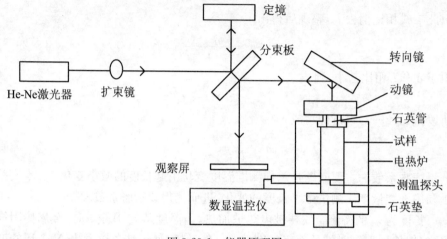

图 3-29-1　仪器原理图

4. 将温控仪选择开关置于"设定",转动温升设定旋钮,设定好加热温度范围,然后将温控仪选择开关置于"测量",并按下"加热"键,待温度升到合适的温度时记录此时的温度 t_0,同时仔细默数干涉环的变化量。待达到预定数(例如 50 个环)时,记录此时对应的温度显示值 t,注意记录温度时要接着数环的变化数,当环的变化数再次达到预定数时再次记录此时的温度,如此连续测 6 次。

5. 测量完毕后停止加热,关闭电源后卸下加热炉,取下棒上平面镜,抽出测温探头后用长螺丝提出试样,放入仪器上试样放置孔中,整理仪器。

6. 计算金属棒的线胀系数及相对误差。

【数据记录及处理】

1. 数据记录

将测得的数据记录于表 3-29-1 中。

$t_0 =$ 　　,$l_0 =$ 　　,$\Delta l = N_0 \times \dfrac{\lambda}{2}$,$\lambda = 632.8$ nm($\alpha_{铜} = 20.6 \times 10^{-6} 1/℃$)

表 3-29-1　金属线胀系数测量数据记录表

序号	干涉环变化数 N	温度 t_i(℃)	序号	干涉环变化数 N	温度 t_i(℃)	温度变化量 $\Delta t_{i+3} - \Delta t_i$	线膨胀系数 α(1/℃)	$\bar{\alpha}$ 和 E
1	0		4	$3N_0$				
2	N_0		5	$4N_0$				
3	$2N_0$		6	$5N_0$				

2. 数据处理

(1) 用逐差法算出 $\bar{\alpha}$。

$$\alpha_0 = \frac{3N_0 \times \frac{\lambda}{2}}{l_0(t_3 - t_0)} \quad \alpha_1 = \frac{3N_0 \times \frac{\lambda}{2}}{(l_0 + \Delta l)(t_4 - t_1)}$$

$$\alpha_2 = \frac{3N_0 \times \frac{\lambda}{2}}{(l_0 + 2\Delta l)(t_5 - t_2)}$$

$$\alpha_3 = \frac{3N_0 \times \frac{\lambda}{2}}{(l_0 + 3\Delta l)(t_6 - t_3)}$$

$$\bar{\alpha} = \frac{1}{3}(\alpha_0 + \alpha_1 + \alpha_2 + \alpha_3)$$

(2) 求出相对误差。

$$E = \left| \frac{\bar{\alpha} - \alpha_{铜}}{\alpha_{铜}} \right| \times 100\%$$

【注意事项】

1. 安装试样要轻拿轻放,避免损坏仪器。在金属棒上安装平面镜时不能拧太紧,以免损坏平面镜后的石英管。

2. 实验前先不要按"加热"开关,以免要恢复加热前温度而延误实验时间,或因短时间内温度忽升忽降而影响实验测量的准确度。

3. 实验时,要耐心等待一段时间观察温度显示,等待试件入炉后并达到热平衡状态再开始加热测量。

4. 实验中要避免震动,数环时要细心。

5. 金属棒加热后温度较高,操作时要小心避免被烫伤。

【思考题】

1. 试分析如果有一材料相同,粗细、长度不同的金属棒,在同样的温度变化范围内,它们的线膨胀系数和膨胀量是否相同,为什么?

2. 如果加热时间过长,使支架受热膨胀,将对实验结果产生怎样影响? 当加热时你看到的圆条纹是"陷入"还是"冒出",为什么?

实验 30　超声光栅测声速

1922 年布里渊（L. Brillouin）曾预言，当高频声波在液体中传播时，如果有可见光通过该液体，可见光将产生衍射效应。这一预言在 10 年后被验证，这一现象被称作声光效应。1935 年，拉曼（Raman）和奈斯（Nath）对这一效应进行研究发现，在一定条件下，声光效应的衍射光强分布类似于普通的光栅，所以也称为液体中的超声光栅。本实验为测量液体（非电解质溶液）中的声速提供另一种思路和方法。

【实验目的】

1. 了解超声光栅产生的原理。
2. 了解声波如何对光信号进行调制。
3. 通过对液体（非电解质溶液）中的声速的测定，加深对其概念的理解。
4. 进一步熟悉测微目镜的使用和分光计的调整方法。

【实验仪器】

超声光栅实验仪（数字显示高频功率信号源，内装压电陶瓷片 PZT 的液槽），分光计，汞灯，测微目镜，液体（酒精、蒸馏水）。

【实验原理】

光波在介质中传播时被超声波衍射的现象，称为超声致光衍射（亦称声光效应）。超声波作为一种纵波在液体中传播时，其声压使液体分子产生周期性的变化，促使液体的折射率也相应地作周期性变化，形成疏密波。此时，如有平行单色光沿垂直于超声波传播方向通过这疏密相间的液体时，就会被衍射，这一作用，类似于光栅，所以称为超声光栅。

超声波传播时，如前进波被一个平面反射，会反向传播。在一定条件下前进波与反射波叠加而形成超声频率的纵向振动驻波。由于驻波的振幅可以达到单一行波的两倍，加剧了波源和反射面之间液体的疏密变化程度。某时刻，纵驻波的任一波节两边的质点都涌向这个节点，使该节点附近成为质点密集区，而相邻的波节处为质点稀疏处；半个周期后，这个节点附近的质点又向两边散开变为稀疏区，相邻波节处变为密集区。在这些驻波中，稀疏作用使液体折射率减小，而压缩作用使液体折射率增大。在距离等于波长 Λ 的两点，液体的密度相同，折射率也相等，如图 3-30-1 所示。

如图 3-30-1 所示为在 t 和 $t+T/2$（T 为超声振动周期）两时刻振幅 y，液体疏密分布和折射率 n 的变化。

单色平行光 λ 沿着垂直于超声波传播方向通过上述液体时，因折射率的周期变化使光波的波阵面产生了相应的位相差，经透镜聚焦出现衍射条纹。这种现象与平行光通过透射光栅的情形相似。因为超声波的波长很短，只要盛装液体的液体槽的宽度能够维持平面波（宽度为 l），槽中的液体就相当于一个衍射光栅。图中行波的波长 Λ 相当于光栅常数。

当满足声光喇曼-奈斯衍射条件

$$2\pi\lambda l/\Lambda^2 \ll 1$$

时，这种衍射相似于平面光栅衍射，可得如下光栅方程（式中 k 为衍射级次，φ_k 为零级与 k 级间夹角）

$$\Lambda \sin \varphi_k = k\lambda \quad (3\text{-}30\text{-}1)$$

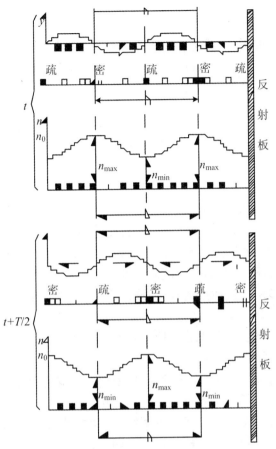

图 3-30-1 t 和 $t+T/2$ 时刻振幅、液体疏密分布和折射率变化图

在调好的分光计上，由单色光源和平行光管中的会聚透镜（L_1）与可调狭缝 S 组成平行光系统，如图 3-30-2 所示。让光束垂直通过装有锆钛酸铅陶瓷片（或称 PZT 晶片）的液槽，在玻璃槽的另一侧，用自准直望远镜中的物镜（L_2）和测微目镜组成测微望远系统。

若振荡器使 PZT 晶片发生超声振动，形成稳定的驻波，从测微目镜即可观察到衍射光谱。从图 3-30-2 中可以看出，当 φ_k 很小时，有

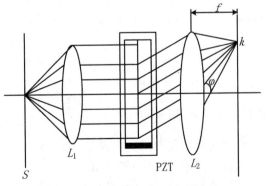

图 3-30-2 WSG-I 超声光栅仪衍射光路图

$$\sin\varphi_k = \frac{l_k}{f} \tag{3-30-2}$$

式中，l_k 为衍射光谱零级至 k 级的距离，f 为透镜的焦距。所以超声波波长

$$A = \frac{k\lambda}{\sin\varphi_k} = \frac{k\lambda f}{l_k} \tag{3-30-3}$$

超声波在液体中的传播的速度

$$V_c = \lambda\nu f/\Delta l_k \tag{3-30-4}$$

式中，ν 是振荡器和锆钛酸铅陶瓷片的共振频率，Δl_k 为同一色光衍射条纹间距。

【实验内容及步骤】

1. 分光计的调整。用自准直法使望远镜聚焦于无穷远，望远镜的光轴与分光计的转轴中心垂直，平行光管与望远镜同轴并出射平行光，观察望远镜的光轴与载物台的台面平行。目镜调焦使看清分划板刻线，并以平行光管出射的平行光为准，调节望远镜使观察到的狭缝清晰，狭缝应调至最小。

2. 将待测液体(如蒸馏水、乙醇或其他液体)注入液体槽内，液面高度以液体槽侧面的液体高度刻线为准。

3. 将此液体槽(可称其为超声池)放置于分光计的载物台上，放置时，使超声池两侧表面基本垂直于望远镜和平行光管的光轴。

4. 两支高频连接线的一端各插入液体槽盖板上的接线柱，另一端接入超声光栅仪电源箱的高频输出端，然后将液体槽盖板盖在液体槽上。

5. 开启超声信号源电源，从阿贝目镜观察衍射条纹，细微调节旋钮使电振荡频率与锆钛酸铅陶瓷片固有频率共振，并左右转动超声池，使射于超声池的平行光束完全垂直于超声束，同时观察视场内的衍射光谱左右级次亮度及对称性，直到从目镜中观察到稳定而清晰的左右各 3~4 级的衍射条纹为止。

6. 取下阿贝目镜，换上测微目镜，调焦目镜，使观察到的衍射条纹清晰。利用测微目镜逐级测量其位置读数，再用逐差法求出条纹间距的平均值，并计算声速。

注意：温度变化时对测量结果有一定的影响，对不同温度下的测量结果应进行修正，具体修正见附录。

【数据记录及处理】

将测量数据分别记录于表 3-30-1、3-30-2、3-30-3 中。

透镜 L_2 的焦距 $f=170$ mm。

汞灯波长 λ 分别为：汞蓝光 435.8 nm；汞绿光 546.1 nm；汞黄光 578.0 nm（双黄线平均波长）。

实验温度：_____℃

表 3-30-1　普通水

测微目镜中衍射条纹位置读数,小数点后第三位为估数值:(mm)

色＼级	−3	−2	−1	0	1	2	3
黄							
绿							
蓝							

表 3-30-2　用逐差法计算各色光衍射条纹平均间距及标准差

光色	衍射条纹平均间距 $x \pm \delta x$	声速 V
黄		
绿		
蓝		

将三种不同的波长测量的声速平均得：　　$V_c =$ 　　　　　m/s

温度系数修正后的声速：　　　　　　　　$V_t =$ 　　　　　m/s

误差：_____

表 3-30-3　乙醇

测微目镜中衍射条纹位置读数,小数点后第三位为估数值:(mm)

色＼级	−3	−2	−1	0	1	2	3
黄							
绿							
蓝							

将三种不同的波长测量的声速平均得：　　$V_c =$ 　　　　　m/s

温度系数修正后的声速：　　　　　　　　$V_t =$ 　　　　　m/s

误差：_____

【注意事项】

1. 超声池置于载物台上必须稳定,在实验过程中应避免震动,以使超声在液槽内形成稳定的驻波。导线分布电容的变化会对输出电压频率有微小影响,因此不能触碰连接超声池和高频信号源的两条导线。

2. 锆钛酸铅陶瓷片表面与对应面的玻璃槽壁表面必须平行,此时才会形成较好的表面驻波,因此实验时应将超声池的上盖盖平,而上盖与玻璃槽留有较小的空隙,实验时微微扭动一下上盖,有时也会使衍射效果有所改善。

3. 实验时间不宜过长,时间过长,温度可能在小范围内有所变动,从而影响测量精度;频率计长时间处于工作状态,其性能会受到影响,尤其在高频条件下有可能会使电路过热而损坏。

4. 提取液槽时应拿两端面,不要触摸两侧表面通光部位,以免污染。

5. 实验完毕应将超声池内被测液体倒出,不要将锆钛酸铅陶瓷片长时间浸泡在液槽内。

6. 在使用测微目镜时,应单向旋转,以避免回程差。

【思考题】

1. 驻波波节之间距离为半个波长 $\lambda/2$,为什么超声光栅的光栅常数等于超声波的波长 λ?

2. 误差产生的原因有哪些?

3. 能否用钠灯作光源使用?

4. 实验中观察到蓝线会有晃动,是由什么原因产生的?

附录:声波在部分物质中的传播速度

声波在不同物质中传播速度见表 3-30-4。

表 3-30-4 声波在不同物质中的传播速度

液 体	t_0(℃)	V_0(m/s)	A(m/s·K)
苯 胺	20	1656	−4.6
丙 酮	20	1192	−5.5
苯	20	1326	−5.2
海 水	17	1510～1550	/
普通水	25	1497	2.5
甘 油	20	1923	−1.8
煤 油	34	1295	/
甲 醇	20	1123	−3.3
乙 醇	20	1180	−3.6

表中 A 为温度系数,对于其他温度 t 的速度可近似按公式

$$V_t = V_0 + A(t - t_0)$$

计算。

实验 31　光弹性实验

在工程实际应用中有很多构件,例如工业中的各种机器零件,它们的形状很不规则,载荷情况也很复杂,对这些构件的应力进行理论分析有时非常困难,往往需要采用实验的方法来解决,光弹性实验就是其中之一,这里仅就光弹性实验作一简单的介绍。

光弹性实验方法是一种光学的应力测量方法,因为测量是全域性的,所以具有直观性强,能有效而准确地确定受力模型各点的主应力差和主应力方向,并能计算出各点的主应力数值。尤其对构件应力集中系数的确定,光弹性实验法显得特别方便和有效。

【实验目的】

1. 了解光弹性仪各部分的名称和作用,学习光弹性仪的使用。
2. 观察并绘制受力模型的等倾线和等差线。
3. 通过梁的纯弯曲光弹性实验测定模型材料的条纹值 f。

【实验仪器】

光弹性仪,矩形梁模型,圆环模型,圆盘模型,绘图纸。

【实验原理】

光弹性实验是应用光学方法研究受力构件中应力分布情况的实验,在光测弹性仪上进行,先用具有双折射性能的透明材料制成和实际构件形状相似的模型,受力后,以偏振光透过模型,由于应力的存在,产生光的暂时双折射现象,再透过分析镜后产生光的干涉,在屏幕上显示出具有明暗条纹的映像,根据它即可推算出构件内的应力分布情况,所以这种方法对形状复杂的构件尤为适用。

如图 3-31-1 所示,自然光通过偏振器成为平面偏振光(在 AA_1 平面中),平面偏振光垂直地射在模型上某一 O 点,如果模型未受力,则光线通过后并无改变,但如果 O 点有应力,这时将出现暂时双折射现象,如果图 3-31-1 中 O 点的两个主应力 σ_1 及 σ_2 方向已知,则平面偏振光通过受力模型 O 点后,分解成两个与 σ_1 及 σ_2 方向一致的平面偏振光(如图 3-31-1 中 a 和 b),二者之间产生一光程差 δ,光程差与主应力差 $(\sigma_1-\sigma_2)$ 及模型厚度 t 成正比,即

$$\delta = kt(\sigma_1 - \sigma_2) \tag{3-31-1}$$

式中,k 为光学常数,与模型材料及光的性质有关。分解了的两束光线通过分析器后重新在 BB_1' 平面内振动,这样就产生光的干涉现象。

由分析器出来的光线强度

$$I = I_0 \sin^2(2\alpha) \sin^2(\frac{\pi\delta}{\lambda}) \qquad (3\text{-}31\text{-}2)$$

式中，λ 为光的波长，I_0 为偏振器与模型间偏振光的强度，α 为偏振平面 AA_1 与主应力 σ_1 的夹角。由上式可见，光强 I 为零时有以下 4 种情况。

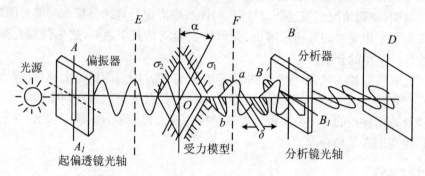

图 3-31-1　光弹性试验的光学效应示意图

(1) $I_0=0$，这与实际情况不符，因为只有在无光源时 I_0 才会是零。

(2) $\delta=0$，由公式 $\delta=kt(\sigma_1-\sigma_2)$ 可知 $\sigma_1-\sigma_2=0$，即 $\sigma_1=\sigma_2$，符合这些条件的点称为各向同性点。如果 $\sigma_1=\sigma_2=0$ 则称为零应力点，这种点在模型上皆为黑点（因为光强等于零），例如纯弯曲梁上中性轴上各点 $\sigma_1=\sigma_2=0$，故模型中性层处为一条黑线。

(3) $\sin(2\alpha)=0$，即 $\alpha=\frac{n}{2}\pi(n=0,1,2,3,\cdots)$ 这说明模型上某点主应力方向与偏振镜光轴重合，模型上也呈黑点，这类黑点构成的连续黑线称为等倾线，等倾线上各点的主应力方向都相同，而且偏振镜光轴的方向也就是主应力的方向。

(4) $\sin\frac{\pi\delta}{\lambda}=0$，以公式 $\delta=kt(\sigma_1-\sigma_2)$ 代入，则 $\sin\frac{\pi\delta}{\lambda}kt(\sigma_1-\sigma_2)=0$，于是可得

$$\sigma_1-\sigma_2=\frac{n\lambda}{kt} \qquad (n=0,1,2,3,\cdots) \qquad (3\text{-}31\text{-}3)$$

令 $f=\lambda/k$ 为材料条纹值，该值可用实验方法测定。所以

$$\sigma_1-\sigma_2=\frac{nf}{t} \qquad (n=0,1,2,3,\cdots) \qquad (3\text{-}31\text{-}4)$$

式(3-31-4)表明，当模型中某点的主应力差值为 f/t 的整数倍时，则此点在模型上呈黑点，当主应力差为 f/t 的某同一整数倍的各个暗点，构成连续的黑线称为等差线（在此线上各点的主应力差均相等）。

由于应力分布的连续性，等差线不仅是连续的，而且它们之间还按一定的次序排列，对应于 $n=1$ 的等差线称为一级等差线或称一级条纹，对应于 $n=2$

的等差线称为二级等差线或二级条纹,依次类推,其中 n 称为条纹序数,以上是根据光源用单色光讲的。如果光源用白光,则模型上具有相同主应力差的各点则形成颜色相同的光带,所以这时的等差线又称为等色线。

由以上讨论可知,根据模型中出现的各向同性点、零应力点、等倾线、等差线(等色线),借助于一些分析计算,就能求出模型中各点应力的大小和方向。

从上述基本原理可知,在使用单色光源时,等倾线与等差线都呈黑色,不易辨认,为了消除等倾线以获得清晰的等差线图,在光弹性仪两偏振镜之间装上两块 1/4 波片,形成圆偏振光场,可把等倾线消除,只剩下等差线,圆偏振光场如图 3-31-2 所示。

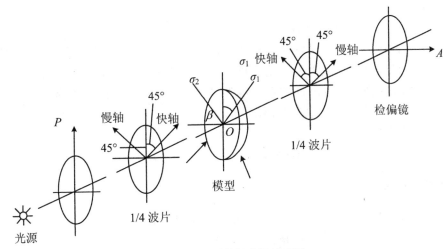

图 3-31-2 圆偏振光场示意图

【实验内容及步骤】

通过光弹性实验,可以获得两种干扰条纹。等倾线可用于确定受力模型上各点主应力方向;等差线可用于确定受力模型上各点主应力差值。再利用力学理论及其他条件,即可确定模型上任意一点的主应力值。

1. 认识光弹性仪

观看光弹性仪的各个部分,了解其名称和作用。

2. 平面偏振光场的布置

取下光弹性仪的两块 1/4 波片,将两偏振镜轴正交放置,开启白光光源,然后单独旋转检偏镜,同时观察平面偏振光场光强变化情况,并正确布置出正交和平行两种平面偏振光场。

3. 等倾线和等差线的观察与绘制

调整加力装置,分别放入模型横梁、圆盘、圆环使之受力,逐渐加载,观察等倾线、等差线的形成,打开同步操纵箱上的开关,转动操纵箱上的手柄使起偏镜、检偏镜同步回转,同时观察等倾线的特点,最后在绘图纸上绘出压圆环 $0°$、$15°$、$30°$、$45°$、$60°$、$75°$ 的等倾线图。

4. 在正交平面偏振场中加入两片 1/4 波片

先将一片 1/4 波片放入并转动使之成暗场,然后转动 $45°$,再将另一 1/4 波片放入并转动使再成暗场,即得双正交圆偏振光场。此时等倾线消除,在白光光源下,观察等差线条纹图,分析其特点。再单独旋转检偏镜 $90°$,则为平行圆偏振光场,观察等差线的变化情况。

5. 熄灭白光,开启单色光源

观察模型中的等差线图,比较两种光源下等差线的区别。绘制出受压圆盘等差线图。

6. 测定模型材料的条纹值

从前面应力差公式可以看出,只要知道材料的条纹值和等差线级数 N,模型中的任意一点的主应力差值就可算出。我们采用矩形截面纯弯曲梁实验确定材料的条纹值。矩形截面梁在弯矩 M 作用下,根据光弹性实验的等差线图测得纯弯曲段邻近上下边缘某整级数条纹 N 之间的距离 H_0。

7. 结束实验

关闭光源,取下模型,清理现场。

【数据及处理】

1. 画出光弹性仪简图,简述主要光学镜片的作用。
2. 画出正交和平行平面偏振光场布置简图。
3. 简述在不同偏振光场下观察到的干扰条纹现象。
4. 绘出受压圆环 $0°$、$15°$、$30°$、$45°$、$60°$、$75°$ 的等倾线。
5. 绘出受压圆盘等差线图。
6. 计算材料的条纹值。

【注意事项】

1. 要求光源、偏振片、分析片、1/4 波片和各透镜中心都要在同一轴线上,模型应放置于光场的中心部位。

2. 开启光源,每次只能使用一种光源,钠灯开启后,要等几分钟才会达到正常的亮度。

3. 调明场暗场。先拿去两个 1/4 波片,使偏振片的偏振轴对准刻度盘上的零度,调节分析片的偏振轴使之与偏振片的偏振轴平行即成明场,使两者相互垂直即成暗场。

【思考题】

1. 怎样获得圆偏振光？
2. 怎样精确区分条纹级数？

附录：圆盘受压产生等倾和等差条纹

圆盘受压产生等倾和等差条纹图例如图 3-31-3 和图 3-31-4 所示。

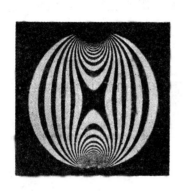
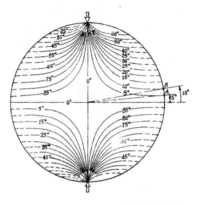

图 3-31-3　对径受压圆盘等差线图　　图 3-31-4　对径受压圆盘等倾线图

实验 32　太阳能电池基本特性的研究

太阳能电池又称光生伏特电池,简称光电池。它是一种将光能直接转化为电能的器件。能源危机已成为世人关注的全球性问题,为了经济持续发展及环境保护,人们正大量地开发其他的绿色能源,太阳能作为一种清洁的绿色能源,世界各国都十分重视对太阳能电池的研究和利用。太阳能的利用和太阳能电池特性研究是 21 世纪新型能源开发的重点课题,太阳能电池在现代监测和控制技术中占有重要地位,在人造卫星和宇宙飞船上作为电源,在民用领域也得到广泛应用。本实验对太阳能电池基本特性做初步的研究。

【实验目的】

1. 了解太阳能电池的基本结构及基本原理。
2. 无光照时,测量太阳能电池的伏安特性曲线。
3. 测量太阳能电池的短路电流、开路电压、最大输出功率及填充因子。
4. 测量太阳能电池的光照效应与光电性质。

【实验仪器】

光具座及滑块座,具有引出接线的盒装太阳能电池,数字电压表,电阻箱,直流电源,射灯结构的白光源,遮光板及遮光罩,带探测器数字式光功率计等。实验装置如图 3-32-1 所示。

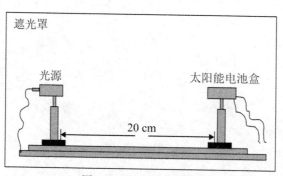

图 3-32-1　实验仪器图

【实验原理】

1. 太阳能电池的基本原理

太阳能电池用半导体材料制成,多为面结合的 PN 型结,靠 PN 型结的光伏特效应产生电动势。太阳能电池在没有光照时其特性可视为一个二极管,此时其正向偏压 U 与通过电流 I 的关系式为

$$I = I_0(e^{\beta U} - 1) \tag{3-32-1}$$

式中，I_0 和 β 是常数。当有光照射到 PN 结时，具有一定能量的光子，会激发出电子-空穴对。这样，在内部电场作用的结果是 P 区空穴数增加而带正电，N 区电子数增加而带负电，在 PN 结两端产生了光生电动势，即太阳能电池的电动势。若太阳能电池还接有负载，电路中就有电流产生，这就是太阳能电池的基本原理。当然，太阳能电池在实现光电转换时，并非所有照射在电池表面的光能全部转化为电能，例如，在太阳光照射下，硅光电池转换效率最高，但目前也仅可达到 22% 左右。

2. 太阳能电池的基本特性

太阳能电池的开路电压（U_{oc}）即太阳能电池在外路断开时两端的电压，亦即太阳能电池的电动势。在无光照射时，开路电压为零。太阳能电池的开路电压不仅与太阳能电池的材料有关，而且与入射光强度有关，其规律是太阳能电池的开路电压与入射光强度成正比，即开路电压随入射光强度增大而增大，但入射光强度越大，开路电压增加得越缓慢。

太阳能电池的短路电流 I_{sc} 是指它在无负载时回路中的电流。对给定的太阳能电池，其短路电流与入射光强度成正比。因为入射光强度越大，光子越多，从而由光子激发的电子-空穴对也就越多，短路电流就越大。

当太阳能电池两端连接负载形成闭合电路时，如果入射光强度一定，则电路中的电流 I 与电路端电压 U 均随负载电阻的改变而改变，而且太阳能电池的内阻也随之改变。只有当负载电阻值达到最佳负载电阻时，太阳能电池的输出功率才会达到最大（P_m），因为在入射光强度情况下，太阳能电池的开路电压 U_{oc} 和短路电流 I_{sc} 都是一定的，因此，利用填充因子

$$FF = P_m / (U_{oc} \cdot I_{sc})$$

来反映太阳能电池性能的优劣。

【实验内容和步骤】

1. 在没有光源（全黑）的条件下，测量电路如图 3-32-2 所示，测量太阳能电池正向偏压下流过太阳能电池的电流 I 和太阳能电池的输出电压 U，正向偏压从 0 V 增加到 3.0 V。利用测得的正向偏压时 I-U 关系数据，作出 I-U 曲线并求得常数 I_0 和 β 的值。

2. 在不加偏压时，保持白光源到太阳能电池距离为 20 cm，测量电路图如图 3-32-3 所示，测量太阳能电池在不同负载电阻下，I 对 U 的变化关系，作出 I-U 曲线图并求出短路电流 I_{sc} 和开路电压 U_{oc}；并作出 P-R 关系图，利用太阳能电池的最大输出功率与此时的负载电阻，计算填充因子 FF。

3. 测量太阳能电池的 I_{sc}、U_{oc} 与相对光强度 J/J_0 的关系。

在暗箱中（用遮光罩挡光），取离白光源 20 cm 水平距离光强作为标准光照

强度,用光功率计测量该处的光照强度 J_0;改变太阳能电池到光源的距离 X,用光功率计测量 X 处的光照强度 J,求光照强度 J 与位置 X 关系。测量太阳能电池接收到相对光强度 J/J_0 不同值时,相应的 I_{sc} 和 U_{oc} 的值。并描绘出 I_{sc} 和相对光强度 J/J_0 之间的关系曲线,以及 U_{oc} 和相对光强度 J/J_0 之间的关系曲线。

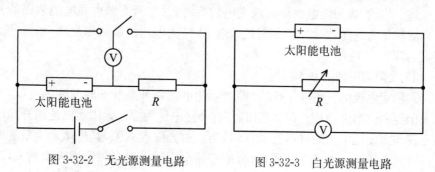

图 3-32-2　无光源测量电路　　　图 3-32-3　白光源测量电路

【数据表格及处理】

1. 在没有光源(全黑)的条件下,太阳能电池的 I-U 关系。测量数据记录于表 3-32-1 中。

表 3-32-1　数据测量表

U_1(V)						…
U_2(mV)						…
$I(\mu A)$						…

$R=$ _____, $I_0=$ _____, $\beta=$ _____。

2. 在一定光照强度下,太阳能电池在不同负载下的 I-U 关系。测量数据记录于表 3-32-2 中。

表 3-32-2　数据测量表

$R(\Omega)$								…
U(V)								…
I(mA)								…

$R=$ _____, $I_{sc}=$ _____, $U_{oc}=$ _____

$P_{\max}=$ _____, $FF=$ _____

3. 太阳能电池的 I_{sc}、U_{oc} 与相对光强度 J/J_0 的关系。测量数据记录于

表 3-32-3 中。

表 3-32-3 数据测量表

X(cm)								⋯
J(V)								⋯
J/J_0								⋯
I_{sc}(mA)								⋯
U_{oc}(V)								⋯

$J_0 = $ _____

【注意事项】

1. 连接电路时,保持太阳能电池无光照条件。
2. 避免太阳光照射太阳能电池。
3. 连接电路时,保持电源开关断开。

【思考题】

1. 测量的短路电流与光强度不能完全成正比的原因是什么?
2. 硅光电池的短路电流受哪些因素的影响?

实验 33　弗兰克-赫兹实验

1914年,德国物理学家弗兰克(J. Franck)和赫兹(G. Hertz)对勒纳用来测量电离电位的实验装置作了改进,他们同样采取慢电子(几个到几十个电子伏特)与单元素气体原子碰撞的办法,但着重观察碰撞后电子发生什么变化(勒纳则观察碰撞后离子流的情况)。通过实验测量,电子和原子碰撞时会交换某一定值的能量,且可以使原子从低能级激发到高能级。直接证明了原子发生跃变时吸收和发射的能量是分立的、不连续的,证明了原子能级的存在,从而证明了玻尔理论的正确。由此而获得了1925年诺贝尔物理学奖。弗兰克-赫兹实验至今仍是探索原子结构的重要手段之一,实验中用的"拒斥电压"筛去小能量电子的方法,已成为广泛应用的实验技术。

【实验目的】

1. 了解弗兰克-赫兹实验的原理和方法。
2. 通过测定氩原子等元素的第一激发电位,验证原子能级的存在。

【实验仪器】

FD-FH-Ⅱ型弗兰克-赫兹实验仪,数字存储示波器。

【实验原理】

玻尔提出的原子理论指出:

1. 原子只能较长地停留在一些稳定状态(简称为定态)。原子在这些状态时,不发射或吸收能量(各定态有一定的能量,其数值是彼此分隔的)。原子的能量不论通过什么方式发生改变,它只能从一个定态跃迁到另一个定态。
2. 原子从一个定态跃迁到另一个定态而发射或吸收辐射时,辐射频率是一定的。如果用 E_m 和 E_n 分别代表有关两定态的能量的话,辐射的频率 ν 决定于如下关系

$$h\nu = E_m - E_n \tag{3-33-1}$$

式中,普朗克常数

$$h = 6.63 \times 10^{-34} \text{ J} \cdot \text{s}$$

为了使原子从低能级向高能级跃迁,可以通过具有一定能量的电子与原子相碰撞进行能量交换的办法来实现。

设初速度为零的电子在电位差为 V_0 的加速电场作用下,获得能量 eV_0。当具有这种能量的电子与稀薄气体的原子(如氩原子)发生碰撞时,就会发生能量交换。如以 E_1 代表氩原子的基态能量,E_2 代表氩原子的第一激发态能量,那么

当氩原子吸收从电子传递来的能量恰好为

$$eV_0 = E_2 - E_1 \tag{3-33-2}$$

时,氩原子就会从基态跃迁到第一激发态,而且相应的电位差称为氩的第一激发电位(或称氩的中肯电位)。测定出这个电位差 V_0,就可以根据式(3-33-2)求出氩原子的基态和第一激发态之间的能量差了(其他元素气体原子的第一激发电位亦可依此法求得)。

弗兰克-赫兹实验的原理如图 3-33-1 所示。在充氩的弗兰克-赫兹管中,电子由热阴极发出,阴极 K 和第二栅极 G_2 之间的加速电压 V_{G_2K} 使电子加速。

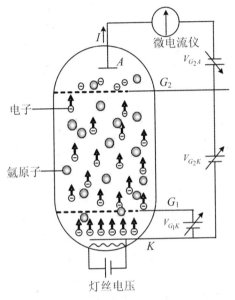

图 3-33-1 弗兰克-赫兹实验原理图

在板极 A 和第二栅极 G_2 之间加有反向拒斥电压 V_{G_2A}。管内空间电位分布如图 3-33-2 所示。当电子通过 KG_2 空间进入 G_2A 空间时,如果有较大的能量 $(\geqslant eV_{G_2A})$,就能冲过反向拒斥电场而到达板极形成板流,为微电流计 μA 表检出。如果电子在 KG_2 空间与氩原子碰撞,把自己一部分能量传给氩原子而使后者激发的话,电子本身所剩余的能量就很小,以致通过第二栅极后已不足于克服拒斥电场而被折回到第二栅极,这时,通过微电流计 μA 表的电流将显著减小。

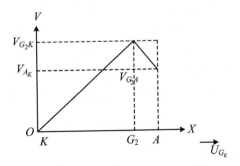

图 3-33-2 弗兰克-赫兹管管内空间电位分布

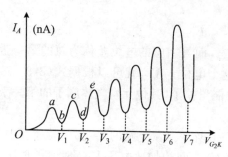

图 3-33-3　弗兰克-赫兹管的 I_A-V_{G_2K} 曲线

实验时,使 V_{G_2K} 电压逐渐增加并仔细观察电流计的电流指示,如果原子能级确实存在,而且基态和第一激发态之间有确定的能量差的话,就能观察到如图 3-33-3 所示的 I_A-V_{G_2K} 曲线。图 3-33-3 所示的曲线反映了氩原子在 KG_2 空间与电子进行能量交换的情况。当 KG_2 空间电压逐渐增加时,电子在 KG_2 空间被加速而取得越来越大的能量。但起始阶段,由于电压较低,电子的能量较少,即使在运动过程中它与原子相碰撞也只有微小的能量交换(为弹性碰撞)。穿过第二栅极的电子所形成的板流 I_A 将随第二栅极电压 V_{G_2K} 的增加而增大(如图 3-33-3 中的 Oa 段)。当 KG_2 间的电压达到氩原子的第一激发电位 V_0 时,电子在第二栅极附近与氩原子相碰撞,将自己从加速电场中获得的全部能量交给后者,并且使后者从基态激发到第一激发态。而电子本身由于把全部能量给了氩原子,即使穿过了第二栅极也不能克服反向拒斥电场而被折回第二栅极(被筛选掉)。所以板极电流将显著减小(如图 3-33-3 中的 ab 段)。随着第二栅极电压的增加,电子的能量也随之增加,在与氩原子相碰撞后还留下足够的能量,可以克服反向拒斥电场而达到板极 A,这时电流又开始上升(bc 段)。直到 KG_2 间电压是二倍氩原子的第一激发电位时,电子在 KG_2 间又会因二次碰撞而失去能量,因而又会造成第二次板极电流的下降(如图 3-33-3 中的 cd 段),同理,凡在

$$V_{G_2K} = nV_0 \quad (n = 1, 2, 3, \cdots) \quad (3\text{-}33\text{-}3)$$

的地方板极电流 I_A 都会相应下跌,形成规则起伏变化的 I_A-V_{G_2K} 曲线。而各次板极电流 I_A 下降相对应的阴、栅极电压差

$$V_{n+1} - V_n$$

应该是氩原子的第一激发电位 V_0。

本实验就是要通过实际测量来证实原子能级的存在,并测出氩原子的第一激发电位(公认值为 $V_0 = 11.5$ V)。

原子处于激发态是不稳定的。在实验中被慢电子轰击到第一激发态的原子要跳回基态,进行这种反跃迁时,就应该有 eV_0 电子伏特的能量发射出来。反跃迁时,原子是以放出光量子的形式向外辐射能量。这种光辐射的波长为

$$eV_0 = h\nu = h\frac{c}{\lambda} \quad (3\text{-}33\text{-}4)$$

对于氩原子

$$\lambda = \frac{hc}{eV_0} = \frac{6.63 \times 10^{-34} \times 3.00 \times 10^8}{1.6 \times 10^{-19} \times 13.1}\text{m} = 8\,115 \text{ Å}$$

如果弗兰克-赫兹管中充以其他元素,则可以得到它们的第一激发电位(如表 3-33-1 所示)。

表 3-33-1　几种元素的第一激发电位

元素	纳(Na)	钾(K)	锂(Li)	镁(Mg)	汞(Hg)	氦(He)	氖(Ne)
V_0(V)	2.12	1.63	1.84	2.71	4.9	21.2	18.6
λ(Å)	5898 5896	7664 7699	6707.8	4571	2500	584.3	640.2

【实验内容及步骤】

实验测定弗兰克-赫兹实验管的 I_P-V_{G_2} 曲线,观察原子能量量子化情况,并由此求出充氩(Ar)管中原子的第一激发电位。

1. 连接实验仪器,选择适当的实验条件,如 $V_P \sim 2\,V$,$V_{G_1} \sim 1\,V$,$V_P \sim 8\,V$,用手动方式改变 V_{G_2} 同时观察微电流计上的 I_P 随 V_{G_2} 的变化情况。如果 V_{G_2} 增加时,电流迅速增加则表明 F-H 管产生击穿,此时应立即降低 V_{G_2}。如果希望有较大的击穿电压,可以用降低灯丝电压来达到。

2. 适当调整实验条件使微电流计能出现 5 个峰以上,波峰波谷明显。

3. 选取合适的实验点记录数据,使之能完整真实地绘出 I_P-V_{G_2} 曲线或用记录仪记下 I_P-V_{G_2} 曲线。

4. 降低或增加灯丝电压,观察 I_P-V_{G_2} 曲线的变化,记录第一峰和最末峰的位置,与 4 峰比较,大概推断灯丝电压对曲线的影响。

【数据表格及处理】

1. 数据记录(实验中可以在波峰和波谷位置周围多记录几组数据,以提高测量精度)。将测量的数据记录于表 3-33-2 中。

表 3-33-2　I_P-V_{G_2} 数据记录表

V_{G_2} (V)	I_P (μA)	V_{G_2} (V)	I_P (μA)	V_{G_2} (V)	I_P (μA)	V_{G_2} (V)	I_P (μA)

2. 在坐标纸上描画出 I_P-V_{G_2} 关系曲线图

(1) 处理 I_P-V_{G_2} 曲线,求出氩的第一激发电位。

(2) 处理方法。

a. 用曲线的峰或谷位置电位差求平均值；

b. 用最小二乘法处理峰或谷位置电位
$$V_{G_2} = a + V_1 \cdot i$$
式中，i 为峰或谷序数，V_{G_2} 为特征位置电位值，V_1 为拟合的第一激发电位。

【注意事项】

1. 不同的实验条件，V_{G_2} 有不同的击穿值，一旦击穿发生，应立即降低 V_{G_2} 以免 F-H 管受损。

2. 灯丝电压不宜放得过大，宜在 2 V 左右。

【思考题】

1. 弗兰克-赫兹管的阴-栅接触电势差对 I_P-V_{G_2} 曲线有何影响？

2. 考察 I_P-V_{G_2} 周期变化与能级的关系，如果出现差异估计是什么原因？

3. 第一峰位位置电位为何与第一激发电位有误差？

实验 34 密立根油滴实验

1897 年,J·J·汤姆逊通过测定阴极射线的荷质比,证实了电子的存在,为近代物理学的发展奠定了重要实验基础。然而,仅仅从荷质比的数据还不足以确定电子的性质,因为由此无法直接得出电子电荷和质量的绝对值。美国杰出的物理学家密立根(R. A. Millikan)在前人工作的基础上,从 1909~1917 年大约花了 8 年的时间,用实验的方法证明了电子电荷的量子性、不连续性,并精确地测定了这一基本电荷的数值 $e=(1.602\pm0.002)\times10^{-19}$ C。密立根由于测定了电子电荷和借助光电效应测量出普朗克常数等成就,荣获 1923 年诺贝尔物理学奖。密立根 1911 年设计并完成的油滴实验,是近代物理学发展史上一个十分重要的实验。

【实验目的】

1. 通过密立根油滴实验来证明电荷的"量子化",即电量不是连续变化的,而是基本电荷的整数倍。
2. 测定电子的电荷量。

【实验器材】

密立根油滴仪,钟表油。

【实验原理】

密立根油滴实验测定电子电荷的基本设计思想是使带电油滴在测量范围内处于受力平衡状态。按运动方式分类,油滴法测电子电荷分为动态测量法和平衡测量法。

1. 动态测量法

考虑重力场中一个足够小油滴的运动,设此油滴半径为 r,质量为 m_1,空气是黏滞流体,故此运动油滴除重力和浮力外还受黏滞阻力的作用。由斯托克斯定律,黏滞阻力与物体运动速度成正比。设油滴以速度 v_f 匀速下落,则有

$$m_1 g - m_2 g = K v_f \tag{3-34-1}$$

式中,m_2 为与油滴同体积的空气质量,K 为比例系数,g 为重力加速度。油滴在空气及重力场中的受力情况如图 3-34-1 所示。

若此油滴带电荷为 q,并处在场强为 E 的均匀电场中,设电场力 qE 方向与重力方向相反,如图 3-34-2 所示,如果油滴以速度 v_r 匀速上升,则有

$$qE = (m_1 - m_2)g + K v_r \tag{3-34-2}$$

由式(3-34-1)和式(3-34-2)消去 K,可解出 q,即

$$q = \frac{(m_1 - m_2)g}{Ev_f}(v_f + v_r) \tag{3-34-3}$$

由式(3-34-3)可以看出，要测量油滴上携带的电荷 q，需要分别测出 m_1、m_2、E、v_f、v_r 等物理量。

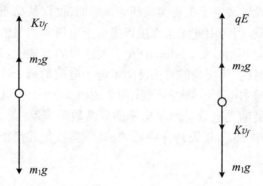

图 3-34-1　重力场中油滴受力示意图　　图 3-34-2　电场中油滴受力示意图

由喷雾器喷出的小油滴的半径 r 是微米数量级，直接测量其质量 m_1 也是困难的，为此希望消去 m_1，而代之以容易测量的量。设油与空气的密度分别为 ρ_1、ρ_2，于是半径为 r 的油滴的视重为

$$m_1 g - m_2 g = \frac{4}{3}\pi r^3 (\rho_1 - \rho_2) g \tag{3-34-4}$$

由斯托克斯定律，黏滞流体对球形运动物体的阻力与物体速度成正比，其比例系数 K 为 $6\pi\eta r$，此处 η 为黏度，r 为物体半径。于是可将式(3-34-4)代入式(3-34-1)，有

$$v_f = \frac{2gr^2}{9\eta}(\rho_1 - \rho_2) \tag{3-34-5}$$

因此

$$r = \left[\frac{9\eta v_f}{2g(\rho_1 - \rho_2)}\right]^{\frac{1}{2}} \tag{3-34-6}$$

以此代入式(3-34-3)并整理得到

$$q = 9\sqrt{2}\pi \left[\frac{\eta^3}{(\rho_1 - \rho_2)g}\right]^{\frac{1}{2}} \frac{1}{E}\left(1 + \frac{v_r}{v_f}\right) v_f^{\frac{3}{2}} \tag{3-34-7}$$

因此，如果测出 v_r、v_f 和 η、ρ_1、ρ_2、E 等宏观量即可得到 q 值。

考虑到油滴的直径与空气分子的间隙相当，空气已不能看成是连续介质，其黏度 η 需作相应的修正

$$\eta' = \frac{\eta}{1 + \frac{b}{pr}}$$

式中，p 为空气压强，b 为修正常数，$b = 0.008\ 23\ \text{N/m}(6.17 \times 10^{-6}\ \text{m} \cdot \text{cmHg})$，

因此
$$v_f = \frac{2gr^2}{9\eta}(\rho_1 - \rho_2)(1 + \frac{b}{pr}) \tag{3-34-8}$$

当精度要求不是太高时，常采用近似计算方法先将 v_f 值代入式(3-34-6)计算得

$$r_0 = \left[\frac{9\eta v_f}{2g(\rho_1 - \rho_2)}\right]^{\frac{1}{2}} \tag{3-34-9}$$

再将此 r_0 值代入 η' 中，并以 η' 代入式(3-34-7)，得

$$q = 9\sqrt{2}\pi\left[\frac{\eta^3}{(\rho_1 - \rho_2)g}\right]^{\frac{1}{2}}\frac{1}{E}(1 + \frac{v_r}{v_f})v_f\left[\frac{1}{1 + \frac{b}{pr_0}}\right]^{\frac{3}{2}} \tag{3-34-10}$$

实验中常常固定油滴运动的距离，通过测量油滴在距离 s 内所需要的运动时间来求得其运动速度，且电场强度 $E=U/d$，d 为平行板间的距离，U 为所加的电压，因此，式(3-34-10)可写成

$$q = 9\sqrt{2}\pi d\left[\frac{(\eta s)^3}{(\rho_1 - \rho_2)g}\right]^{\frac{1}{2}}\frac{1}{U}\left(\frac{1}{t_f} + \frac{1}{t_r}\right)\left(\frac{1}{t_f}\right)^{\frac{1}{2}}\left[\frac{1}{1 + \frac{b}{pr_0}}\right]^{\frac{3}{2}} \tag{3-34-11}$$

式中有些量和实验仪器以及条件有关，选定之后在实验过程中不变，如 d、s、$\rho_1 - \rho_2$ 及 η 等，将这些量与常数一起用 C 代表，可称为仪器常数，于是式(3-34-11)可简化成

$$q = C\frac{1}{U}\left(\frac{1}{t_f} + \frac{1}{t_r}\right)\left(\frac{1}{t_f}\right)^{\frac{1}{2}}\left[\frac{1}{1 + \frac{b}{pr_0}}\right]^{\frac{3}{2}} \tag{3-34-12}$$

由此可知，测量油滴上的电荷，只体现在 U、t_f、t_r 的不同。对同一油滴，t_f 相同，U 与 t_r 的不同，标志着电荷的不同。

2. 平衡测量法

平衡测量法的出发点是使油滴在均匀电场中静止在某一位置，或在重力场中做匀速运动。当油滴在电场中平衡时，油滴在两极板间受到的电场力 qE、重力 m_1g 和浮力 m_2g 达到平衡，从而静止在某一位置，即

$$qE = (m_1 - m_2)g$$

油滴在重力场中做匀速运动时，情形同动态测量法，将式(3-34-4)、式(3-34-9)和 $\eta' = \dfrac{\eta}{1 + \dfrac{b}{pr}}$ 代入式(3-34-11)并注意到 $\dfrac{1}{t_r} = 0$，则有

$$q = 9\sqrt{2}\pi d\left[\frac{(\eta s)^3}{(\rho_1 - \rho_2)g}\right]^{\frac{1}{2}}\frac{1}{U}\left(\frac{1}{t_f}\right)^{\frac{3}{2}}\left[\frac{1}{1 + \frac{b}{pr_0}}\right]^{\frac{3}{2}} \tag{3-34-13}$$

3. 元电荷的测量

测量油滴上带的电荷的目的是找出电荷的最小单位 e。为此可以对不同的油滴，分别测出其所带的电荷值 q_i，它们应近似为某一最小单位的整数倍，即油滴电荷量的最大公约数，或油滴带电量之差的最大公约数，即为元电荷。

实验中常采用紫外线、X 射线或放射源等改变同一油滴所带的电荷，测量油滴上所带电荷的改变值 Δq_i，而 Δq_i 值应是元电荷的整数倍，即

$$\Delta q_i = n_i e \quad \text{（其中 } n_i \text{ 为一整数）} \tag{3-34-14}$$

也可用作图法求 e 值，根据式(3-34-13)，e 为直线方程的斜率，通过拟合直线即可求得 e 值。

【实验内容与步骤】

1. 仪器调节

（1）调节调平螺丝，使水准仪气泡到中央，这时平行极板处于水平位置，电场方向与重力平行。

（2）调整喷雾器，将少量钟表油缓慢的倒入喷雾器的储油腔内，使钟表油湮没提油管下方，将喷雾器竖起，用手挤压气囊，使得提油管内充满钟表油。

（3）将 CCD 显微镜镜筒前端和底座前端对齐，喷油后调整调焦旋钮，直至得到油滴清晰的图像。

2. 测量练习

（1）平衡电压的确认。仔细调整平衡电压旋钮使油滴平衡在某一格线上，等待一段时间，观察油滴是否漂离格线，若其向同一方向飘动，则需重新调整；若其基本稳定在格线或只在格线上下作轻微的布朗运动，则可以认为其基本达到了力学平衡。

（2）练习控制油滴。选择适当的油滴，仔细调整平衡电压，使油滴平衡在某一格线上。然后去掉平衡电压，让它匀速下降。下降一段距离后再加上平衡电压和提升电压，使油滴上升。如此反复多次的练习，以掌握控制油滴的方法。

（3）练习选择油滴。要做好油滴实验，所选的油滴体积要适中。油滴的体积不能太大，太大则必须带的电荷很多才能取得平衡，结果不易测准。也不能太小，太小则由于热扰动和布朗运动，运动涨落很大，也不容易测准。通常选择平衡电压为 200~300 V，匀速下落 1.5 mm（6 格）的时间在 8~20 s 的油滴比较适宜。

3. 正式测量

实验方法可选用平衡测量法、动态测量法和同一油滴改变电荷法（第三种方法所用的射线源用户自备）。我们采用平衡法测量，将已调平衡的油滴用提升键控制移到"起跑"线上，按 K_3（计时/停），让计时器停止计时，然后将提升键拨向"0 V"，油滴开始匀速下降的同时，计时器开始计时。到"终点"时迅速将提

升键拨向"平衡",油滴立即静止,计时也立即停止。动态法是分别测出加电压时油滴上升的速度和不加电压时油滴下落的速度,代入相应公式,求出 e 值。油滴的运动距离一般取 1~1.5 mm。对某颗油滴重复 5~10 次测量,选择 10~20 颗油滴,求得电子电荷的平均值 e。在每次测量时都要检查和调整平衡电压,以减小偶然误差和因油滴挥发而使平衡电压发生变化。

4. 用动态法测电荷 e 值(选做)。

【数据记录及处理】

将测量的数据记录于表 3-34-1 中。

表 3-34-1 数据记录表

次数	平衡电压(V)	油滴下降时间 t_g(s)				$q(10^{-19}\text{C})$
1						
2						
3						
4						
5						
6						
7						
8						
9						
10						

平衡法依据的公式为

$$q = 9\sqrt{2}\pi d \left[\frac{(\eta s)^3}{(\rho_1-\rho_2)g}\right]^{\frac{1}{2}} \frac{1}{U} \left(\frac{1}{t_f}\right)^{\frac{3}{2}} \left[\frac{1}{1+\frac{b}{pr_0}}\right]^{\frac{3}{2}}$$

其中 $r_0 = \left[\dfrac{9\eta s}{2g(\rho_1-\rho_2)t_f}\right]^{\frac{1}{2}}$

d 为极板间距 $d = 5.00 \times 10^{-3}$ m

η 为空气黏滞系数 $\eta = 1.83 \times 10^{-5}$ kg/(m·s)

s 为下落距离   依设置,默认 1.6 mm

ρ_1 为油的密度 $\rho_1 = 981$ kg/m³(20 ℃)

ρ_2 为空气密度 $\rho_2 = 1.2928$ kg/m³(标准状况下)

g 为重力加速度 $g = 9.794$ m/s²(成都)

b 为修正常数　　　　　　$b=0.00823$ N/m$(6.17\times10^{-6}$ m/cmHg$)$

p 为标准大气压强　　　　$p=101\,325$ Pa$(76.0$ cmHg$)$

U 为平衡电压

t_f 为油滴的下落时间

注意：

① 由于油的密度远远大于空气的密度，即 $\rho_1 \gg \rho_2$，因此 ρ_2 相对于 ρ_1 来讲可忽略不计(当然也可代入计算)。

② 标准状况指大气压强 $P=101\,325$ Pa，温度 $t=20$ ℃，相对湿度 $\varphi=50\%$ 的空气状态。实际大气压强可由气压表读出。

③ 油的密度随温度变化的关系见表 3-34-2。

表 3-34-2　油的密度随温度变化关系表

T(℃)	0	10	20	30	40
ρ(kg/m³)	991	986	981	976	971

【注意事项】

1. 喷雾器内的油不可装得太满，再次实验完毕时应及时揩擦上极板及油雾室内积油。

2. 喷油时喷雾器的喷头不要深入喷油孔内，防止大颗油滴堵塞落油孔。

【思考题】

1. 对实验结果造成影响的主要因素有哪些？

2. 如何判断油滴盒内平行极板是否水平，不水平对实验结果有何影响？

3. 用 CCD 成像系统观测油滴比直接从显微镜中观测有何优点？

4. 如何选择合适的油滴进行测量？

实验 35　光 速 测 量

从17世纪伽利略第一次尝试测量光速以来,各个时期人们都采用最先进的技术来测量光速.现在,光在一定时间中走过的距离已经成为一切长度测量的单位标准,即"米的长度等于真空中光在1/299 792 458 s的时间间隔中所传播的距离".光速也已直接用于距离测量,在国民经济建设和国防事业上大显身手,光的速度又与天文学密切相关,光速还是物理学中一个重要的基本常数,许多其他常数都与它相关,例如光谱学中的里德堡常数,电子学中真空磁导率与真空电导率之间的关系,普朗克黑体辐射公式中的第一辐射常数,第二辐射常数,质子、中子、电子、μ子等基本粒子的质量等常数都与光速C相关.正因为如此,巨大的魅力把科学工作者牢牢地吸引到这个课题上来,几十年如一日,兢兢业业埋头于提高光速测量精度的事业.

【实验目的】

1. 理解光拍频的概念.
2. 掌握光拍法测光速的技术.

【实验原理】

1. 光拍的产生和传播

根据振动叠加原理,频差较小、速度相同的两同向传播的简谐波相叠加即形成拍.考虑频率分别为 f_1 和 f_2（频差 $\Delta f = f_1 - f_2$ 较小）的光束（为简化讨论,我们假定它们具有相同的振幅）

$$E_1 = E\cos(\omega_1 t - K_1 x + \varphi_1)$$
$$E_2 = E\cos(\omega_2 t - K_2 x + \varphi_2)$$

它们的叠加

$$E_s = E_1 + E_2 = 2E\cos\left[\frac{\omega_1 - \omega_2}{2}\left(t - \frac{x}{c}\right) + \frac{\varphi_1 - \varphi_2}{2}\right]$$
$$\times \cos\left[\frac{\omega_1 + \omega_2}{2}\left(t - \frac{x}{c}\right) + \frac{\varphi_1 + \varphi_2}{2}\right] \tag{3-35-1}$$

是角频率为

$$\frac{\omega_1 + \omega_2}{2}$$

振幅为

$$2E\cos\left[\frac{\omega_1 - \omega_2}{2}\left(t - \frac{x}{c}\right) + \frac{\varphi_1 - \varphi_2}{2}\right]$$

的前进波。注意到 E_s 的振幅以频率

$$\Delta f = \frac{\omega_1 - \omega_2}{2\pi}$$

周期地变化,所以我们称它为拍频波,Δf 就是拍频,如图 3-35-1 所示。

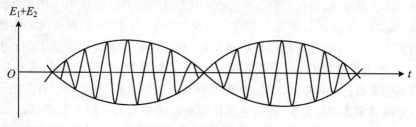

图 3-35-1　光拍频的形成

我们用光电检测器接收这个拍频波。因为光检测器的光敏面上光照反应所产生的光电流系光强(即电场强度的平方)所引起,故光电流为

$$i_0 = gE_s^2 \quad (3\text{-}35\text{-}2)$$

式中,g 为接收器的光电转换常数。把式(3-35-1)代入式(3-35-2),同时注意,由于光频甚高($f_0 > 10^{14}$ Hz),光敏面来不及反映频率如此之高的光强变化,迄今仅能反映频率 10^8 Hz 左右的光强变化,并产生光电流;将 i_0 对时间积分,并取对光检测器的响应时间 $t(\frac{1}{f_0} < t < \frac{1}{\Delta f})$ 的平均值。结果,i_0 积分中高频项为零,只留下常数项和缓变项。即

$$\bar{i}_0 = \frac{1}{t}\int_t i \cdot \mathrm{d}t = gE^2\left\{1 + \cos\left[\Delta\omega\left(t - \frac{x}{C}\right) + \Delta\varphi\right]\right\} \quad (3\text{-}35\text{-}3)$$

式中,$\Delta\omega$ 是与 Δf 相应的角频率,$\Delta\varphi = \varphi_1 - \varphi_2$ 为初相。可见光检测器输出的光电流包含有直流和光拍信号两种成分。滤去直流成分,即得频率为拍频 Δf,位相与初相和空间位置有关的输出光拍信号。

图 3-35-2 是光拍信号 i_0 在某一时刻的空间分布,如果接收电路将直流成分滤掉,即得纯粹的拍频信号在空间的分布。这就是说处在不同空间位置的光检测器,在同一时刻有不同位相的光电流输出。这就提示我们可以用比较相位的方法间接地决定光速。

事实上,由式(3-35-3)可知,光拍频的同位相诸点有如下关系

$$\Delta\omega\frac{x}{C} = 2n\pi \quad \text{或} \quad x = \frac{nC}{\Delta f} \quad (3\text{-}35\text{-}4)$$

式中,n 为整数,两相邻同相点的距离 $\Lambda = \frac{c}{nf}$ 即相当于拍频波的波长。测定了 Λ 和光拍频 Δf,即可确定光速 C。

2. 相拍二光束的获得

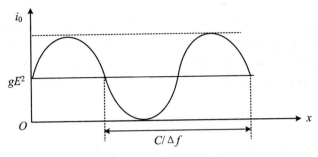

图 3-35-2 光拍的空间分布

光拍频波要求相拍二束具有一定的频差。使激光束产生固定频移的办法很多。一种最常用的办法是使超声与光波互相作用。超声(弹性波)在介质中传播,引起介质光折射率发生周期性变化,就成为一位相光栅。这就使入射的激光束发生了与声频有关的频移。后者实现了使激光束频移的目的。

利用声光相互作用产生频移的方法有行波法和驻波法两种。

(1)行波法。在声光介质与声源(压电换能器)相对的端面上敷以吸声材料,防止声反射,以保证只有声行波通过,如图 3-35-3(a)所示。互相作用的结果,激光束产生对称多级衍射。第 k 级衍射光的角频率为

$$\omega_1 = \omega_0 + k\Omega$$

式中,ω_0 为入射光的角频率,Ω 为声角频率,衍射级 $k=\pm 1,\pm 2,\pm\cdots$,如其中第 1 级行射光频为 $\omega_0+1\Omega$,衍射角为 $\alpha=\lambda/\Lambda$,λ 和 Λ 分别为介质中的光和声波长。通过仔细的光路调节,我们可使第 1 级与零级二光束平行叠加,产生频差为 Ω 的光拍频波。

(2)驻波法,如图 3-35-3(b)所示。利用声波的反射,使介质中存在驻波声场(相应于介质传声的厚度为半声波长的整数倍的情况)。它也产生 k 级对称衍射,而且衍射光比行波法时强得多(衍射效率高),第 k 级的衍射光频为

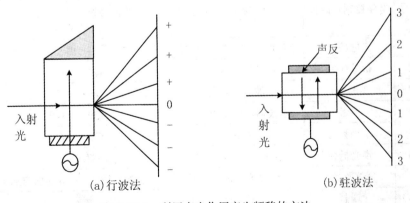

图 3-35-3 利用声光作用产生频移的方法

$$\omega_{lm} = \omega_0 + (k+2m)\Omega$$

式中,$k,m = 0, \pm 1, \pm 2, \cdots$,可见在同一级衍射光束内就含有许多不同频率的光波的叠加(当然强度不相同),因此用不到光路的调节就能获得拍频波。例如,选取第1级,由 $m = 0$ 和 -1 的两种频率成分叠加得到拍频为 2Ω 的拍频波。

两种方法比较,显然驻波法有利。

【实验内容】

(1) 预热。电子仪器都有一个温漂问题,光速仪的声光功率源、晶振和频率计须预热半小时再进行测量。在这期间可以进行线路连接,光路调整(即下述步骤(3)～(7)),示波器调整等工作。因为由斩光器分出了内、外两路光,所以在示波器上的曲线有些微抖,这是正常的。

(2) 连接。图 3-35-4 是电路控制箱的面板,请按表 3-35-1 将其与 LM2000C(如图 3-35-5 所示)光学平台或其他仪器连接(图 3-35-6 是光电接收示意图)。

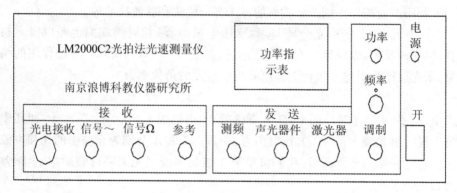

图 3-35-4 电路控制箱面板图

表 3-35-1 电路控制箱与其他仪器连接顺序表

序号	电路控制箱面板	光学平台/频率计/示波器	连线类型(电路控制箱—光学平台/其他测量仪器)
1	光电接收	光学平台上的光电接收盒	4芯航空插头——由光电接收盒引出
2	信号(∽)	示波器的通道1	Q9——Q9
3	信号(Ω)	示波器的通道2	Q9——Q9
4	参考	示波器的同步触发端	Q9——Q9
5	测频	频率计	Q9——Q9
6	声光器件	光学平台上的声光器件	莲花插头——Q9
7	激光器	光学平台上的激光器	3芯航空插头——3芯航空插头
8	调制	暂不用	暂不用

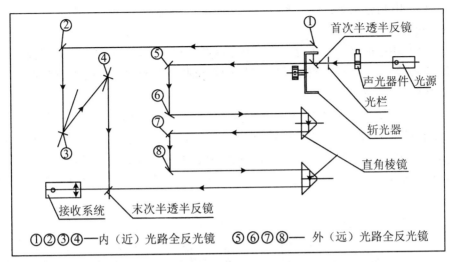

图 3-35-5　LM2000C 光速测量仪光学系统示意图

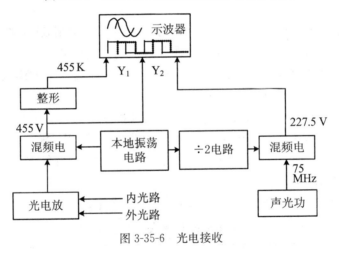

图 3-35-6　光电接收

注意：

电路控制箱面板上的功率指示表头中，读数值乘以 10 就是毫瓦数（即满量程是 1 000 mW）。

（3）调节电路控制箱面板上的"频率"和"功率"旋钮，使示波器上的图形清晰、稳定（频率为 75 MHz±0.02 MHz，功率指示一般在满量程的 60%～100%）。

（4）调节声光器件平台的手调旋钮 2，使激光器发出的光束垂直射入声光器件晶体，产生 Raman-Nath 衍射（可用一白屏置于声光器件的光出射端以观察 Raman-Nath 衍射现象），这时应明确观察到 0 级光和左右两个（以上）强度对称的衍射光斑，然后调节手调旋钮 1，使某个 1 级衍射光正好进入斩光器。

(5) 内光路调节。调节光路上的平面反射镜,使内光程的光打在光电接收器入光孔的中心。

(6) 外光路调节。在内光路调节完成的前提下,调节外光路上的平面反射镜,使棱镜小车 A/B 在整个导轨上来回移动时,外光路的光也始终保持在光电接收器入光孔的中心。

(7) 反复进行步骤(5)和(6)的调节,直至示波器上的两条曲线清晰、稳定、幅值相等。注意调节斩光器的转速要适中。过快,则示波器上两路波形会左右晃动;过慢,则示波器上两路波形会闪烁,引起眼睛观看的不适;另外,各光学器件的光轴设定在平台表面上方 62.5 mm 的高度,调节时注意保持才不致调节困难。

以上步骤完成后,下面就可以开始测量了。

(8) 记下频率计上的读数 f,在步骤(8)和(9)中应随时注意 f,如发生变化,应立即调节声光功率源面板上的"频率"旋钮,保持 f 在整个实验过程中的稳定。

(9) 利用千分尺将棱镜小车 A 定位于导轨 A 最左端某处(比如 5 mm 处),这个起始值记为 $D_a(0)$。同样,从导轨 B 最左端开始运动棱镜小车 B,当示波器上的两条正弦波完全重合时,记下棱镜小车 B 在导轨 B 上的读数,反复重合 5 次,取这 5 次的平均值,记为 $D_b(0)$。

(10) 将棱镜小车 A 定位于导轨 A 右端某处(比如 535 mm 处,这是为了计算方便),这个值记为 $D_a(2\pi)$;将棱镜小车 B 向右移动,当示波器上的两条正弦波再次完全重合时,记下棱镜小车 B 在导轨 B 上的读数,反复重合 5 次,取这 5 次的平均值,记为 $D_b(2\pi)$。

(11) 将上述各值填入表 3-35-2 中,计算出光速 c。

表 3-35-2　数据记录表

次数	$D_a(0)$	$D_a(2\pi)$	$D_b(0)$	$D_b(2\pi)$	f	$c=2f[2(D_b(2\pi)-D_b(0))+2(D_a(2\pi)-D_a(0))]$	误差
1							%
2							%
3							%

注:光在真空中的传播速度为 $2.997\,92 \times 10^8$ m/s。

【注意事项】

1. 数字式双踪示波器的功能比较多,本实验只用其小部分功能,若要掌握详细使用方法需认真阅读仪器实验说明书。

2. 光速测定仪属于精密仪器,操作时用力要均匀,不可用力过猛。
3. 反射器表面有灰尘,可用擦镜纸轻轻擦去,不可用手摸光学面。

【思考题】

通过实验观察,你认为波长测量的主要误差来源是什么？为提高测量精度需做哪些改进？

实验 36　氢原子光谱

氢原子的结构最简单,它的线光谱明显地具有规律,早就为人们所注意。各种原子光谱线的规律性的研究正是首先在氢原子上得到突破的。氢原子又是一种典型的最适合于进行理论与实验比较的原子。1885 年巴耳末总结人们对氢光谱测量的结果,发现了氢光谱的规律,提出了著名的巴耳末公式。氢光谱规律的发现为玻尔理论的建立提供了坚实的实验基础,对原子物理学和量子力学的发展起过重要作用。1932 年尤里(H・C・Urey)根据里德伯常数随原子核质量不同而变化的规律,对重氢赖曼线系进行摄谱分析,发现氢的同位素——氘的存在。通过巴耳末公式求得的里德伯常数是物理学中少数几个最精确的常数之一,成为检验原子理论可靠性的标准和测量其他基本物理常数的依据。

【实验目的】

1. 学习识谱和一种测量谱线波长的方法。
2. 通过测量氢光谱可见谱线的波长,验证巴耳末公式的正确性,从而对玻尔理论的实验基础有具体了解,力求准确测定氢的里德伯常数,对近代测量所达到的精度有一个初步了解。

【实验原理】

在可见光区中氢的谱线可以用巴耳末的经验公式(1885 年)来表示,即

$$\lambda = \lambda_0 \frac{n^2}{n^2-4} \tag{3-36-1}$$

式中,n 为整数 $3,4,5,\cdots$。常称这些氢谱线为巴耳末线系。为了更清楚地表明谱线分布的规律,将式(3-36-1)改写为

$$\frac{1}{\lambda} = \frac{4}{\lambda_0}\left(\frac{1}{4}-\frac{1}{n^2}\right) = R_H\left(\frac{1}{2^2}-\frac{1}{n^2}\right) \tag{3-36-2}$$

式中,R_H 称为氢的里德伯常数。如把上式右侧的整数 2 换成 $1,3,4,\cdots$,可得氢的其他线系。以这些经验公式为基础,玻尔建立了氢原子的理论(玻尔模型),从而解释了气体放电时的发光过程。根据玻尔理论,每条谱线对应于原子从一个能级跃迁到另一个能级所发射的光子。按照这个模型得到的巴耳末线系的理论公式为

$$\frac{1}{\lambda} = \frac{1}{(4\pi\varepsilon_0)^2}\frac{2\pi^2 me^4}{h^3 c(1+\frac{m}{M})}\left(\frac{1}{2^2}-\frac{1}{n^2}\right) \tag{3-36-3}$$

式中,ε_0 为真空中介电常数,h 为普朗克常数,c 为光速,e 为电子电荷,m 为电子

质量，M 为氢核的质量。这样，不仅给予巴耳末的经验公式以物理解释，而且把里德伯常数和许多基本物理常数联系起来了，即

$$R_H = R_\infty \left(1 + \frac{m}{M}\right)^{-1} \qquad (3\text{-}36\text{-}4)$$

式中，R_∞ 为将核的质量视为 ∞（即假定核固定不动）时的里德伯常数。

$$R_\infty = \frac{1}{(4\pi\varepsilon_0)^2} \frac{2\pi^2 m e^4}{h^3 c} \qquad (3\text{-}36\text{-}5)$$

比较式(3-36-2)和式(3-36-3)，可以看出它们在形式上是一样的。因此，式(3-36-3)和实验结果的符合程序成为检验玻尔理论正确性的重要依据之一。实验表明式(3-36-3)与实验数据的符合程序是相当高的，当然，就其对理论发展的作用来讲，验证式(3-36-3)在目前的科学研究中已不再是个问题。但是，由于里德伯常数的测定比起一般的基本物理常数来可以达到更高的精度，因而成为调准基本物理常数值的重要依据之一，占有很重要的地位。目前的公认值为

$$R_\infty = 10\,973\,731.534 \pm 0.013\ (\text{m}^{-1})$$

设 M 为质子的质量，则 $m/M = (5\,446\,170.13 \pm 0.11) \times 10^{-10}$，代入式(3-36-4)中得

$$R_M = 10\,967\,768.306 \pm 0.013\ (\text{m}^{-1})$$

【实验内容与步骤】

测出氢光谱在可见光区域的几条较亮谱线的波长，并求出氢的里德伯常数。

测出已知波长为 λ_1 的各氦氖谱线的位置 y_1 拟合出 $y = f(\lambda)$ 函数，并在同一条件下测出未知波长值的氢谱线的位置 y_H 代入函数 $y = f(\lambda)$ 求出其波长值。主要步骤如下：

1. 在摄谱仪导轨上安装好聚光镜及氢放电管，先粗调它们与狭缝等高，再调节使放电管正好成像在狭缝上，这时从目镜中可见到氢光谱线。

2. 在氢放电管与聚光镜之间安放半透光反镜，得用它再调氦氖放电管位置，使其也成像在狭缝上，这时目镜中可同时看到氢谱线及氦氖谱线。设法记住氢谱线的大致位置，对照实验室准备的光谱图，辨认出各条氢谱线两侧的几条较亮的氦氖谱线所对应的波长。

3. 测量氢谱红线位置及其两侧的 5 条氦氖谱线的位置。5 条氦氖谱线的选择应使待测氢线位于中间一条氦氖谱线的长波一侧，且与它相邻。6 条谱线的位置应一次顺序测出，用同样的方法分别对氢光谱的蓝、紫谱线及其相邻的各组氦氖谱线位置进行测量。

4. 用微机处理测量数据求出氢谱线的波长。可见光范围内氢谱线（如图

3-36-1 所示)相应于式(3-36-2)中 $n=3,4,5$ 和 6 的波长约为 656 nm, 486 nm, 434 nm 和 410 nm。计算所得的氢线波长值相对应的空气折射率为 $N=1.000285$，因为已知氢氖谱线的波长也是在 N 为 1.000285 ± 0.000005 范围内时的值。

5. 由氢谱线波长找出合适的 n 值，分别利用式(3-36-2)求出里德伯常数，式(3-36-2)中的波长应为真空中的波长。

【思考题】

1. 氢原子在可见区、红外区、紫外区的所有谱线系可统一用一个简单公式

$$\tilde{\nu} = R_N\left(\frac{1}{n_{0i}^2} - \frac{1}{n^2}\right)$$

表达。

式中, $n_{0i}=1,2,3,\cdots, n=n_{0i}+1, n_{0i}+2,\cdots$，如何选定各氢光谱线的 n 的可能值？其值正确性如何判断？怎样求得 n_{0i}？

(提示：可作 $\tilde{\nu} - \frac{1}{n^2}$ 图线来判断所选定 n 的正确性及求得 n_{0i})

2. 光谱中若出现不属于氢的谱线，应如何判断？

附录：采用曲线拟合测谱法测量铁谱线和氢谱曲线

一、曲线拟合测谱法

氢光谱实验一般先在同一底片上拍摄下铁谱和氢谱，然后找出并用读数显微镜等仪器测出某一氢线及其两侧紧邻的已知波长为 λ_1 和 λ_2 的两铁谱线的位置 y_H, y_1, y_2 最后由式(3-36-6)算出未知波长 λ'_H（示意图见图 3-36-1）。

$$\lambda'_H = \lambda_1(y_H - \lambda_1)\cdot(y_2 - y_1)/(y_2 - y_1) \tag{3-36-6}$$

为简化实验装置和操作步骤，为避免式(3-36-1)线性内插所产生的系统性误差我们采用曲线拟合方法（见图 3-36-2），拟合函数为

$$y = B/(\lambda - \lambda_0) + A \tag{3-36-7}$$

二、计算机拟合上述曲线的步骤

1. 预先设定某一 λ_0 值。
2. 根据实验数据 y_i 和 $\lambda_i (i=1\sim5)$，计算出中间变量 $X_i = 1/(\lambda_i - \lambda_0)$。
3. 对 y_i 和 X_i 作线性回归，求出系数 B 及常数 A，同时求出值。

$$M = \sum_i (y_i - Bx_i - A)^2$$

4. 对其他不同的 λ_0 值重复步骤 2 和 3，比较所得的值，最后用逐次逼近法

求出 $\lambda_i - \lambda_0$ 使 M 取最小值;M 为极小值时的 $y = A + B/(\lambda - \lambda_0)$ 即为所求函数。根据棱镜色散参数及摄谱仪结构参数进行具体的数值计算表明,在可见光范围内,当 $\lambda_5 - \lambda_1$ 不大于 80 nm 时,计算由小到大均匀分布的 $\lambda_1 - \lambda_5$ 的准确谱线位置 $\lambda_1 - \lambda_5$ 再求出拟合曲线(如图 3-36-2 所示)来,总可以使不大于 2×10^{-6} mm^2,即可以保证拟合过程本身所产生的附加误差不大于位置读数偏差 0.001mm 左右所对应的误差分量,也就是说拟合方法本身所产生的附加误差可以忽略不计。λ_H 的测量误差主要由仪器因素和实验操作读数等所产生的 $\lambda_1 - \lambda_5$ 和 λ_H 的位置测量不确定度所产生

$$\sum_{i=1}^{5} [y_i - B/(\lambda_i - \lambda_0) - A]^2$$

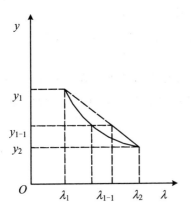

图 3-36-1 铁谱和氢谱曲线

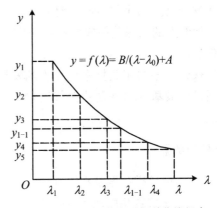

图 3-36-2 铁谱线和氢谱曲线拟合

实验 37 核磁共振(NMR)实验

核磁共振(Nuclear Magnetic Resonance),是指具有磁矩的原子核在静磁场中,受电磁波(通常为射频电磁振荡波 RF)激发而产生的共振跃迁现象。1945 年 12 月,美国哈佛大学珀塞尔(E. M. Purcell)等人,首先观察到石蜡样品中质子(即氢原子核)的核磁共振吸收信号。1946 年 1 月,美国斯坦福大学布洛赫(F·Bloch)研究小组在水样品中也观察到质子的核磁共振信号。两人由于这项成就,获得了 1952 年的诺贝尔物理学奖。

核磁共振被证实之后,许多科学家加入研究的行列,使得此项技术迅速成为在物理、化学、生物、地质、计量、医学等领域研究的强大工具,尤其是应用在医学诊断上的核磁共振成像技术(MRI),是自 X 光发现以来医学诊断技术的重大进展。

核磁共振的相关技术仍在不断发展之中,其应用范围也在不断扩大,本实验通过用最基本的核磁共振仪器操作,希望使学生能了解其基本原理和实验方法。

【实验目的】

1. 了解核磁共振基本原理。
2. 观察核磁共振稳态吸收信号及尾波信号。
3. 学习用核磁共振法校准恒定磁场 B_0。
4. 测量 g 因子。

【实验原理】

1. 核磁矩

原子核具有自旋角动量 P,根据量子力学原理,P 不能连续变化,只能取离散值

$$P = \sqrt{I(I+1)}\hbar \tag{3-37-1}$$

式中,I 为自旋量子数,只能取 $0,1,2,3,\cdots$ 整数或 $1/2,3/2,5/2,\cdots$ 半整数;$\hbar = h/2\pi$,h 为普朗克常数。本实验的样品氢和氟的 I 都是 $1/2$。同样的,自旋角动量在空间某一方向上如 Z 的分量的取值也不能连续变化,只能取分立值

$$P_Z = m\hbar \tag{3-37-2}$$

式中,m 只能取 $I, I-1, \cdots, -I+1, -I$ 共 $2I+1$ 个值。

自旋角动量 P 是不为零的原子核具有相应的核自旋磁矩 m,简称核磁矩,核磁矩大小为

$$\mu = g\frac{e}{2M}P \tag{3-37-3}$$

式中，e 为质子的电荷，M 为质子的质量，g 是一个无量纲的量，称"核 g 因子"，又称朗德因子。数值取决于原子核的结构，不同的原子核，g 的数值是不同的，符号可能为正，也可能为负。

原子核的磁矩可以指向任意方向，如无外界作用，它们的指向没有限制。核磁共振测量的第一步是通过安置一块大型磁铁来形成一个强磁场，然后将原子置于其中，这将使原子核按一定方式重新排列。设外界静磁场 B 为 Z 方向，当磁矩不为零的原子核处在外界静磁场 B 中时，与外磁场发生作用，核自旋磁矩在 Z 方向的分量为

$$\mu_Z = g\frac{e}{2M}P_Z = gm\frac{\hbar e}{2M} = gm\mu_N \tag{3-37-4}$$

式中，μ_N 称为核磁子，常用作度量核磁矩大小的单位。我们引入核磁矩与自旋角动量之比 γ

$$\gamma = \mu/P \tag{3-37-5}$$

相应地有

$$\mu_Z = \gamma P_Z = \gamma m\hbar \tag{3-37-6}$$

2. 能级分裂与共振跃迁

在外磁场 B 中，原子核的磁矩与其作用能为

$$E = -\mu \cdot B = -\mu_Z B = -\gamma P_Z B = -\gamma m\hbar B \tag{3-37-7}$$

因 m 只能取 $(2I+1)$ 个值，从而将原来简并的同一能级分裂成 $(2I+1)$ 个能级。因为能级的能量与量子数 m 有关，所以 m 又称为磁量子数，能量间隔为

$$\Delta E = \gamma\hbar B$$

对质子，$I=1/2$，因此 m 只取 $m=1/2$ 和 $m=-1/2$，其能级变化如图 3-37-1 所示。

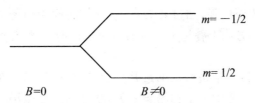

图 3-37-1 在外场下，核磁矩能级分裂($I=1/2$)

如果在与 B 垂直的平面上加一个高频磁场，当磁场的频率满足

$$h\nu = \Delta E$$

时，就会引起原子核在上下能级之间的跃迁。这种跃迁称为共振跃迁。当发生共振跃迁时有

$$\Delta E = h\nu = \hbar\omega = \gamma\hbar B \tag{3-37-8}$$

因此有

$$\gamma = \omega/B \qquad (3\text{-}37\text{-}9)$$

这是一个可测量的物理量,其意义是在共振时,单位磁感应强度下的共振频率。对于裸露的质子,共振频率

$$f = \gamma/(2\pi) = 42.577\,469\ \text{MHz/T}$$

但在原子或分子中,由于原子核受附近电子轨道的影响使核所处的磁场发生变化,导致在完全相同的外磁场下,不同化学结构的核磁共振频率不同。$\gamma/(2\pi)$ 值将略有差别,这种差别称为化学位移。这在化学领域中有着重要的应用。这个高频磁场通常由一个绕在原子核样品外的线圈产生,线圈由信号源驱动。

一个高速旋转的陀螺,当自转轴与重力方向不平行时,其自转轴会绕着重力方向缓慢旋转,这种行为称为进动。从经典物理学的角度看,这种行为与原子核在外磁场作用下的行为很相似,原子核就像一个有一定质量的高速旋转的小磁条,在不平行于自转轴的外磁场 B 作用下发生进动,我们将看到 m 在与 B 垂直的 X-Y 平面上的投影分量在旋转,其转轴平行于 Z 轴。这个旋转角频率正是 ω,旋转频率取决于原子核的属性以及外磁场的大小。所以 γ 又称为旋磁比。

3. 共振信号

根据玻尔兹曼的粒子数能级分布原理,在没有共振跃迁时,处在低能级的原子核数要多于处在高能级的原子核数。当发生共振跃迁时,由于低能级往高能级跃迁的原子核数要多于高能级往低能级跃迁的原子核数,所以净效果是使系统从外部磁场中吸收能量。磁场强度越大,能级间隔越大,高低能级的原子核数之差也越大,因而信号也越强。

这个使外部高频磁场能量发生变化的过程是可以检测到的。为了能够产生一个能量状态变化的过程,有两种方法:一种是固定磁场 B_0,连续改变高频磁场的频率,这种方法称为扫频法;另一种方法是固定高频磁场的频率,在共振磁场强度附近连续改变场强,扫过共振点,这种方法称为扫场法。这种方法需要在平行于静磁场的方向上叠加一个较弱的交变磁场,简称扫场。本实验用的是后一种方法。

在连续改变时,要求缓慢地通过共振点,这个缓慢是相对原子核的弛豫时间而言的。图 3-37-2 给出了扫场频率为 50 Hz 时,外磁场随时间的变化及相应的共振信号的关系。从图 3-37-2 中可知道,磁场的变化范围是

$$B = B_0 \pm B'$$

即能级间距也对应的在改变,所以有一个捕捉范围。当改变激发频率 f,使 f 进入捕捉范围时,就能发生共振。这时的共振信号的间隔可能是不等的,如果继续调整频率 f,使得共振信号的排列等间距,那么扫场就不参与共振,从而可确定固定磁场 B_0 的大小。

本实验的扫场参数是频率为 50 Hz、幅度为 $10^{-5} \sim 10^{-3}$ T,对固体样品聚四

氟乙烯来说，这是一个变化很缓慢的磁场。其吸收信号如图 3-37-3(a)所示。而对液态水样品来说却是一个变化较快的磁场，其观察到的不再是单纯的吸收信号，将会产生拖尾现象，如图 3-37-3(b)所示。磁场越均匀，尾波中振荡次数越多。但如果水样品非常纯，反而看不到信号，或信号很小。这是因为相对而言，纯水的弛豫时间太长（约 2 s），原子核都被抽运到高能级达到饱和，以至再次扫过共振点时，低能级不再有大量的原子核可以被抽运。这样就很难检测到能量的变化了。为了减少水样品的弛豫时间，可以在水中掺入一些离子。至于这样做为什么会减少弛豫时间，已超出了本实验的范围，可以参考有关资料。

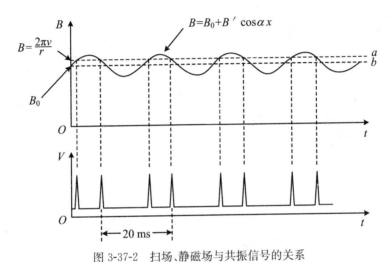

图 3-37-2　扫场、静磁场与共振信号的关系

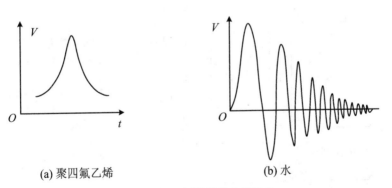

(a) 聚四氟乙烯　　　　　　(b) 水

图 3-37-3　不同样品的共振信号

需要指出的是，上面所说的是连续法，会导致频率分辨率下降，而且不能测量出弛豫时间，所以在实际应用中基本不用，但这并不影响对核磁共振原理的理解。另外，还有一种探测方法是脉冲法，这种方法分辨率高，能测量弛豫时间，所以被广泛应用于物理、化学、生物等领域。

4. 探测器

探头由样品盒和电路盒组成，样品呈柱状，产生高频磁场的线圈绕在外边。线圈绕轴平行于永久磁铁。这个线圈是自激振荡回路的一部分，它既作发射线圈，也作接收线圈。

其原理如下：

一般说，我们希望振荡器工作稳定，不受外界条件变化的影响。但在这里，我们希望振荡器对外界的变化敏感，可探知样品的状态变化。所以，电路盒中的振荡器不是工作在稳幅振荡状态，而是工作在刚刚起振的边缘状态，因此又称为边限振荡器。它的特点是电路参数的任何变化都会引起振荡幅度明显变化。当发生共振时，样品要吸收磁场能量，导致线圈的品质因数 Q 值下降。Q 值的下降，引起振荡幅度的变化。检出振荡波形的包络线，这个变化就是共振信号，经放大后就可送到示波器观察。电路盒上有两个调节旋钮，一个是"频率调节"，用来改变振荡频率，可用数字频率计监测频率；一个是"幅度调节"，用来调节电路的工作状态，使得输出幅度最大，在幅度调节时，振荡频率会略有变化。信号最后从"检波输出"端送出。

【实验仪器】

1. 实验装置

实验装置如图 3-37-4 所示，它由永久磁铁、扫场线圈、探头（含电路盒和样品盒）、数字频率计、示波器、可调变压器和 220 V/6 V 变压器组成。

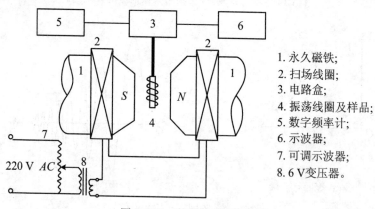

1. 永久磁铁；
2. 扫场线圈；
3. 电路盒；
4. 振荡线圈及样品；
5. 数字频率计；
6. 示波器；
7. 可调示波器；
8. 6 V 变压器。

图 3-37-4 简易核磁共振议

2. 装置中部分部件的作用

（1）永久磁铁。对永久磁铁要求有强的磁场和足够大的匀场区，本实验用的磁场强度约为 0.5 T，中心区（5 mm³）均匀性优于 10^{-5}。

（2）扫场线圈。产生一个可变幅度的扫场。

(3) 探头(含电路盒和样品盒)。有两个探头,一个是掺有三氯化铁的水样品,一个是固体样品聚四氟乙烯。

(4) 可调变压器和 220 V/6 V 变压器。用来调节扫场线圈的电流,220 V/6 V 还有隔离作用。

【实验内容】

1. 标定样品所处位置的磁场强度 B_0

将样品盒放在永久磁铁的中心区,观察掺有三氯化铁的水中质子的磁共振信号,测出样品在永久磁铁中心时质子的共振频率 ν。对于温度为 25 ℃球形容器中水样品的质子,旋磁比为

$$\frac{\gamma}{2\pi} = 42.576\,375\ \text{MHz/T}$$

从而由公式

$$2\pi\nu = \gamma$$

计算 B 样品所处位置的磁场强度 B_0。

由图 3-37-2 可知,外加总磁场为

$$B = B_0 + B'\cos\omega t \tag{3-37-10}$$

式中,B' 是扫场的幅度,ω 是扫场的圆频率。可能发生共振的频率范围应落在 $B_0 \pm B'$ 之间。在开始调试时,可以把扫场的幅度加大,这样便于共振频率的寻找。因为我们要确定的磁场是 B_0,因此必须让共振点发生在扫场过零处,即图 3-37-2 中扫场与线 b 的交点上。易知,这时的共振信号为等分间隔,且间隔为 10 ms。

在示波器上严格地分辨等分间隔是不容易的,这里有一个方法,从图 3-37-2 可以看出,当共振点不在扫场过零处时,改变扫场幅度会导致共振信号成对的靠近或分开。只有当共振点恰巧在扫场过零处时,不论扫场幅度加大或减小,共振信号都不会移动。所以可以在共振信号大致等间隔后再用这种方法细调。

对于计算 B_0 的测量误差,我们可以用两边夹的方法来确定。从图 3-37-2 可知,共振频率的上下限由扫场的振幅决定,所以在能分辨共振信号的前提下,我们尽量减小振幅。调整共振频率,使共振信号两两合并,为 20 ms 等间隔,然后测出共振频率的上下限 ν_1 和 ν_2,由式(3-37-11)可计算扫场振幅

$$B' = \frac{(\nu_1 - \nu_2)/2}{\gamma/2\pi} \tag{3-37-11}$$

实际上,共振信号等间隔排列的判断误差一般不超过 10%,因此 ΔB_0 可取上式的 1/10,即

$$\Delta B = \frac{B'}{10} \tag{3-37-12}$$

从而有
$$B = B_0 \pm \Delta B' \qquad (3\text{-}37\text{-}13)$$

2. 求氟核 ^{19}F 的旋磁比 γ_F

观察并记录固态聚四氟乙烯样品中氟核的核磁共振信号，测出样品处在与水样品相同磁场位置时的氟核的共振频率。因已测得 B_0，所以由以上公式可算得氟核的旋磁比 γ_F。

3. 计算朗德因子 g

由旋磁比定义
$$\gamma = g \frac{2\pi\mu_N}{h}$$

可计算出氟核的 g 因子。这里 μ_N 是核磁子，
$$\mu_N = 3.1524515 \times 10^{-14} \text{MeV/T}$$

h 是普朗克常数，
$$\mu_N/h = 7.6225914 \text{ MHz/T}$$

相对误差为
$$E = \frac{\Delta g}{g} = \sqrt{\left(\frac{\Delta\nu_F}{\nu_F}\right) + \left(\frac{\Delta B_0}{B_0}\right)} \qquad (3\text{-}37\text{-}14)$$

式中，$\Delta\nu_F$ 的求法与计算 B' 时类似，B_0 和 ΔB_0 利用所测的结果。

4. 磁场的均匀性

加大扫场，以一定间隔移动探头，从最左到最右，观察并记录水样品共振信号的变化，以最佳信号点的磁场作为分母，绘制各点磁场相对于最佳点的变化曲线（不要忘了记录磁场的编号）。

5. 选做内容

实验室提供纯水样品，可以观察纯水的核磁共振信号，移动样品在磁场中的位置，同时调节频率，观察并记录信号的变化。

【注意事项】

1. 由于扫场的信号从市电取出，频率为 50 Hz。每当 50 Hz 信号过零时，样品所处的磁场就是恒定磁场 B_0。所以应先加大扫场信号，让总磁场有较大幅度的变化范围，以利于找到磁共振信号，然后调整频率。

2. 样品在磁场的位置很重要，应保证处在磁场的几何中心，除非有其他要求。

3. 调节时要缓慢，否则 NMR 信号一闪而过。

4. 轻拿轻放，实验完成后立即关闭电源，以免电池空耗。

5. 请勿打开样品盒。

6. 调节扫场幅度的可调变压器的调节范围为 0～100 V。

【思考题】

1. 本实验中有几个磁场，它们的相互方向有什么要求？

2. 在医院的核磁共振成像宣传资料中，常常把拥有强磁场（1～1.5 T）作为一个宣传的亮点。请问，磁场的强弱对探测质量有什么关系吗，为什么？

3. 仔细观察尾波，可发现除了幅度逐渐减小外，峰与峰的间隔越来越密，而且间隔随扫场的幅度而变，试解释之。

实验 38 扫描隧道显微镜

1982 年,IBM 瑞士苏黎世实验室的葛·宾尼(G. Binning)和海·罗雷尔(H. Rohrer)研制出世界上第一台扫描隧道显微镜(Scanning Tunnelling Microscope,简称 STM)。STM 使人类第一次能够实时地观察单个原子在物质表面的排列状态和与表面电子行为有关的物化性质,在表面科学、材料科学、生命科学等领域的研究中有着重大的意义和广泛的应用前景,被国际科学界公认为 20 世纪 80 年代世界十大科技成就之一。为表彰 STM 的发明者们对科学研究所作出的杰出贡献,1986 年宾尼和罗雷尔被授予诺贝尔物理学奖。

【实验目的】

1. 学习和了解扫描隧道显微镜的原理和结构。
2. 观测和验证量子力学中的隧道效应。
3. 学习掌握扫描隧道显微镜的操作和调试过程,并以此来观察样品的表面形貌。
4. 学习用计算机软件处理原始数据图像。

【实验仪器】

CSPM4000 型扫描隧道显微镜,Pt-Ir 金属探针,金薄膜(团簇)样品,高序石墨(HOPG)样品等。

【实验原理】

1. 隧道电流

扫描隧道显微镜的工作原理是基于量子力学的隧道效应。对于经典物理学来说,当一个粒子的动能 E 低于前方势垒的高度 V_0 时,它不可能越过此势垒,即透射系数等于零,粒子将完全被弹回。而按照量子力学的计算,在一般情况下,其透射系数不等于零,也就是说,粒子可以穿过比它的能量更高的势垒,这个现象称为隧道效应(如图 3-38-1 所示),它是由粒子的波动性而引起的,只有在一定的条件下,这种效应才会显著。经计算,透射系数

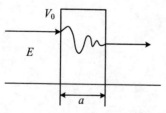

图 3-38-1 量子力学中的隧道效应

$$T \approx \frac{16E(V_0 - E)}{V_0^2} e^{\frac{2a}{\hbar}\sqrt{2m(V_0-E)}} \qquad (3\text{-}38\text{-}1)$$

由式(3-38-1)中可见,透射系数 T 与势垒宽度 a、能量差 (V_0-E) 以及粒子的质量 m 有着很敏感的依赖关系,随着 a 的增加,T 将按指数衰减,因此在宏观实验中,很难观察到粒子隧穿势垒的现象。

扫描隧道显微镜是将原子线度的极细探针和被研究物质的表面作为两个电极,当样品与针尖的距离非常接近时(通常小于 1 nm),在外加电场的作用下,电子会穿过两个电极之间的势垒流向另一电极。隧道电流 I 是针尖的电子波函数与样品的电子波函数重叠的量度,与针尖和样品之间距离 S 和平均功率函数 Φ 有关,即

$$I \propto V_b \exp(-A\Phi^{1/2}S) \tag{3-38-2}$$

式中,V_b 是加在针尖和样品之间的偏置电压,平均功率函数

$$\Phi \approx (\Phi_1 + \Phi_2)/2$$

Φ_1 和 Φ_2 分别为针尖和样品的功率函数,A 为常数,在真空条件下约等于1。隧道探针一般采用直径小于 1 mm 的细金属丝,如钨丝、铂-铱丝等,被观测样品应具有一定的导电性才可以产生隧道电流。

由式(3-38-2)可知,隧道电流强度对针尖和样品之间的距离有着指数的依赖关系,当距离减小 0.1 nm,隧道电流即增加约一个数量级。因此,根据隧道电流的变化,我们可以得到样品表面微小的高低起伏变化的信息,如果同时对 x-y 方向进行扫描,就可以直接得到样品的表面三维形貌图(如图 3-38-2 所示)。

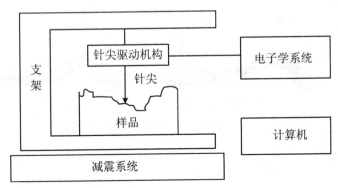

图 3-38-2 STM 基本构成

2. STM 的结构和工作模式

STM 仪器由具有减震系统的 STM 头部、电子学控制系统和包括 A/D 多功能卡的计算机组成(图 3-38-2)。头部的主要部件是用压电陶瓷做成的微位移扫描器,在 x-y 方向扫描电压的作用下,扫描器驱动探针在导电样品表面附近做 x-y 方向的扫描运动。与此同时,由差动放大器来检测探针与样品间的隧道电流,并把它转换成电压,反馈到扫描器,作为探针 z 方向的部分驱动电压,以控制探针作扫描运动时离样品表面的高度。

STM 常用的工作模式主要有以下两种。

(1) 恒流模式。如图 3-38-3(a)所示,利用压电陶瓷控制针尖在样品表面 x-y 方向扫描,而 z 方向的反馈回路控制隧道电流的恒定,当样品表面凸起时,针尖就会向后退,以保持隧道电流的值不变,当样品表面凹进时,反馈系统将使得针尖向前移动,则探针在垂直于样品方向上高低的变化就反映出了样品表面的起伏。将针尖在样品表面扫描时运动的轨迹记录并显示出来,就得到了样品表面态密度的分布或原子排列的图像。这种工作模式可用于观察表面形貌起伏较大的样品,且可通过加在 z 方向的驱动电压值推算表面起伏高度的数值。恒流模式是一种常用的工作模式,在这种工作模式中,要注意正确选择反馈回路的时间常数和扫描频率。

(2) 恒高模式。如图 3-38-3(b)所示,针尖的 x-y 方向仍起着扫描的作用,而 z 方向则保持绝对高度不变,由于针尖与样品表面的局域高度会随时发生变化,因而隧道电流的大小也会随之有明显变化,通过记录扫描过程中隧道电流的变化亦可得到表面态密度的分布。恒高模式的特点是扫描速度快,能够减少噪音和热漂移对信号的影响,实现表面形貌的实时显示,但这种模式要求样品表面相当平坦,样品表面的起伏一般不大于 1 nm,否则探针容易与样品相撞。

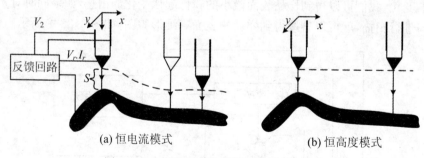

(a) 恒电流模式   (b) 恒高度模式

图 3-38-3   扫描隧道显微镜的两种工作模式

【实验内容】

1. 准备和安装样品、针尖

针尖在扫描隧道显微镜头部的金属管中固定,露出头部约 5 mm。将样品放在样品座上,应保证良好的电接触。将下部的两个螺旋测微头向上旋起,然后把头部轻轻放在支架上(要确保针尖和样品间有一定的距离),头部的两边用弹簧扣住。小心地细调螺旋测微头和手动控制电机,使针尖向样品逼近,用放大镜观察,在针尖和样品相距 0.5~1 mm 处停住。

2. 金膜表面的原子团簇图像扫描

运行 STM 的工作软件,单击"在线扫描",出现"STM 扫描控制"界面。"隧道电流"置为 0.25~0.3 nA,"针尖偏压"置为 200~250 mV,"扫描范围"设为

1 000 nm 左右,"扫描角度"设为 0~90 度,"扫描速度"设为 0.1 s/行左右,"采样"设为 256,"放大倍率"设为 1;选择"马达控制",点击"自动进",马达自动停止后,不断点击"单步进"或"单步退",直到"隧道电流"的显示杆落入‖区域之内;如此时"平衡"的显示杆尚未进入相应的‖区域之内,可使用控制箱面板上的"平衡"旋钮,将其调入;选择"扫描方式",点击"恒流模式"进行扫描。

扫描结束后一定要将针尖退回!"马达控制"用"自动退",然后关掉马达和控制箱。

3. 图像处理

(1) 平滑处理。将像素与周边像素作加权平均。

(2) 斜面校正。选择斜面的一个顶点,以该顶点为基点,线形增加该图像的所有像数值,可多次操作。

(3) 中值滤波。对当前图像作中值滤波。

(4) 傅立叶变换。对当前图像作 FFT 滤波,此变换对图像的周期性很敏感,在作原子图像扫描时很有用。

(5) 边缘增强。对当前图像作边缘增强,使图像具有立体浮雕感。

(6) 图像反转。对当前图像作黑白反转。

(7) 三维变换。使平面图像变换为立体三维图像,形象直观。

4. 高序石墨原子(HOPG)图像的扫描(选做)

在上面实验的基础上,可进一步扫描石墨表面的碳原子。用一段透明胶均匀地按在石墨表面上,小心地将其剥离,露出新鲜石墨表面,保证样品台和样品座之间有着良好的电接触。采用恒流工作模式,先将"隧道电流"置于 0.25~0.3 nA,"针尖偏压"置于 −200~−250 mV,"扫描范围"设为 1 000 nm 左右,"扫描角度"设为 0~90 度,"扫描速度"设为 0.1 s/行左右,"采样"设为 256,"放大倍率"设为 1,找出新鲜的石墨表面台阶;在两台阶之间选取一块平坦的地方,逐渐减小扫描范围,提高隧道电流,增加放大倍率(5 倍或 25 倍),直至能渐渐看到原子图像;最后,"扫描范围"设为 10 nm 以下,"隧道电流"置于 0.45 nA 左右,"针尖偏压"置于 −255 mV 左右,并细心地将维持"平衡"的显示杆放在‖区域之内,这样扫描约 20 min,待其表面达到新的热平衡后,可以得到比较理想的石墨原子排列图像。

【思考题】

1. 恒流模式和恒高模式各有什么特点?
2. 不同方向的针尖与样品间的偏压对实验结果有何影响?
3. 隧道电流设置的大小意味着什么?
4. 若隧道电流能在 2% 范围内保持不变,试估算样品表面的高度测量误差。

第4章 设计性实验

第1节 设计性实验的性质与任务

设计性实验是指由教师事先指定具有全过程设计或部分内容设计的课题,并明确课题的任务、要求以及实验室能够提供的条件,要求学生在规定时间内,通过阅读资料提出实验原理,确定实验方案,选择合适的仪器设备,拟定实验程序和注意事项,调整测试,合理处理实验数据,最后写出完整的实验报告。可见,设计性实验是对学生进行科学实验全过程的初步训练。

由于设计性实验是在教师的指导下,独立地、创造性地开展工作,它对开拓学生思路、扩展学生知识面、培养和提高学生分析问题和解决问题的能力、进而培养学生初步的科研能力和素养都具有非常重要的意义。正因为如此,《高等工业学校物理实验课程教学基本要求》明确指出,应在物理实验中开设少量的设计性实验或具有设计性内容的实验。

当然,开设设计性实验必须具有一定的条件。除了实验室提供必要的物质条件外,对学生来说,在进入设计性实验阶段之前,必须具有比较丰富的实验经验和实验技能,掌握相当数量的基本仪器的使用方法和基本的测量方法,掌握比较完备的误差分析和数据处理等方面的知识。否则,将会是空中楼阁,达不到预期目的。

设计性实验是对科学实验全过程进行初步训练的教学实验,它主要着眼于在实验中要调动学生的学习主动性和积极性及学生智力的开发,培养学生分析问题、解决问题的能力;它可对学生实验技能和理论知识综合应用的能力进行检验。学生通过自己查阅资料、拟定实验方案、选择仪器、测试和处理数据,写出研究式的实验报告来培养自己的工程设计能力和创新能力。这类实验课题一般由实验室提出,具有综合性、典型性、探索性、一定研究性和部分设计性。要求学生自行推导有关理论,确定实验方法,选择配套仪器设备(实验室也帮助选择和确定),进行实验,最后写出比较完整的实验报告。

设计性实验设计及实验方案的选择,要注意其正确性与合理性,并能在实验中得到检验。设计性实验应包括这样几个方面内容:选择实验方法与测量方法,选择测量条件与配套仪器以及测量数据的合理处理方法等,而这些需要根据研究的要求、实验精度的要求以及现有的主要仪器来确定。

要完成设计性实验,需要误差理论和实验知识。因为实验中要考虑各种误差出现的可能性,分析其产生的原因,发现和检验系统误差的存在,估计其大小,并消除或减小其影响。学生在进行设计性实验课题时要注意要求上的差别。如有的设计性实验重在对实验现象的观察与分析;有的则重在实验规律的探索、结果的比较或实验内容的变通、修订。因而设计性实验特别注重实验后的分析讨论。

设计性实验报告一般要求有以下内容:
1. 实验题目。
2. 实验目的、任务及要求。
3. 实验原理:扼要写出设计思路。
4. 根据要求及误差要求选择的仪器和测量条件。
5. 设计线路或装置图,提出元件参数及仪器规格。
6. 实验步骤要点。
7. 实验数据记录及数据处理,误差分析,对结果进行分析评价。
8. 得出结论,进行讨论。

实验方案的选择一般来说应包括:实验方法和测量方法的选择;测量仪器和测量条件的选择;数据处理方法的选择;进行综合分析和误差合理估计,拟定实验程序等。

第 2 节 设计性实验项目

实验 39 动量守恒定律的研究

【实验目的】

1. 学会自行设计实验方案的一般方法。
2. 利用气垫导轨,研究物体碰撞过程中的动量守恒,了解弹性碰撞和完全非弹性碰撞的特点,并测定碰撞前后的机械能损失。

【实验要求】

1. 进行理论分析,设计实验方案。
2. 设计实验操作程序,列出实验器材清单,考虑实验中的注意事项。
3. 根据实验设计方案,画出原始数据记录表格,记录实验数据。
4. 实验、观察、分析,必要时对原有方案进行调整。
5. 分完全弹性碰撞和完全非弹性碰撞两类研究碰撞运动规律,要求每类至少分质量相同和质量不同两种情况分别研究,并且要求每种至少改变初始速度测量5次。

6. 总结实验工作，撰写实验报告。

【实验仪器】

气垫导轨和附件，计时器。

【实验提示】

1. 如果一物体系统所受外力的矢量和为零，则该系统的总动量保持不变。这一结论称为动量守恒定律。显然，在系统只包括两个物体，且此两物体沿一条直线发生碰撞的简单情形下，只要系统所受的各种外力在此直线方向的分量的代数和为零，则在该方向上的系统总动量就保持不变。

2. 气垫导轨附件中有大、小滑块各两个，再借助于尼龙扣和缓冲弹簧，可实现等质量物体之间的弹性或非弹性碰撞，也可实现不等质量物体之间的弹性或非弹性碰撞。

【分析与讨论】

滑块在导轨上运动时，若考虑滑块与导轨之间由于气层的相对运动所引起的阻力，则采取何种措施就能较准确地测出滑块碰撞前后的速度？

实验 40 简谐振动的研究

【实验目的】

1. 学习进行简单设计性实验的基本方法,培养设计简单实验的能力。
2. 学习如何选择实验方法来验证物理规律。
3. 通过简谐振动,研究弹簧振子中弹簧的有效质量,测定弹簧的劲度系数。

【实验要求】

1. 设计一个验证简谐振动运动规律的实验方案。
   (1) 写出有关简谐振动的运动规律和验证方法;
   (2) 提出数据处理的方法;
   (3) 提出所需要的仪器设备与器材。
2. 设计测量弹簧的有效质量和劲度系数的实验方法。
   (1) 写出测量原理和方法;
   (2) 拟出测量步骤和数据处理表格;
   (3) 提出数据处理的方法。

【实验仪器】

请根据实验提示自行提出所需的各种仪器设备。

【实验提示】

可选择的实验方法有气垫导轨法与焦利秤法。

1. 气垫导轨法

在一光滑无摩擦的平面上,质量为 m 的物体两边各与一根忽略质量的弹簧相连。两弹簧的劲度系数分别为 k_1 和 k_2,使物体振动后,系统振动周期

$$T = 2\pi\sqrt{\frac{m+m_s}{k_1+k_2}}$$

式中,m_s 为弹簧在振动时的有效质量。

由此可以考虑如何验证简谐振动的运动规律,以及如何测定 m_s 和系统的 $k(k=k_1+k_2)$ 值。

2. 焦利秤法

使焦利秤的一根弹簧作上下振动,它的周期

$$T = 2\pi\sqrt{\frac{m+m_s}{k}}$$

【分析与讨论】

1. 测量周期时,取多少个周期为宜?这是由哪些因素决定的?
2. 用气垫导轨法做简谐振动实验时,滑块的振幅在振动过程中不断减小,是什么原因?

实验 41　开放式多用电表的改装

【实验目的】

1. 熟悉多用表的线路和原理。
2. 掌握将一表头改装为双量程电流表、电压表、欧姆表的原理和设计方法。
3. 学习多用表的组装和标定,初步学习焊接技术。

【实验要求】

1. 分析常用的多用表电路,说明各档的功能和设计原理。
2. 设计并组装一个具有下列三档功能的多用表。
 (1) 直流电流挡,量程为 1 mA、10 mA;
 (2) 直流电压挡,量程为 3 V、10 V;
 (3) 欧姆挡,量程为 $R\times 1\ \Omega$、$R\times 100\ \Omega$。
3. 对设计的多用表进行校验。
 (1) 对电流挡进行校验;
 (2) 对电压挡进行校验;
 (3) 对欧姆挡进行校验。

【实验仪器】

0~100 μA 表头一只,单刀三掷开关、单刀六掷开关、双刀双掷开关各一只,电位器两个,电阻若干,电阻箱一只,干电池一节,多用电表一只,其余仪器根据设计方案由指导教师提供。

【实验提示】

1. 多用表的改装

改装多用表时首先要将一个可变电阻与给定的微安表串联,并调节使其总内阻固定,测定其量程 I_g 和内阻 R_g。

2. 直流电流挡、直流电压挡和欧姆挡的设计

直流电压挡仅需在设计完成的直流电流挡的基础上增加一个串联电阻。设计测量电路时应先画出电路图,并对主要的电阻值进行计算,用文字简叙测量原理并给出测量公式。而欧姆挡设计中需要有"零欧姆调节器",这是由于电池经过一段时间的使用以后,电动势有所下降,电阻显著增大。为适应电源的这种变化,可在表头回路中串联一个电位器 R_p 作为"零欧姆调节器",调节 R_p 可改变通过表头的电流。

3. 设计出校验各档的电路图,可以用成品表来辅助校验。

【分析与讨论】

1. 三个测量挡的设计和改装是否有先后顺序?为什么?最适合的顺序应该怎么样?

2. 如果不固定微安表的内阻,设计与安装时会有什么变化?

实验 42 用混合法测定金属的比热容

【实验目的】

1. 学习怎样选择实验方案和实验参量。
2. 如何测定金属的比热容。

【实验要求】

1. 选择一种实验方法来测定金属的比热容。
2. 分析系统误差。

【实验仪器】

量热器、温度计（0～50 ℃ 和 0～100 ℃ 各一支），搅拌器，金属块，木夹子，冰，加热炉，物理天平。

【实验提示】

混合量热法的基本原理是由一个温度为 T_1 的系统 I 与温度为 T_2 的系统 II 混合，混合后的终温为 T_3。如不考虑与外界的热交换，则低温系统（设为 II）吸收的热量等于高温系统（设为 I）放出的热量，即

$$C_{\mathrm{I}}(T_1 - T_3) = C_{\mathrm{II}}(T_3 - T_2)$$

式中，C_{I}、C_{II} 分别为系统 I 和 II 的热容。注意要把量热器内筒、搅拌器、温度计考虑在内。水银温度计的热容等于 $0.46\,V$。V 为温度计浸入系统（如水）的体积，单位是 cm^3。

【分析与讨论】

按选定的方法进行实验，检验实验结果是否在误差范围之内并进行必要的误差分析讨论。

实验 43 利用等厚干涉测透明液体的折射率

【实验目的】

1. 研究利用劈尖测量透明液体折射率的方法。
2. 通过自行安装、调整仪器,培养和提高动手能力。

【实验要求】

1. 自己安排好实验方案。
2. 测出水的折射率。

【实验仪器】

读数显微镜,劈尖,钠光灯,水。

【实验提示】

在薄膜干涉中,薄膜厚度相同处的上下表面的两反射光的光程差相同,干涉情况相同。因此,形成的干涉条纹是膜厚相同点的轨迹,这种干涉称为等厚干涉。劈尖的干涉现象属于等厚干涉。

取两块镀有反射膜的光学平面玻璃,在其中的一块镀膜上滴 1~2 滴待测透明液体。然后,将另一块平面玻璃合在上面(要求两者的镀膜面相贴),并使之形成一含液滴的劈尖。用单色平行光(如钠光)垂直入射在劈尖上,即可通过读数显微镜观察测量。在有透明液体处,容易证明,相邻明纹或暗纹的间距 l 为

$$l = \lambda/(2n\alpha)$$

式中,n 为透明液体的折射率,α 为劈尖的夹角,λ 为单色平行光的波长。

在无透明液体处,相邻明纹或相邻暗纹的间距 l' 为

$$l' = \lambda/2\alpha$$

由以上两式可知,被测透明液体的折射率为

$$n = l'/l$$

实验时,分别测出 l 和 l',即可求得 n。为了减少测量误差,可以分别测出两种干涉条纹的 N 个条纹间距 L 和 L',则

$$n = L/L'$$

式中,L 为有透明液体处 N 个条纹间距,L' 为无透明液体处 N 个条纹间距。

实验 44　测透明固体的折射率

【实验目的】

测定一块透明的有机玻璃的折射率。

【实验要求】

1. 写出实验原理,画出光路图,推导测量公式。
2. 正确选用仪器,测出所需各量。
3. 处理数据,计算出折射率。

【实验仪器】

待测有机玻璃,游标卡尺,读数显微镜。

【实验提示】

当入射角 i 很小时,有
$$\sin i \approx \tan i$$

实验 45　铜丝电阻温度系数的测定

【实验目的】

用箱式电桥测量铜丝的电阻温度系数。

【实验要求】

1. 设计一个用电桥测量铜丝的电阻温度系数的方法,拟定实验步骤。
2. 求出铜丝的电阻温度系数。

【实验仪器】

稳压电源,电阻温度系数装置(可自己设计),调压器,箱式电桥,温度计。

【实验提示】

金属的电阻与温度的关系为
$$R_t = R_0(1+\alpha t)$$
式中,R_t、R_0 分别为温度为 $t\ ℃$、$0\ ℃$ 时金属的电阻值。α 是电阻温度系数,单位是($℃^{-1}$)。对纯铜材料来说,在 $-50 \sim 100\ ℃$ 范围内 α 的变化很小,可当作常数,即 R_t 与 t 呈线性关系。

实验过程可等间隔进行测量,注意控制测量铜丝温度的方法。

实验 46　原子光谱的研究

【实验目的】

在分光计上用衍射光栅观察光谱线,测定原子光谱线波长,验证氢原子光谱的巴尔末公式。

【实验要求】

1. 在分光计上设计一个测量氢原子光谱线波长的方法,画出光路图。
2. 测量氢光谱波长,验证巴尔末公式。

【实验仪器】

分光计,衍射光栅,氢气放电管。

【实验提示】

根据玻尔理论,可以导出氢原子光谱线的公式

$$v = R\left(\frac{1}{K^2} - \frac{1}{n^2}\right)$$

式中,v 为波数,是波长的倒数,R 为里德伯常数,当 $K=2$ 时,上式可改写为

$$v = R\left(\frac{1}{2^2} - \frac{1}{n^2}\right) \quad (n = 3,4,5,\cdots)$$

该式称为巴尔末公式,该系列光谱线为巴尔末系,前 4 条谱线分布在可见光范围。因此,可以通过光栅色散直接观察到这些谱线。

实验 47 测量电流表内阻和电动势

【实验目的】

利用提供的实验仪器,设计一个电路能用直流平衡电桥测量毫安表内阻,同时用补偿法测量出未知电动势,并且要求在用补偿法测电动势的过程中不破坏原有的电桥的平衡(记录实验数据时,电桥平衡同时电路达到补偿状态)。

【实验要求】

1. 画出测量毫安表内阻和未知电动势的电路图。
2. 连接好电路图,详细写出实验步骤及调节电桥平衡与测量未知电动势的方法。
3. 测量并记录实验数据,计算毫安表内阻与未知电动势。

【实验仪器】

直流电源,毫安表(量程为 15 mA,内阻待测,范围为 2~6 Ω),电阻箱,电阻盒,单刀开关两只,滑线变阻器,数字万用电表(当作检流计使用),导线若干(电阻忽略不计)。

【实验提示】

数字万用电表当作检流计使用,粗调选用直流 2 V 档,细调选用直流 200 mV 档。

实验 48　测量中值电阻的阻值

【实验目的】

测量中值电阻 R_x 的阻值大小。

【实验要求】

1. 用两种实验方法测量中值电阻 R_x 的阻值大小。
2. 根据给定仪器设计出测量中值电阻 R_x 阻值的电路图（每种方法不超过两幅），写出简要实验步骤。
3. 按电路图连接好电路。
4. 测量并记录实验数据（每种实验方法测量一组数据即可），计算中值电阻的阻值大小。

【实验仪器】

三节干电池，六钮电阻箱两只，待测中值电阻，开关两只，直流指针式检流计，导线若干。

【实验提示】

1. 中值电阻 R_x 的阻值大小约几百欧姆。
2. 使用检流计时，必须串联一个保护电阻（用一只电阻箱代替）和一只开关。
3. 三节干电池的电动势接近，大小未知，内阻 r_1, r_2, r_3 相当且都很小，满足
$$R_x \gg r_1 + r_2 + r_3$$
4. 导线电阻和接触电阻忽略不计。

实验 49　测量汞灯两黄光波长和分光计望远镜的物镜焦距

【实验目的】

测量汞灯两黄光波长和分光计望远镜的物镜焦距。

【实验要求】

1. 简述实验方法并导出测量公式。
2. 设计出光路图。
3. 尽可能准确地测量出望远镜的物镜焦距。

【实验仪器】

分光计(带双面镜)，汞灯(已知绿光波长为 546 nm)，透射光栅，测微目镜，放大镜(带照明光源)。

【实验提示】

测微目镜用来测量微小长度，它的量程小，但准确度高，可以单独使用，也可以用作光学仪器的配件，其结构如图 4-49-1(a)所示。测微目镜本体盒上装有一个目镜的镜筒，靠近焦平面的内侧，固定了一块有标尺的玻璃板，其分度值为 1 mm，共 8 mm。紧靠此标尺处平行地放置一块可移动的玻璃板，称为分划板，其上刻有叉丝和两条平行竖线，是测量准线。移动目镜镜筒可调节目镜与分划板的间距，使人眼贴近目镜筒观察时，可看到放大的玻璃标尺刻线及与其重叠的测量准线像，如图 4-49-1(b)所示。分划板与读数鼓轮的丝杆通过弹簧(图

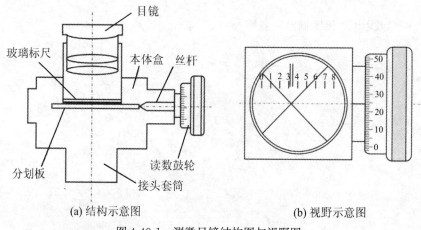

(a) 结构示意图　　　　　　　　(b) 视野示意图

图 4-49-1　测微目镜结构图与视野图

中未画出)相连,当鼓轮顺时针旋转时,丝杆推动分划板沿导轨向左移动,同时将弹簧拉长;鼓轮反时针旋转时,分划板在弹簧恢复力的作用下向右移动。当测微目镜与其他光学仪器配套使用时,应先调整目镜与分划板间的距离,然后调节整个测微目镜与被测物的间距,使在视场中能清楚地看到被测物像,且无视差。读数鼓轮每转动一周,分划板上的测量准线左右移动 1 mm。读数鼓轮上的刻线将轮缘分成 100 小格,所以每转过 1 小格,准线相应地左右移动 0.01 mm。其读数方法与螺旋测微计相似。

附录

物理量单位

表1　国际单位制的基本单位

量的名称	单位名称	单位符号
长度	米	m
质量	千克（公斤）	kg
时间	秒	s
电流	安[培]	A
热力学温度	开[尔文]	K
物质的量	摩[尔]	mol
发光强度	坎[德拉]	cd

表2　国际单位制的辅助单位

量的名称	单位名称	单位符号
[平面]角	弧度	rad
立体角	球面度	sr

表3　国际单位制中具有专门名称的导出单位

量的名称	单位名称	单位符号	其他表示示例
频率	赫[兹]	Hz	1/s
力、重力	牛[顿]	N	$kg \cdot m/s^2$
压力、压强、应力	帕[斯卡]	Pa	N/m^2
能[量]、功、热	焦[尔]	J	$N \cdot m$
功率、辐[射]能量	瓦[特]	W	J/s
电荷[量]	库[仑]	C	$A \cdot s$
电位、电压、电动势[电势]	伏[特]	V	W/A
电容	法[拉]	F	C/V

续表 3

量的名称	单位名称	单位符号	其他表示示例
电阻	欧[姆]	Ω	V/A
电导	西[门子]	S	1/Ω
磁通[量]	韦[伯]	Wb	V·s
磁通[量]密度、磁感应强度	特[斯拉]	T	Wb/m^2
电感	亨[利]	H	Wb/A
摄氏温度	摄氏度	℃	K
光通量	流[明]	lm	cd·sr
[光]照度	勒[克斯]	lx	lm/m^2
[放射性]活度(强度)	贝可[勒尔]	Bq	1/S
吸收剂量	戈[瑞]	Gy	J/kg
剂量当量	希[沃特]	Sv	J/kg

表 4　国家选定的非国际单位制单位

量的名称	单位名称	单位符号	换算关系及说明
时间	分 [小]时 天[日]	min h d	1 min＝60 s 1 h＝60 min＝3600 s 1 d＝24 h＝86400 s
平面角	[角]秒 [角]分 度	(″) (′) (°)	1″＝(π/648000) rad 1′＝60″＝(π/10800) rad 1°＝60′＝(π/180) rad
旋转速度	转每分	r/min	1 r/min＝(1/60)/s
长度	海里	n mile	1 n mile＝1852 m （只用于航程）
速度	节	kn	1 kn＝1 n mile/h ＝(1852/3600) m/s （只用于航程）
质量	吨 原子质量单位	t u	1 t＝10^3 kg 1 u≈1.66×11^{-27} kg
体积	升	L,(l)	1 L＝1 dm^3＝10^{-3} m^3
能	电子伏	eV	1 eV≈1.6×11^{-19} J
级差	分贝	dB	
线密度	特[克斯]	tex	1 tex＝10^{-6} kg/m

表5　用于构成十进倍数和分数单位词头

倍数或分数	词头名称	词头符号	倍数或分数	词头名称	词头符号
10^{18}	艾[可萨]	E	10^{-1}	分	d
10^{15}	拍[它]	P	10^{-2}	厘	c
10^{12}	太[拉]	T	10^{-3}	毫	m
10^{9}	吉[咖]	G	10^{-6}	微	μ
10^{6}	兆	M	10^{-9}	纳[诺]	n
10^{3}	千	k	10^{-12}	皮[可]	p
10^{2}	百	H	10^{-15}	飞[母托]	f
10^{1}	十	da	10^{-18}	阿[托]	a

参 考 文 献

[1] 萧明耀. 实验误差估计与数据处理[M]. 北京:科学出版社,1984.
[2] 李惕培. 实验的数学处理[M]. 北京:科学出版社,1981.
[3] 朱鹤年. 物理实验研究[M]. 北京:清华大学出版社,1994.
[4] 丁慎训,等. 物理实验教程:普通物理实验部分[M]. 北京:清华大学出版社,1992.